嵌入式工业软件开放架构技术与实践——基于FACE架构

马春燕　张　涛　陈海鹏　郑江滨
屈华敏　王小辉　郑小鹏　成　静　著

電子工業出版社
Publishing House of Electronics Industry
北京·BEIJING

内容简介

本书专注于嵌入式工业软件开放架构——基于FACE架构的应用和实践。

首先，探讨了软件工程与软件架构的发展历程，介绍了软件工程的诞生背景、软件架构的定义和作用，以及软件架构的分类与描述方法。

其次，聚焦嵌入式工业软件的可移植性及其解决方案，讨论了紧耦合问题和包依赖问题，并提出了关注点分离解决方案；介绍了不同嵌入式工业系统的软件架构，展示了嵌入式工业软件架构设计的普遍原则和趋势。

接着，专注于航空电子系统FACE架构，全面描述了其需求及设计原理，探讨了基于FACE架构的数字地图管理器案例。同时，详细介绍了航空电子系统的数据架构原理及相关案例。

然后，介绍了开放架构下的软件嵌入式系统建模方法、模型与代码的映射关系，以及开放架构模型的代码生成技术，包括系统代码生成、ARINC 653系统代码自动生成方法和数据模型代码生成方法。

最后，介绍了航空电子系统FACE架构建模平台的研制，包括设计方案、工具功能设计、数据模型解析、工具开发框架和实现原理，以及组件代码生成方法与飞机作战辅助系统案例。

本书旨在帮助读者深入理解软件架构在嵌入式工业软件领域的应用，特别是航空电子系统的FACE架构及其相关技术，对于从事相关领域研究和开发的专业人士具有重要的参考价值。

图书在版编目（CIP）数据

嵌入式工业软件开放架构技术与实践 ： 基于FACE架构 / 马春燕等著. -- 北京 ： 电子工业出版社，2025. 3. -- ISBN 978-7-121-50053-4

Ⅰ. TP311.52

中国国家版本馆CIP数据核字第20258SV982号

责任编辑：孟　宇
印　　刷：河北虎彩印刷有限公司
装　　订：河北虎彩印刷有限公司
出版发行：电子工业出版社
　　　　　北京市海淀区万寿路173信箱　邮编：100036
开　　本：787×1092　1/16　印张：11　字数：275千字
版　　次：2025年3月第1版
印　　次：2025年3月第1次印刷
定　　价：79.80元

凡所购买电子工业出版社图书有缺损问题，请向购买书店调换。若书店售缺，请与本社发行部联系，联系及邮购电话：（010）88254888，88258888。

质量投诉请发邮件至zlts@phei.com.cn，盗版侵权举报请发邮件至dbqq@phei.com.cn。

本书咨询联系方式：mengyu@phei.com.cn。

前　言

本书立足面向服务的嵌入式工业软件架构理论和实践技术，覆盖嵌入式操作系统 ARINC 653 标准、POSIX 标准接口、外部设备访问的输入/输出、特定平台服务、分布式数据传输服务、可移植应用服务、数据建模等方面的技术原理和实践。首先，分析软件工程与软件架构的发展历程，以及软件架构在软件工程技术中的重要性和分类；其次，详细介绍嵌入式工业软件开放架构技术并进行案例分析；然后，从需求分析（如何从需求出发进行架构设计）到设计（开放架构技术和标准，架构建模方法及工具应用，架构建模案例实践）再到代码生成（开放架构的 C/C++代码自动生成技术），围绕嵌入式工业软件生命周期中涉及的相关架构建模技术与编程实践，将嵌入式工业软件最新架构的理念、规范、接口的抽象化方法、自动化配置方法、建模方法、代码生成方法、支撑架构建模的工具研制等内容融入其中，阐释嵌入式工业软件生命周期中涉及的层次化架构建模技术、标准、方法与代码生成等开放嵌入式软件架构的体系化技术。

（1）**内容对标国际，属于先进软件架构技术。**基于模型的系统工程（Model-Based System Engineering，MBSE）是新一轮科技和产业革命条件下复杂产品研制与全生命周期保障的顶层方法学及研发范式。随着电子系统的快速发展，传统基于文档的系统工程难以满足复杂嵌入式任务的研制需求，近几年，航空航天、船舶和兵器等部分重点单位开始逐步实施 MBSE 方法。随着航空航天领域对 MBSE 方法的不断探索和实践，FACE（Future Airborne Capability Environment）等开放架构模型成为研究热点。本书技术内容为以航空航天等为代表的工业嵌入式软件领域国际先进软件架构技术，以及代码框架的生成机制。

（2）**内容立足国家战略，体现产业需求特色。**编者聚焦国家重点领域“大型工业软件”的建设，立足高质量软件人才培养和技术攻关新使命，在对相关国内外工业软件架构进行详细分析的基础上，发现目前国内缺乏相关技术参考资料。目前存在的相关技术参考资料存在如下问题：①相关英文资料中的最新建模语言和架构标准较为丰富，但中文资料缺乏；②英文资料内容分散，缺乏项目驱动的架构建模和实践的系统化方法论述。这种现状导致学生或从业者学习的门槛较高，限制了对国际先进软件架构技术的吸收和应用，非常不利于关键软件技术的突破、软件产业生态的构建。

（3）**内容组织逻辑性强，形成系统性技术体系。**内容组织以迭代式“需求分析—计算架构设计技术—数据架构设计技术—架构组成要素的标准化技术—代码框架实现”为线索，各模块之间相互关联，体现理论与实践、设计与实现的关系，在强化和培养读者对架构相关知识的灵活应用能力与嵌入式工业软件开发能力等方面具有优势。

编者

2024 年 10 月

目　录

第 1 章　软件工程与软件架构……1
1.1　引言……1
1.1.1　软件工程的诞生背景……1
1.1.2　软件架构的定义……1
1.1.3　软件架构的作用……2
1.2　软件工程与软件架构的发展……2
1.3　软件架构的分类与描述方法……3
1.3.1　软件架构的分类……3
1.3.2　不同类型软件架构的结合应用……10
1.3.3　软件架构的描述方法……11
第 2 章　嵌入式工业软件可移植面临的问题及解决方案……13
2.1　嵌入式工业软件可移植面临的问题……13
2.1.1　紧耦合问题……13
2.1.2　包依赖问题……15
2.2　关注点分离解决方案……16
第 3 章　嵌入式工业系统的软件架构……19
3.1　航空电子系统软件架构……19
3.2　机器人操作系统软件架构……20
3.3　分布式控制系统软件架构……20
3.4　汽车开放系统软件架构……21
3.5　嵌入式工业软件架构设计的普遍原则和趋势……23
第 4 章　航空电子系统 FACE 架构……24
4.1　FACE 架构概览……24
4.2　OSS……25
4.2.1　总体需求……25
4.2.2　操作系统分区……27
4.2.3　分区间通信……27
4.2.4　分区内通信……31
4.2.5　本地内存分配……34
4.2.6　共享内存……35
4.3　IOSS……36
4.3.1　IOSS 的定义……37
4.3.2　关键特性……38
4.3.3　I/O 服务接口……39

4.3.4 可配置性……40

4.3.5 可变性……41

4.4 PSSS……48

4.4.1 配置服务……48

4.4.2 系统级健康监控……55

4.5 TSS……59

4.5.1 TSS 的概念……59

4.5.2 TSS 的功能……59

4.5.3 消息数据结构……61

4.5.4 传输服务 API……62

4.5.5 可移植 FACE UoP 内的传输 API……63

4.5.6 传输服务支持的通信方式和类型……63

4.5.7 传输服务配置……64

4.5.8 传输服务的实现方式……65

4.5.9 TSS 通信代码调用结构与实现……67

4.6 PCS……68

4.6.1 UoP 概述……69

4.6.2 UoP 分解……70

4.6.3 PSSS UoP……72

4.6.4 UoP 打包……73

4.7 基于 FACE 架构的数字地图管理器案例分析……74

4.7.1 运行视图……74

4.7.2 功能视图……74

4.7.3 物理视图……75

4.7.4 前提假设……76

4.7.5 架构环境……76

第 5 章 航空电子系统数据架构……83

5.1 数据模型语言……84

5.1.1 数据模型……84

5.1.2 UoP 模型……85

5.1.3 集成模型……86

5.1.4 可追溯性模型……86

5.2 共享数据模型……87

第 6 章 开放架构下软件嵌入式系统建模方法……88

6.1 系统建模方法概述……88

6.2 系统功能的组件化方法……89

6.2.1 系统功能分析……89

6.2.2 系统功能组件化……89

6.3 面向组件的端口和消息类型的数据建模……91

6.3.1 CDM ······ 92
6.3.2 LDM ······ 93
6.3.3 PDM ······ 93
6.3.4 UoP 模型 ······ 93
6.4 组件与外部设备通信的 I/O 服务 ······ 94
6.4.1 I/O 配置文件建模方法 ······ 94
6.4.2 I/O 配置文件实例分析 ······ 95
6.5 组件间的传输服务 ······ 96
6.6 ARINC 653 系统分区的自动化配置方法研究 ······ 98
6.6.1 ARINC 653 系统资源配置建模及系统资源配置的定义 ······ 98
6.6.2 资源配置文件的自动化解析及验证 ······ 102
6.6.3 分区间调度模型及分区内任务调度模型可调度性判定 ······ 104
6.7 飞机作战辅助系统案例建模方法 ······ 114
6.7.1 功能组件化 ······ 115
6.7.2 操作系统选型及操作系统分区 ······ 117
6.7.3 数据建模 ······ 117
第 7 章 开放架构下模型与代码的映射关系研究 ······ 122
7.1 目标代码结构定义 ······ 122
7.1.1 系统代码设计 ······ 122
7.1.2 数据模型代码设计 ······ 123
7.1.3 组件代码设计 ······ 123
7.2 FACE 模型与代码的映射规则 ······ 124
7.2.1 PDM 到 IDL 的映射 ······ 124
7.2.2 IDL 到程序语言（C++）的映射 ······ 125
7.2.3 系统模型与系统代码的映射关系 ······ 127
7.2.4 数据模型与数据类型代码的映射关系 ······ 128
7.2.5 UoP 与组件代码的映射关系 ······ 129
7.2.6 ARINC 653 系统配置模型与代码的映射规则 ······ 129
第 8 章 开放架构下模型的代码生成技术 ······ 132
8.1 模型到代码自动生成方法概述 ······ 132
8.2 系统代码生成模板设计 ······ 132
8.3 ARINC 653 系统代码自动生成方法研究 ······ 134
8.3.1 ARINC 653 系统模块配置文件生成模板设计 ······ 134
8.3.2 分区初始化代码生成模板设计 ······ 135
8.3.3 自动化编译模板文件设计 ······ 135
8.4 数据模型代码生成方法研究 ······ 135
8.4.1 数据模型代码生成方法概述 ······ 135
8.4.2 不同数据类型的 String Template 模板设计 ······ 136
8.4.3 生成数据类型代码 ······ 140

第 9 章　FACE 架构建模平台研制 ······ 142
9.1　FACE 架构建模平台设计方案 ······ 142
9.1.1　工具总体架构设计 ······ 142
9.1.2　FACE 模型组成元素的类图设计 ······ 142
9.1.3　模型文件设计 ······ 145
9.2　FACE 架构建模平台的开发 ······ 146
9.2.1　工具功能设计 ······ 147
9.2.2　数据模型解析 ······ 156
9.2.3　工具开发框架 ······ 157
9.3　组件代码生成方法研究 ······ 158
9.3.1　组件 String Template 模板设计 ······ 158
9.3.2　解析组件模型文件和生成组件代码 ······ 160
9.4　飞机作战辅助系统案例分析 ······ 160
参考文献 ······ 162

第 1 章　软件工程与软件架构

1.1　引言

1.1.1　软件工程的诞生背景

大型软件项目的复杂性。随着计算机技术的发展，软件项目的规模和复杂性不断增加。IBM 的 OS/360 操作系统项目是一个典型的例子，该项目是计算机历史上的里程碑之一，其目标是提供统一的操作系统，使得同一套软件可以在不同规模的机器上运行。然而，由于其规模庞大、复杂性高及技术限制，开发过程中遇到了很多困难，导致项目延期和成本超支。

软件危机问题的出现。20 世纪 60 年代中期，软件开发过程中存在的严重延期、成本超支、质量低下等问题，被总结为软件危机。这些问题主要是由软件规模的急剧膨胀与“小作坊”式的软件生产方式之间的不匹配造成的。例如，航空电子包系统（The Avionics Package System）及 NASA 的阿波罗导航计算机（Apollo Guidance Computer）项目都由于类似的原因而延期，造成了重大的经济损失。

软件开发需要软件工程。为了解决软件危机，人们开始寻求系统性的、规范化的、可定量的过程化方法来开发和维护软件，以及如何把经过时间考验而证明正确的管理技术和当前最好的开发技术方法结合起来，这就是软件工程的基本思想。为了解决软件危机，北大西洋公约组织（NATO）在 1968 年和 1969 年连续召开了两次会议，提出了软件工程的概念，对软件工程的发展起到了重要的推动作用。

因此，软件工程的诞生是为了解决大型软件项目的开发和维护问题，以及应对软件危机带来的挑战。

1.1.2　软件架构的定义

软件工程方法论强调全面管理和实践整个软件开发过程，包括但不限于项目管理、需求分析、编码规范和测试流程。它提供了一套通用的原则和方法来指导软件的开发，但在对软件系统的整体结构和组织方式的考量上存在一定的缺陷。

为了根据具体的项目需求和约束来制定软件设计方案，软件架构（Software Architecture）应运而生。软件架构定义了软件系统的主要组成部分、各部分之间的关系及交互方式，同时描述了软件系统的全局属性和行为。它专注于软件系统的高层设计，包括模块化、分层、组件化和接口定义等。软件架构为软件系统提供了一个高级别的抽象，包括系统元素的描述、元素间的相互作用、元素集成的模式及其约束。良好的软件架构能够提升系统的可扩展性、可维护性、可重用性和性能等关键特性。

软件工程方法论和软件架构是相辅相成的。软件工程方法论提供了软件开发的全局视角和实践方法，而软件架构则关注软件系统的结构和组织，两者共同构成了软件开发的基础框架。

1.1.3　软件架构的作用

现代软件系统的开发和运行特点决定了其 4 个无法规避的内在特性：复杂性、可变性、一致性和不可见性。一是软件的复杂性问题。软件实体的复杂性可能超越了人类创造的任何其他实体的复杂性。例如，GCC 运行的瞬间可能有上千万个状态值。这种复杂性使得软件的构思、描述和测试变得极其困难。复杂性不仅给技术实现带来挑战，还引发了管理问题，使得全面理解问题变得困难，带来了大量的学习和理解上的负担，使得开发过程可能逐渐演变成灾难。二是软件的可变性问题。软件开发通常是与用户合作进行的，用户需求可能在项目开始之前不完全明确或难以准确捕捉。随着项目的进行，用户可能会提出新的需求、变更现有需求或发现之前未考虑到的问题，这导致了需求不断变化。此外，软件开发领域的技术和工具在不断进步和演变，新的技术和方法不断涌现。开发团队需要不断学习和适应新的技术，可能需要调整原有的设计和实现，以适应新的技术环境。三是软件的一致性问题。由于不同人有不同的经验和惯例，软件工程师必须掌握由不同人设计的系统，其中很多系统的复杂性是毫无规则可言的。新开发的软件必须遵循各种接口，软件开发的目标就是实现兼容性，很多复杂性来自保持与其他接口的一致性上，这是非常困难的。例如，研发人员的实现和系统工程师的想法、高层软件组和底层软件组对接口的理解，在没有文档规约的情况下很难保持一致。四是软件的不可见性问题。软件及其运行状态无法可视化，难以给人全面、直观的感受，不同于建筑业、机械业等。当前的软件表达方式（如数据流图、流程控制图等）和建模方法都无法详尽地展现软件，无法让不同人有一致的理解，这严重阻碍了彼此间的交流，从而限制了设计和实现过程。复杂性和可变性是根本问题，一致性和不可见性是次要问题。

软件架构在缓解这些软件问题中起到了关键的作用，使得软件开发过程更加顺畅，提高了软件的质量和可维护性。首先，软件架构通过模块化、抽象和分层等手段，将复杂的系统分解为更小、更易于管理和理解的部分。这种分解可以降低系统的整体复杂性，使得开发者可以专注于单个模块或层次。其次，软件架构提供了一种框架，使得系统可以更容易地适应需求和技术的变化。例如，面向服务（SOA）架构可以将系统划分为一组松散耦合的服务，这样，当需求或技术发生变化时，只需修改或替换相关的服务，而不需要改变整个系统。然后，软件架构可以定义系统的基本结构和行为，以及各部分之间的交互方式，这可以确保系统的各部分在设计和实现上保持一致。最后，软件架构提供了一种视角，使得开发者可以更好地理解和描述系统。例如，架构图可以可视化地展示系统的结构和交互，使得开发者和利益相关者可以更容易地理解与交流系统设计。

1.2　软件工程与软件架构的发展

随着软件开发方法的发展，软件架构也在不断地演进和优化，以更好地适应软件开发的需求和挑战。

结构化方法下的软件架构。在早期（1960—1970）的软件开发中，主要采用的是结构化方法。瀑布模型是一种经典的软件开发方法，最早于 1970 年由 Winston W. Royce 提出，并在结构化方法的背景下得到了广泛应用。瀑布模型将软件开发过程划分为一系列严格顺序的阶段，包括需求分析、系统设计、编码、测试和部署等。每个阶段都具有明确的输入和输出，阶段之间有严格的依赖关系和顺序。在这个时期，软件架构主要关注模块化和层次化，软件被划分为独立的模块和子程序，每个模块都有明确的功能和接口。这种架构方式有助于提高开发效率和软件的可维护性。

面向对象方法下的软件架构。1980—1990 年，随着面向对象编程语言（如 C++和 Java）的出现，面向对象方法开始流行。在面向对象编程流行的时期，软件架构开始关注对象和类的设计，如采用 UML 类图建模系统的静态拓扑结构，采用 UML 序列图、交互图等描述系统的动态行为。在这个时期，系统被划分为一组对象，每个对象都有自己的状态和行为，通过封装、继承和多态等概念，面向对象的软件架构提高了系统的灵活性和可重用性。

敏捷方法下的软件架构。2001 年 2 月，在美国犹他州的一个滑雪场，17 位轻量级软件开发方法的创始人和专家共同发布了敏捷软件开发宣言（Agile Manifesto，敏捷宣言）："个体和互动高于流程和工具；工作的软件高于详尽的文档；客户合作高于合同谈判；响应变化高于遵循计划"。敏捷宣言旨在改变传统的软件开发方法，鼓励团队采用更灵活、迭代和自组织的方法进行开发，以更好地应对需求变化和交付高质量的软件产品。它对于推动敏捷方法的普及和应用起到了重要的作用。在敏捷方法流行的时期，软件架构开始关注如何更好地应对需求变化。敏捷架构强调架构的演进性，通过迭代和增量式开发，逐步完善和优化架构。此外，敏捷架构还强调架构的简洁性和可测试性。

DevOps 方法下的软件架构。在 DevOps 方法的背景下，软件架构开始转向支持持续集成/持续交付（CI/CD），微服务架构和容器化技术等成为主流，因为它们不仅提升了系统的可扩展性和可维护性，还促进了快速和频繁的软件交付。微服务架构在 DevOps 环境中尤为常见。每个微服务作为独立的组件，可以单独进行开发、测试、部署和扩展。这种架构提升了开发和运维的效率，因为团队可以集中精力处理单个服务，而不是整个应用。DevOps 强调将新代码快速、频繁地集成到主分支，并自动化测试和部署过程。在 DevOps 中，基础设施（如服务器、网络和数据库）通常以代码的形式管理和配置，这种方式确保了基础设施的一致性和可重复性，同时将基础设施的变更纳入版本控制。DevOps 还强调监控和日志记录，以便快速发现和解决问题。因此，软件架构需要考虑如何收集和分析日志，以及如何监控系统的性能和健康状况。容器（如 Docker）和云原生技术（如 Kubernetes）在 DevOps 中广泛使用，提高了应用的可移植性和可扩展性，同时简化了部署和运维过程。综上，DevOps 方法下的软件架构关注的是如何更好地支持 CI/CD，提高系统的可扩展性和可维护性，以及如何更有效地进行监控和日志记录。

1.3　软件架构的分类与描述方法

1.3.1　软件架构的分类

常用的软件架构分为以下 5 类，这些架构模式可以单独使用，也可以结合使用，以满足特定应用的需求。

1）*层次化架构模式*

层次化架构模式是一种常见的软件体系架构模式，也被称为 *N* 层架构模式，它是大多数 Java

EE 应用程序的事实标准，被广大架构师、设计师和开发人员熟知。层次化架构模式中的组件被组织成水平层，每层在应用程序中扮演特定的角色（如表示逻辑或业务逻辑）。尽管层次化架构模式并没有规定必须有哪几层，但大多数都由 4 个标准层组成：表示层、业务层、持久层和数据库层（见图 1-1）。在某些情况下，尤其在持久化逻辑（如 SQL 或 HSQL）嵌入业务层组件中时，业务层和持久层会合并为业务层。因此，较小的应用程序可能只有 3 层，而较大的且更复杂的商业应用程序则可能包含 5 层或更多层。

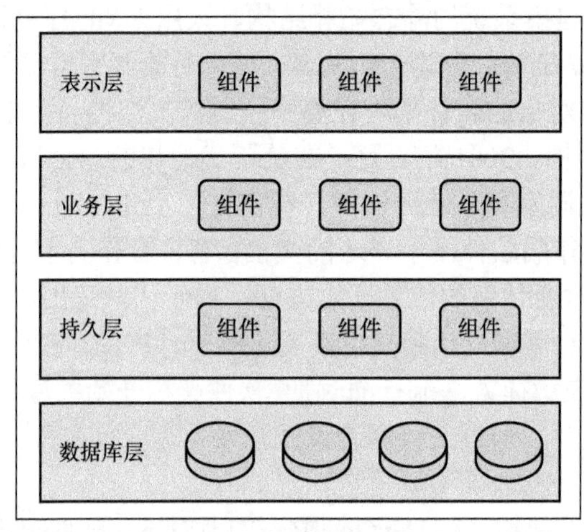

图 1-1 层次化架构模式

层次化架构模式的一个显著特性是实现了关注点分离，每层都将自己需要完成的工作抽象出来，并且仅关注这些工作。在这种模式下，特定层的组件仅负责处理该层的特定逻辑。例如，表示层处理用户界面，业务层处理业务逻辑，持久层处理数据存储。这种明确的组件分类方式有助于在架构中建立清晰的角色和职责模型。当组件的接口定义清晰，职责范围有限时，开发、测试、治理和维护应用程序的工作将变得更为简单，开发人员可以专注于他们的专业领域。例如，前端开发人员可以专注于表示层，后端开发人员可以专注于业务层和持久层，测试人员可以针对每层的组件进行单元测试和集成测试。因此，层次化架构模式通过实现关注点分离，可以提高代码的可读性和可维护性，同时提高软件的开发效率和代码质量。

在层次化架构模式中，一个核心概念是每层都被定义为封闭的（CLOSED），这种封闭性原则有助于保持各层之间的解耦关系，使得每层都可以独立于其他层进行更改和测试，这是层次化架构模式的一个关键原则。“封闭”意味着请求不能直接跨越多个层级。例如，一个来自表示层的请求必须按照特定的顺序流经每层：首先通过业务层，接着到达持久层，最后才能触及数据库层（见图 1-2）。封闭性原则是层次化架构模式中的关键组成部分，有助于保持架构的清晰性和稳定性，同时提高代码的可维护性和可测试性。封闭层虽有助于实现层间的隔离及部分组件的更改；但是，有时可能需要开放某些层以满足特定的需求。例如，假设我们想在架构中添加一个共享服务层，该层包含了一些公共服务组件，这些公共服务组件需要被业务层中的组件访问。如果没有单独的层来承载这些公共服务组件，那么表示层可能会直接访问这些服务，这将使得访问控制变得困难。为了解决这个问题，可以在业务层下方创建一个服务层来承载这些公共服务组件。由于请求必须按照从上到下的顺序流动，因此业务层可以访问这些公共服务，而表示层则无法访问。如图 1-3 所示，服务层被标记为开放的（OPEN），这意味着请求可以绕过该开放层，直接到达它下面的层，即现在业务层可以绕过开放的服务层而直接进入持久层。

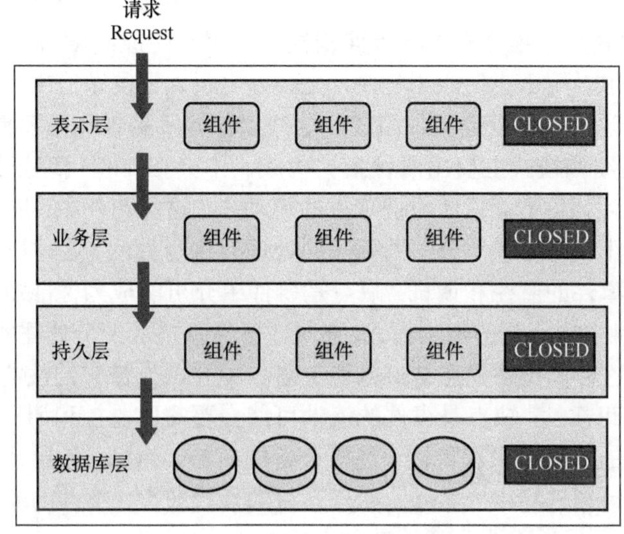

图 1-2　封闭层和请求访问

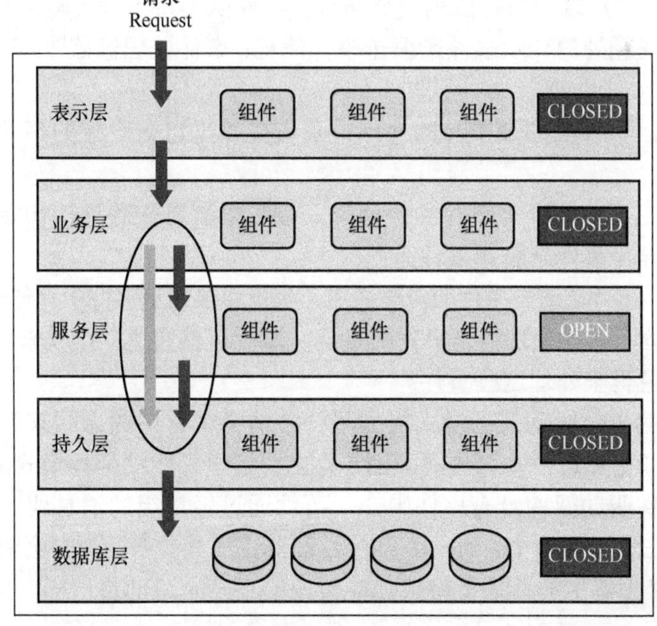

图 1-3　开放层和请求流动

利用开放层和封闭层的概念，可以明确地定义架构层级和请求流动的关系，为设计人员和开发人员提供关于架构中各层访问限制的清晰信息。在项目开发过程中，对于哪些层应该是开放的，哪些层应该是封闭的（及其原因）的定义，需要进行深入的讨论和明确的决策。否则，可能导致架构过于紧密耦合和脆弱，这将对测试、维护和部署工作产生负面影响，增加工作的复杂性和难度。因此，对开放层和封闭层的恰当使用与管理对于保持架构的健壮性及可维护性至关重要。

2）事件驱动架构模式

事件驱动架构模式是一种分布式异步架构模式，用于生成高度可伸缩的应用程序。它具有很强的适应性，既可以用于小型应用程序，又可以用于大型复杂应用程序。事件驱动架构由高度解耦的、单一用途的事件处理组件组成，这些组件异步接收和处理事件。

事件驱动架构的结构模式主要由两种拓扑构成：中介拓扑和代理拓扑。中介拓扑在架构中起到中心协调的作用，负责管理和协调事件的流动。在这种拓扑中，所有事件都会首先到达事件中介，然后由事件中介将事件分发到相应的处理器进行处理。这种拓扑的优点是可以集中管理事件，方便进行事件的监控和调试；缺点是事件中介可能成为性能瓶颈，也可能成为单点故障。代理拓扑是一种去中心化的架构模式，它允许事件直接从一个处理器流向另一个处理器，无须经过事件中介。这种拓扑的优点是可以避免事件中介可能带来的性能瓶颈和单点故障，提高系统的可扩展性和可靠性；缺点是事件的流动可能会更难以监控和调试。在设计事件驱动架构时，需要根据系统的具体需求和特性，选择合适的拓扑。例如，如果系统的规模较小，事件的流动较简单，那么可以选择中介拓扑；如果系统的规模较大，事件的流动较复杂，那么可以选择代理拓扑。

中介拓扑的事件驱动架构包含 4 种组件：事件队列、事件中介、事件通道和事件处理器。这种拓扑的流程是，客户端向事件队列发送事件；事件队列将事件传输到事件中介；事件中介通过向事件通道发送额外的异步事件来编排事件流程；事件处理器监听事件通道，接收并处理事件。

（1）事件队列。事件队列是事件的起点，负责接收来自客户端的事件，并将这些事件传输到事件中介。

（2）事件中介。事件中介是事件的协调者，接收来自事件队列的初始事件，并通过向事件通道发送额外的异步事件来编排事件流程。

（3）事件通道。事件通道是事件的传输通道，负责将事件从事件中介传输到事件处理器。

（4）事件处理器。事件处理器是事件的终点，监听事件通道，接收来自事件中介的事件，并执行特定的业务逻辑来处理这些事件。

这种中介拓扑的事件驱动架构模式提供了一种清晰、有序的方式来管理和处理事件，使得事件的流动和处理更加可控与可预测。图 1-4 说明了事件驱动架构模式的通用中介拓扑。

代理拓扑的事件驱动架构没有事件中介，事件通过轻量级的消息代理以链式方式在事件处理器之间流动。在这种架构中，当一个事件处理器完成其任务后，它会将事件传递给下一个事件处理器，就像接力赛中的运动员将接力棒传递给下一个运动员一样。以下是代理拓扑的事件驱动架构主要组件。

（1）事件。事件产生后将发送到第一个事件处理器。

（2）事件处理器。事件处理器接收事件，执行相应的业务逻辑，并将事件传递给下一个事件处理器。

（3）事件通道。事件通道是事件的传输通道，负责将事件从一个事件处理器传输到下一个事件处理器。

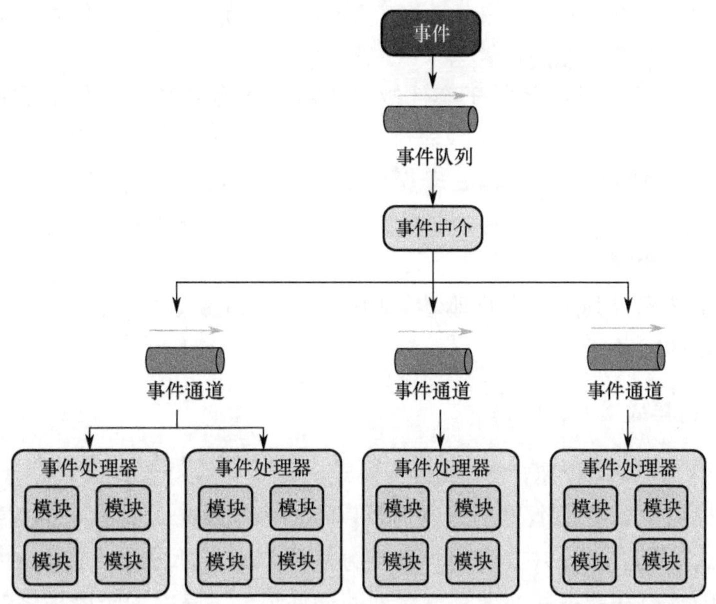

图 1-4　事件驱动架构模式的通用中介拓扑

这种架构模式的流程是，事件处理器接收并处理事件，消息代理将事件传递给下一个事件处理器。这个过程会一直持续，直到最后一个事件处理器处理完事件。代理拓扑的事件驱动架构模式提供了一种简单、高效的方式来处理事件，使得事件的流动和处理更加直接与快速。图 1-5 说明了事件驱动架构模式的通用代理拓扑。

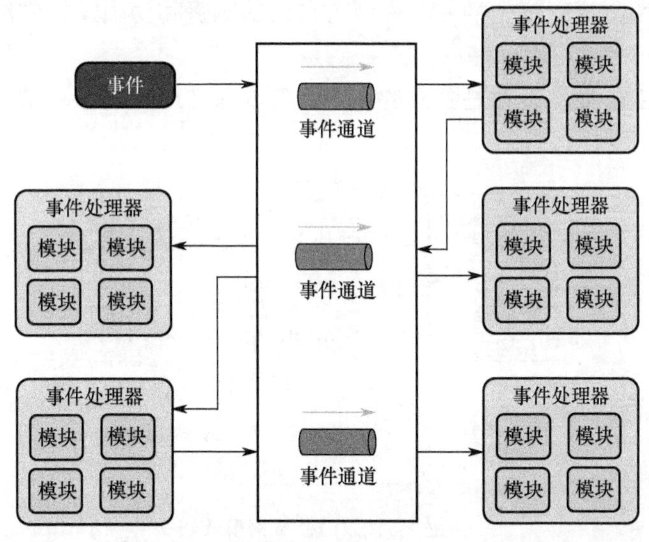

图 1-5　事件驱动架构模式的通用代理拓扑

事件驱动架构模式是分布式应用程序的普遍架构形式，分布式应用程序被设计为模块化的、封装的、可共享事件服务的组件，能够通过应用程序、适配器及无入侵性的代理操作创建这些服务。事件驱动架构在很多大型应用中都有广泛的应用，以下是一些例子。

（1）Netflix 使用事件驱动架构处理其流媒体服务中的用户行为和系统事件。例如，当用户开始观看一个视频时，会触发一个事件，这个事件会被发送到一个事件处理器进行处理，如更新用户的观看历史、推荐相似的电影等。

（2）Uber 的实时调度系统就基于事件驱动架构。当乘客请求一次行程时，会触发一个事件，这个事件会被发送到一个事件处理器进行处理，如找到附近的司机、计算价格等。

（3）LinkedIn 使用事件驱动架构处理其社交网络中的用户行为和系统事件。例如，当用户更新其个人资料时，会触发一个事件，这个事件会被发送到一个事件处理器进行处理，如更新搜索索引、通知用户的联系人等。

这些大型应用都充分利用了事件驱动架构的优点，如高度可扩展、低耦合、实时处理等，以提供高效、可靠的服务。

3）微内核架构模式

微内核架构模式也被称为插件体系架构模式，是一种设计模式，适用于实现基于产品的应用程序。这种架构模式特别适用于那些需要以不同版本发布、具有可插拔特性的应用程序。在微内核架构模式（见图 1-6）中，应用程序被分为两个主要部分：一个是微内核（内核系统），提供了应用程序的核心功能；另一个是一系列的插件组件，提供了应用程序的附加功能。微内核是应用程序的核心，提供了应用程序的基本功能，如处理用户输入、管理系统资源等。微内核是稳定的，不会频繁地改变或更新。插件组件是应用程序的扩展，如处理特定的业务逻辑、提供特定的用户界面等。插件组件是可插拔的，可以根据需要添加或删除。微内核架构模式的优点如下。

（1）可扩展性：通过添加或删除插件组件可以轻松地扩展或压缩应用程序的功能。

（2）功能分离和隔离：每个插件组件都有自己的职责和功能，插件组件之间的影响可以减到最小。

（3）灵活性：由于插件组件是独立的，因此可以独立地开发、测试和部署插件组件，而不会影响微内核。

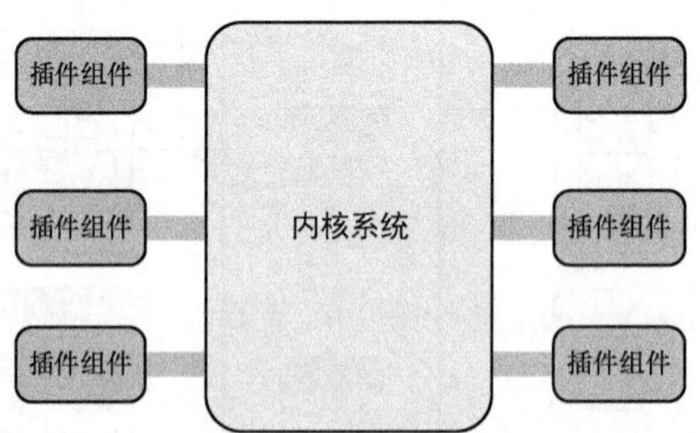

图 1-6 微内核架构模式

这种架构模式适用于那些需要频繁更新、具有多种功能、需要高度可扩展的应用程序，如大型企业级应用、复杂的桌面应用等。

微内核架构模式在很多产品中都有应用，如 Eclipse IDE 和各种可添加扩展/插件组件的 Internet 浏览器。例如，基本的 Eclipse IDE 只是一个编辑器，但通过添加插件组件，它可以变成一个高度可定制的开发环境。同样，Internet 浏览器也可以通过添加各种扩展/插件组件来增强其功能。在我国，微内核架构模式也被广泛应用在各种大型应用中，以下是一些例子。

（1）腾讯的 QQ 浏览器：QQ 浏览器是我国流行的网页浏览器之一，它的架构也采用了微内核架构模式。QQ 浏览器的微内核提供了基本的网页浏览功能，而通过添加插件组件，用户可以增加广告拦截、网页翻译、屏幕截图等功能。

（2）百度的 hao123 导航网站：hao123 是百度的一个网站导航服务，它的架构也采用了微内核架构模式。hao123 的微内核提供了基本的网站导航功能，而通过添加插件组件，用户可以增加天气预报、股票信息、个性化主题等功能。

4）微服务架构模式

微服务架构模式并不是为解决特定问题而生的，而是自然演变自层次化架构模式和面向服务的架构模式。微服务架构的通用模式如图 1-7 所示。在微服务架构中，每个组件都作为独立的部署单元，通过高效且精简的交付管道进行部署，从而提升了系统的可扩展性。同时，应用程序和组件的高度解耦使得部署过程更为简便。

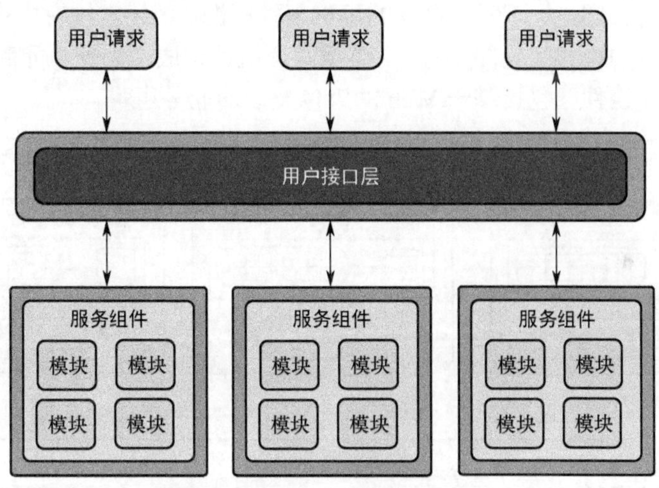

图 1-7　微服务架构的通用模式

在微服务架构中，服务组件是核心。服务组件的粒度可以从单个模块到几乎整个应用程序。服务组件包含一个或多个模块（如 Java 类），这些模块代表单一功能（如提供特定城市的天气信息）或大型商业应用程序的独立部分（如股票交易定位或汽车保险费率计算）。设计合适的服务组件粒度是微服务架构中的一大挑战。

微服务架构是一种分布式架构，这意味着其中的所有组件都完全解耦，并通过远程访问协议（如 JMS、AMQP、REST、SOAP、RMI 等）进行通信，这种分布式特性使得微服务架构具有优越的可扩展性和部署特性。

微服务架构的一个显著优点是它支持实时生产部署，从而减少了传统的每月或每周一次的“大爆炸”式生产部署的需求。由于其更改通常只影响特定的服务，因此只需部署被更改的服务。如果只有一个服务实例，则可以在用户界面应用程序中编写专门的代码来检测活跃的热部署，并将用户重定向到错误页面或等待页面。另外，它还可以在实时部署期间交换服务实例，从而在部署期间实现持续可用性，这在分层架构中是难以实现的。

以下是一些微服务架构的大型典型应用案例。

（1）Amazon 也是微服务架构的早期采用者。它将一个大型单体应用拆分为数百个微服务，每个微服务负责完成特定的业务功能，如订单处理、支付、库存管理等。这种架构使得 Amazon 能够快速迭代和扩展其服务，以支持全球数亿个用户的需求。

（2）阿里巴巴的淘宝、天猫等电商平台也采用了微服务架构，其服务包括商品搜索、购物车、订单管理、支付、评论等。每个服务都可以独立地开发、部署和扩展，这使得阿里巴巴能够快速迭代和扩展其服务，以支持全球数亿个用户的需求。

5）云架构模式

云架构模式是为处理和解决可伸缩性与并发性问题而设计的，适用于具有可变和不可预测并发用户量的应用程序。这种架构模式通过消除中心数据库约束并使用复制的内存数据网格来实现高可伸缩性，从而在应用程序中提供近乎无限的可伸缩性。在云架构模式中，应用程序数据保存在内存中，并在所有活动处理单元之间进行复制。处理单元可以随着用户负载的增加和减少而动态启动与关闭，从而解决可变的可扩展性问题。由于它没有中央数据库，因此消除了数据库瓶颈。云架构模式（见图 1-8）主要由两个组件构成：处理单元和虚拟化中间件。处理单元包含应用程序组件，包括基于 Web 的组件及后端业务逻辑。

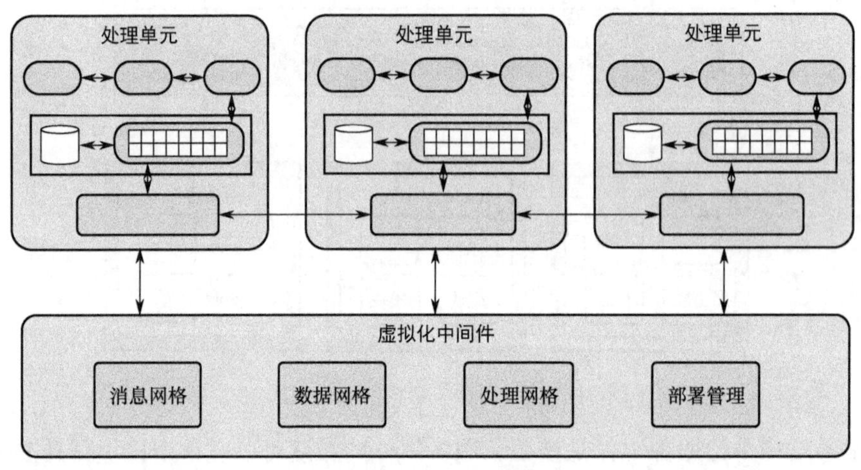

图 1-8　云架构模式

处理单元的内容根据应用程序的类型而变化，可能会部署到单个处理单元中，或者根据应用程序的功能区域将应用程序划分为多个处理单元。

虚拟化中间件进行内务管理和通信，包含控制数据同步和请求处理的各方面的组件。虚拟化中间件中包括消息网格、数据网格、处理网格和部署管理。

云架构适合具有可变负载的小型基于 Web 的应用程序，如社交媒体网站、竞标和拍卖网站，并不适合具有大量操作数据的传统大型关系数据库应用程序。

1.3.2　不同类型软件架构的结合应用

上述架构模式都有其特定的用途和优点，可以根据应用的需求和上下文结合使用，以下是一些可能的结合方式。

（1）层次化架构和微服务架构：在微服务架构中，每个微服务都可以进一步采用层次化架构，将业务逻辑、数据访问和表示层分离。这样可以使每个微服务内部的结构更清晰，更易于维护和扩展。

（2）事件驱动架构和微服务架构：在微服务架构中，微服务之间可以通过事件进行通信。一个微服务可以发布事件，其他微服务可以订阅这些事件并做出响应。这种结合方式可以降低微服务之间的耦合度，提高系统的可扩展性和响应性。

（3）微内核架构和微服务架构：微内核架构强调将系统的核心功能和可插拔的辅助功能分离；在微服务架构中，可以将一些通用的、核心的功能（如认证、日志记录等）设计为单独的微服务，其他微服务可以通过 API 调用这些核心微服务。

（4）云架构和微服务架构：微服务架构非常适合部署在云环境中。每个微服务都可以部署在单独的容器或虚拟机中，可以独立地进行扩展和更新。云提供的服务（如负载均衡、自动扩展、故障恢复等）可以进一步提高微服务的可用性和可扩展性。

1.3.3　软件架构的描述方法

软件架构的描述方法是用来表达和沟通软件架构的工具与技术。这些描述方法包括视图模型、统一建模语言（UML）、架构决策记录（ADR）、C4 模型、架构描述语言（ADL）、模式和风格、原型等。这些描述方法可以帮助架构师和其他利益相关者理解与评估软件架构，以及进行架构设计和决策。例如，UML 可以用来描述层次化架构，ADL 可以用来描述事件驱动架构，模式和风格可以用来描述微服务架构等。同时，不同的架构分类可能需要使用不同的描述方法，以准确和有效地表达其特性与细节。例如，复杂的微服务架构可能需要使用 C4 模型或 ADL 来描述，而简单的层次化架构则可能只需使用 UML 或模式和风格来描述。

因此，选择合适的描述方法可以帮助架构师更好地理解和设计软件架构，而理解不同的架构分类可以帮助架构师选择最适合系统需求的架构风格。

1）视图模型

视图模型是一种将软件架构分解为一系列视图的描述方法，每个视图都从一个特定的角度描述系统。例如，“4+1”视图模型（见图 1-9）由 Philippe Kruchten 提出，包括逻辑视图、开发视图、进程视图、物理视图和场景视图。逻辑视图主要关注系统的功能需求，通常通过类图来表示；开发视图关注软件模块的组织和管理，通常通过包图或组件图来表示；进程视图关注系统的并发和同步需求，通常通过活动图或序列图来表示；物理视图关注系统的部署需求，通常通过部署图来表示；场景视图通过一系列的场景或用例来描述系统的行为，用于验证架构的完整性和正确性。

2）UML

UML 是一种标准的图形化建模语言，用于描述软件系统的结构和行为。UML 提供了多种类型的图，包括类图、序列图、状态图、活动图、用例图、组件图、部署图等，可以从不同的角度描述软件架构。UML 的主要优点是它是一种通用的语言，可以被大多数软件工程师理解。

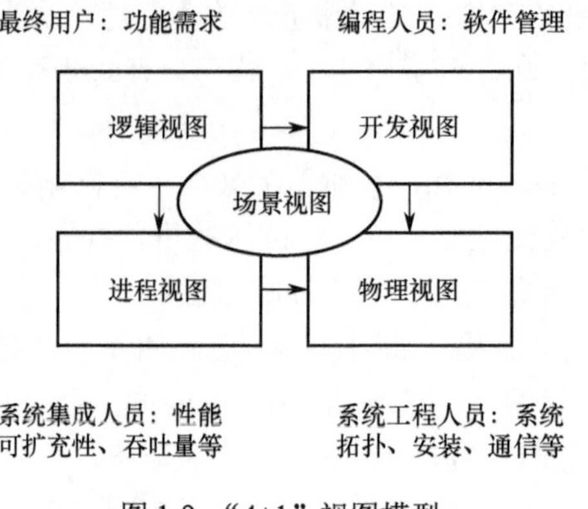

图 1-9 “4+1”视图模型

3）ADR

ADR 是一种记录关键架构决策及其理由的描述方法。每个 ADR 都描述了一个特定的问题，以及为什么选择某个特定的解决方案。ADR 可以帮助理解架构的历史和演变，以及为什么当前的架构是这样的。ADR 的主要优点是它提供了架构决策的上下文，使得其他人可以理解和评估这些决策。

4）C4 模型

C4 模型是由 Simon Brown 提出的一种描述软件架构的方法，包括上下文图、容器图、组件图和代码图 4 个层次。上下文图描述系统与环境的关系，容器图描述系统的高级结构，组件图描述系统的详细结构，代码图描述系统的实现。C4 模型的主要优点是它提供了一种从大到小、从抽象到具体的方式来描述软件架构。

5）ADL

ADL 是一种专门用于描述软件架构的语言，如 ACME、Darwin、Rapide 等。ADL 可以提供比架构图更丰富和精确的描述，包括组件的行为、接口、约束等。ADL 的主要优点是它可以用于自动化的分析和验证，如性能分析、依赖性分析等。

6）模式和风格

模式和风格是一种抽象的描述方法，可以描述系统的通用结构和行为。常见的模式和风格包括层次模式、管道和过滤器风格、发布—订阅风格等。模式和风格的主要优点是它提供了一种通用的语言，可以用于描述和讨论架构。

7）原型

原型是一种动态的描述方法，可以通过实现系统的关键部分来展示其架构。原型可以提供比其他描述方法更直观和具体的信息，使得其他人可以直接看到和体验架构的效果。原型的主要优点是它可以用于验证和演示架构的可行性与效果。

第 2 章　嵌入式工业软件可移植面临的问题及解决方案

2.1　嵌入式工业软件可移植面临的问题

2.1.1　紧耦合问题

耦合用来度量架构元素之间的依赖程度，指两个或多个系统组件之间的相互依赖关系。耦合度高的系统更难维护和修改，因为一个组件的改变可能会产生连锁反应，影响其他许多组件。

计算平台硬件设备与软件模块之间的耦合构成了应用程序可移植性的障碍。该障碍产生的原因是，每个硬件设备都有一个接口控制文档（ICD），描述了硬件支持的消息和协议。为了让应用程序与硬件接口进行通信，它会内置对这些消息和协议的支持，导致应用程序中的消息和协议支持与硬件紧耦合。应用程序需要遵循 ICD 中的规定，只有这样才能正确地与硬件进行交互。

如图 2-1 所示，目前嵌入式工业软件存在人机交互问题（显示问题）、输入/输出（I/O）及业务逻辑问题等耦合现象。

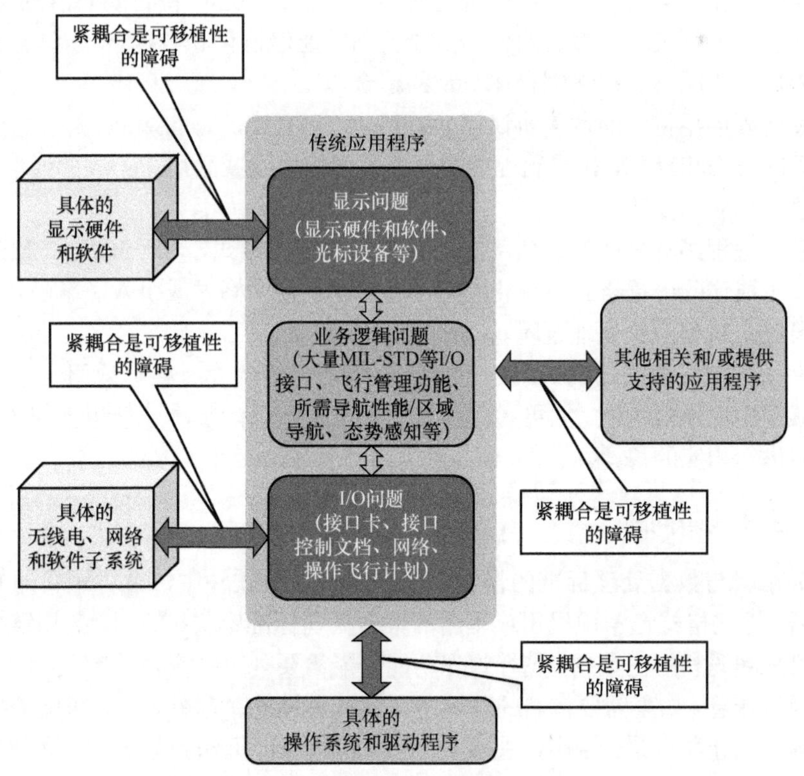

图 2-1　传统软件的紧耦合问题

2.1.1.1　人机交互问题

人机交互主要依赖图形显示器、键盘和鼠标等硬件设备，面板、按钮和下拉列表等用户界面（UI）元素，以及格式化的信息等文本内容。这三者决定了一个人机界面的本质与构成。无论是哪方面，软件模块都与其有着紧密的联系。硬件设备驱动决定了软件模块可以调用的驱动接口；UI 元素决定了软件模块可以调用的 UI 接口；文本内容通常需要以特定的格式解析和处理数据，以及通过特定的网络协议接收和传输数据，相比于前面两者有着更加紧密的耦合性。例如，在嵌入式系统中，人机交互问题通常与具体的显示硬件和软件紧耦合，包括软件需要直接控制显示硬件，或者依赖特定的显示驱动程序，如果需要更换显示硬件或驱动程序，则可能需要对软件进行大量的修改，会限制软件在不同环境中的可移植性。

2.1.1.2　I/O 问题

软件模块中的 I/O 模块对于硬件平台的依赖体现在两方面：对操作系统/硬件驱动的依赖，以及对特定 I/O 接口卡供应商的依赖。前者主要由于不同操作系统暴露的系统 I/O 接口不一致，以及每个硬件驱动提供的接口不一致。后者的问题在于，目前有很多 I/O 接口卡供应商，每个 I/O 接口卡供应商都为其 I/O 接口卡的特定型号提供驱动程序，并且这些驱动程序公开的每个软件接口集因 I/O 接口卡供应商和操作系统而异。与其他合作或支持软件应用程序的接口为一个操作系统编译的应用程序通常无法在任何其他操作系统上运行。

此外，当软件需要与其他远程终端进行通信时，它必须遵循特定的通信协议和数据格式。这意味着软件需要了解及理解与之通信的终端使用的通信协议和数据格式。这种理解和处理的过程会导致软件的实现与远程终端存在一定的耦合。

（1）软件必须遵循特定的通信协议，如 HTTP、TCP/IP、WebSocket 等。它必须按照通信协议进行数据的发送和接收。如果远程终端更改了通信协议或采用了不同的通信协议，那么软件可能需要进行相应的修改。

（2）软件与远程终端之间的通信可能涉及特定的数据格式，如 JSON、XML 等。软件需要能够解析和生成这些数据格式。如果远程终端更改了数据格式或引入了新的数据结构，那么软件可能需要更新其相应的处理逻辑。

（3）软件与远程终端通信的过程中可能需要依赖特定的库、接口或服务。软件可能需要使用这些依赖项实现通信功能。如果远程终端更改了依赖项的版本或使用不同的依赖项，那么软件可能需要进行相应的修改。

2.1.1.3　业务逻辑问题

（1）业务逻辑与数据处理标准的耦合。在嵌入式工业软件中，业务逻辑通常需要处理特定格式的数据，这些格式通常由民用或军用的数据处理标准定义。例如，数据链接可能需要按照特定的协议来编码和解码数据，飞行管理功能可能需要处理特定格式的飞行计划数据。这种紧耦合的问题意味着，如果需要在新的环境中复用或移植这个软件，那么可能需要将这套数据处理标准也实现或迁移过来。否则，原软件的业务逻辑可能无法正常工作。这种耦合性可能导致软件的复用性和可移植性降低，同时增加软件的复杂性，因为每次数据处理标准发生变化时，都可能需要对软件进行修改。

（2）业务逻辑与其他系统的耦合。在嵌入式工业软件中，业务逻辑通常需要与其他系统进行交互。例如，飞行管理功能可能需要从导航系统获取当前的位置信息，向态势感知系统提供预计的飞行路径信息。这种紧耦合的问题意味着，如果这些系统的接口或行为发生变化，则可能需要对业务逻辑进行修改。这可能会增加软件维护的复杂性，并限制软件在不同系统环境中的可移植性。这种耦合性可能导致软件的可维护性和可扩展性降低，因为每次相关系统发生变化时，都可能需要对软件进行修改。

（3）业务逻辑与硬件设备的耦合。在嵌入式工业软件中，业务逻辑需要通过特定的 I/O 接口与硬件设备进行交互。例如，飞行管理功能可能需要通过 MIL-STD 接口来控制飞行控制系统。如果硬件设备的接口或行为发生变化，则可能需要对业务逻辑进行修改。这可能会限制软件在不同硬件设备上的可移植性。这种耦合性可能导致软件的可维护性和可扩展性降低，因为每次硬件设备发生变化时，都可能需要对软件进行修改。

2.1.2　包依赖问题

传统应用程序的不可移植性主要源于其与一组固定接口的紧耦合，如图 2-2 所示。这种耦合性使得应用程序无法在不同的平台上成功执行，如图 2-3 所示，即使这些平台使用的是相同的操作系统。

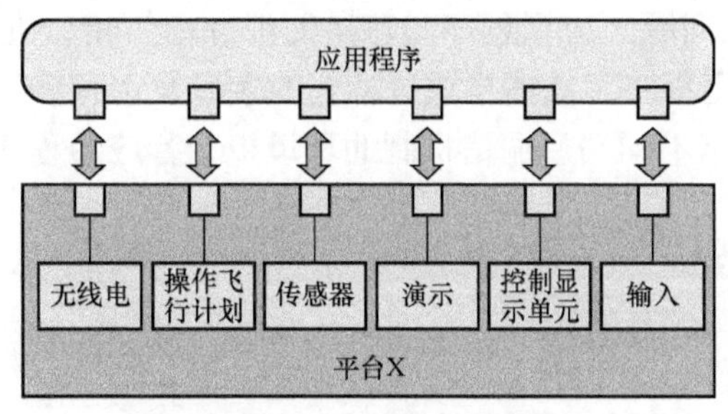

图 2-2　平台上不同设备的接口

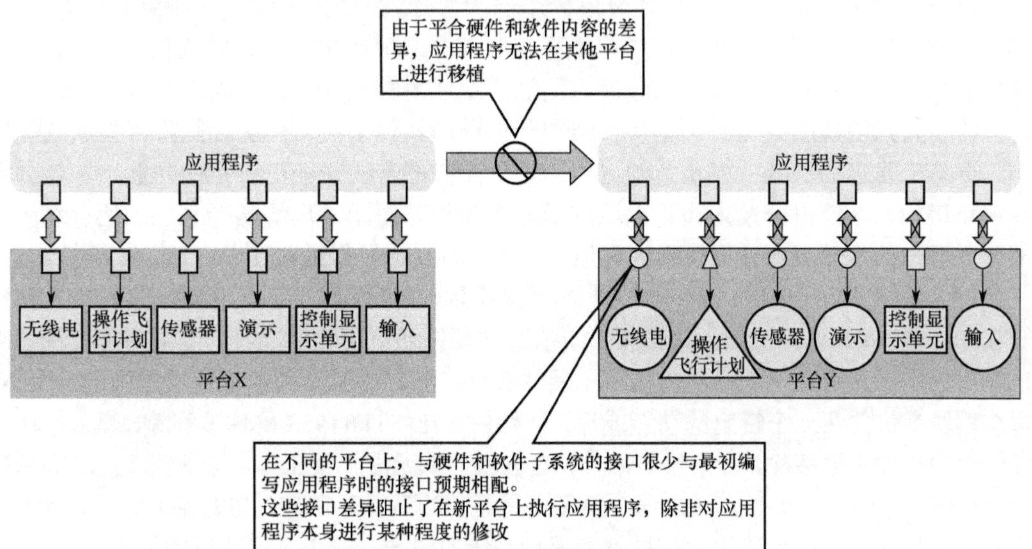

图 2-3　应用部署依赖的多个接口

硬件设备接口的依赖问题。应用程序与特定的硬件设备接口的交互会导致对硬件设备接口的依赖问题。例如，应用程序通过特定的接口与控制显示单元（CDU）进行交互，如果硬件设备的接口发生变化，或者需要在使用不同接口的硬件设备上运行应用程序，则可能需要对应用程序进行修改。这种修改可能会非常复杂，因为硬件设备的接口通常会涉及底层的硬件控制逻辑。

网络硬件平台的访问接口依赖问题。应用程序与特定的计算和网络硬件平台访问接口进行交互会导致其对和网络硬件平台访问接口的依赖问题。例如，应用程序需要通过特定的接口访问 CPU 或网络设备，如果计算或网络硬件平台的接口发生变化，或者需要在使用不同接口的网络硬件平台上运行应用程序，则需要对应用程序进行修改。

运行框架接口的依赖问题。应用程序与特定的运行框架接口的交互会导致其对运行框架接口的依赖问题。例如，应用程序可能需要通过特定的接口使用实时操作系统提供的功能，如果运行框架的接口发生变化，或者需要在使用不同运行框架的环境中运行应用程序，则需要对应用程序进行修改。

运行时库接口的依赖问题。应用程序与特定的库接口进行交互会导致其对库接口的依赖。例如，应用程序运行时依赖特定版本的 C++标准库或某个特定的数据库，如果库接口发生变化，或者需要在使用不同库的环境中运行应用程序，则需要对应用程序进行修改。

消息通信接口的依赖问题。应用程序与特定的消息通信接口进行交互会导致其对消息通信接口的依赖。例如，应用程序可能需要通过特定的接口发送和接收消息。如果消息通信接口发生变化，或者需要在使用不同消息通信机制的环境中运行应用程序，则需要对应用程序进行修改。

2.2　关注点分离解决方案

关注点分离（Separation of Concerns，SoC）原则可以解决软件系统中的紧耦合问题。关注点分离原则的思想是，将一个程序分解为不同的部分，每部分关注一个特定的任务或功能。通过将不同的功能和任务分离，可以降低系统各部分之间的依赖性，降低耦合度。目前，在计算机和软件工程学科中，关注点分离原则被广泛认为是最佳实践，因为它推动了模块化的实现，帮助人们创建出结构清晰、易于维护和扩展的软件系统。模块化是将大型系统分解为更小、更易于管理的部分（模块）的过程。每个模块都专注于一个特定的功能，并能独立于其他模块运行，这使得开发人员可以专注于单个模块，而无须理解整个系统的所有细节。当某部分需要修改或更新时，不会影响其他部分的功能。这使得系统更易于理解、维护和扩展。

关注点分离案例分析：假设有一个软件模块，它提供了应用程序与特定供应商的 MIL-STD-1553 硬件访问接口，该模块封装所有与硬件通信所需的软件，隐藏内部实现的复杂性，应用程序只需通过这个模块的接口与硬件进行交互。这就是关注点分离原则的一个体现，即每个模块都仅关注一个特定的功能或行为。如果 MIL-STD-1553 硬件被移除，那么针对该供应商硬件的软件也被移除，因为没有硬件，这些软件就无法正常工作。这是关注点分离原则的另一个体现，即当一个关注点（在这个例子中是硬件）不再存在时，与之相关的所有代码（在这个例子中是软件）也被移除，这样就能保持系统的整洁，避免无用代码的累积。

常用的 MVC（Model-View-Controller）设计模式体现了关注点分离原则，模型（Model）

负责处理数据和业务逻辑，视图（View）负责显示用户界面，控制器（Controller）负责处理用户输入。这 3 部分各自关注一个特定的任务，相互之间的耦合性降低，使得系统更易于维护和扩展。

解决嵌入式工业软件可移植面临的问题，有如下两种关注点分离策略。

选择标准的平台设备 ICD（第一种策略）。该策略的基本思想是，让所有的应用程序和设备都遵守同一个 ICD，用该 ICD 来分离应用程序和设备的关注点，应用程序仅需关注如何使用这个标准 ICD，而设备则需要关注如何实现这个标准 ICD。只要应用程序遵守该 ICD，它就可以在任何遵守该 ICD 的设备上运行，从而实现应用程序的可移植性。然而，该策略的缺点是需要对现有的应用程序和设备进行大规模的修改，以使它们遵守新的 ICD，这会导致成本增加。这种策略需要一个强大的标准化组织来推动标准的制定和实施，以确保所有的参与者都遵守同一个 ICD。

在计算平台上添加一套适配器模式（第二种策略），如图 2-4 所示。这种策略的基本思想是，在应用程序和设备之间添加一个适配器，这个适配器可以处理不同的 ICD，通过引入适配器来分离应用程序和设备的关注点。在适配器的一侧，它接收应用程序按照标准 ICD 发送的消息；在另一侧，它将这些消息转换为设备能够理解的 ICD。这样，应用程序只需遵守标准 ICD，而无须关心设备的具体 ICD，从而实现应用程序的可移植性。这种策略的优点是可以保持现有的应用程序和设备不变，只需添加一个适配器即可；同时，应用程序和设备可以独立地开发与变化，只要它们遵守与适配器的接口约定。这种策略与面向服务架构范式引入的“服务松散耦合”设计原则一致，可以提高系统的灵活性和可扩展性。

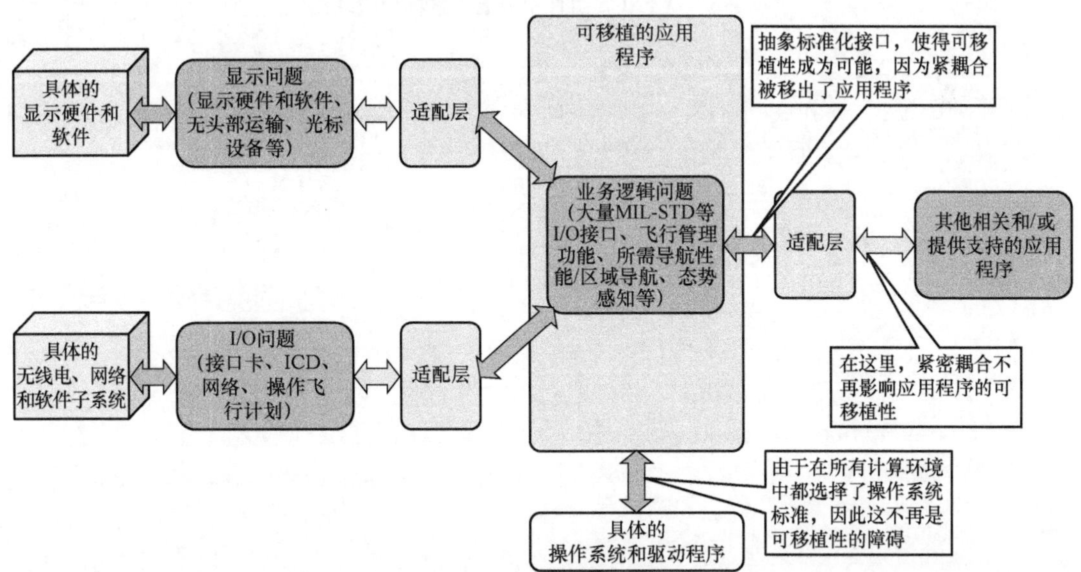

图 2-4　适配器模式

在实际应用中，这两种策略可以根据具体情况进行选择。例如，如果应用程序和设备的数量较少，且修改成本可接受，则可以选择第一种策略；如果应用程序和设备的数量较多，且修改成本较高，则可以选择第二种策略，未来机载能力环境（Future Airborne Capability Environment，FACE）是分布式的、组件化的新一代航空电子系统架构，即采用第二种策略。

在某些情况下，这两种策略也可以结合使用。例如，可以在遵守标准 ICD 的同时，提供适配器来处理非标准 ICD。

FACE 技术标准通过将紧耦合的组件从应用程序中分解到 FACE 计算环境中，以及通过提供软件服务的数据源和接收器来解决包依赖问题，这些服务也托管在 FACE 计算环境中，如图 2-5 所示。

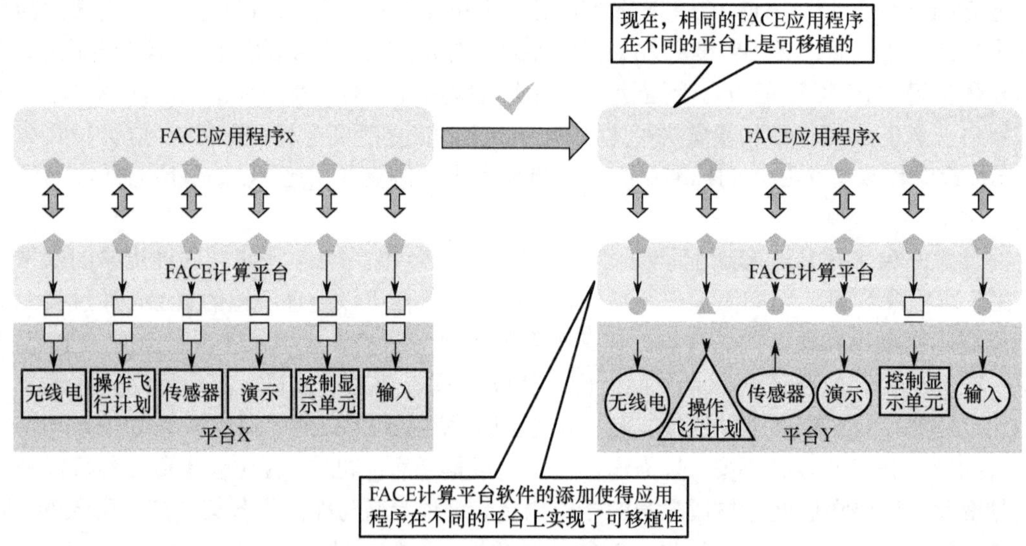

图 2-5　从 FACE 组件中分离出紧耦合的组件

第 3 章 嵌入式工业系统的软件架构

3.1 航空电子系统软件架构

前面提到，FACE 架构是分布式的、组件化的新一代航空电子系统架构，支持软件定义，旨在提高系统的互操作性和可移植性。

FACE 架构采取分段式设计，按照服务功能的不同，分为操作系统段（OSS）、I/O 服务段（IOSS）、特定平台服务段（PSSS）、传输服务段（TSS）及可移植组件段（PCS），如图 3-1 所示，各段之间界限严格，分属不同的代码文件。操作系统段、I/O 服务段和传输服务段对外提供标准的应用编程接口，通过定义标准的数据模型进行通信。满足该标准的系统架构可以跨硬件、操作系统和网络架构进行移植应用与交互。

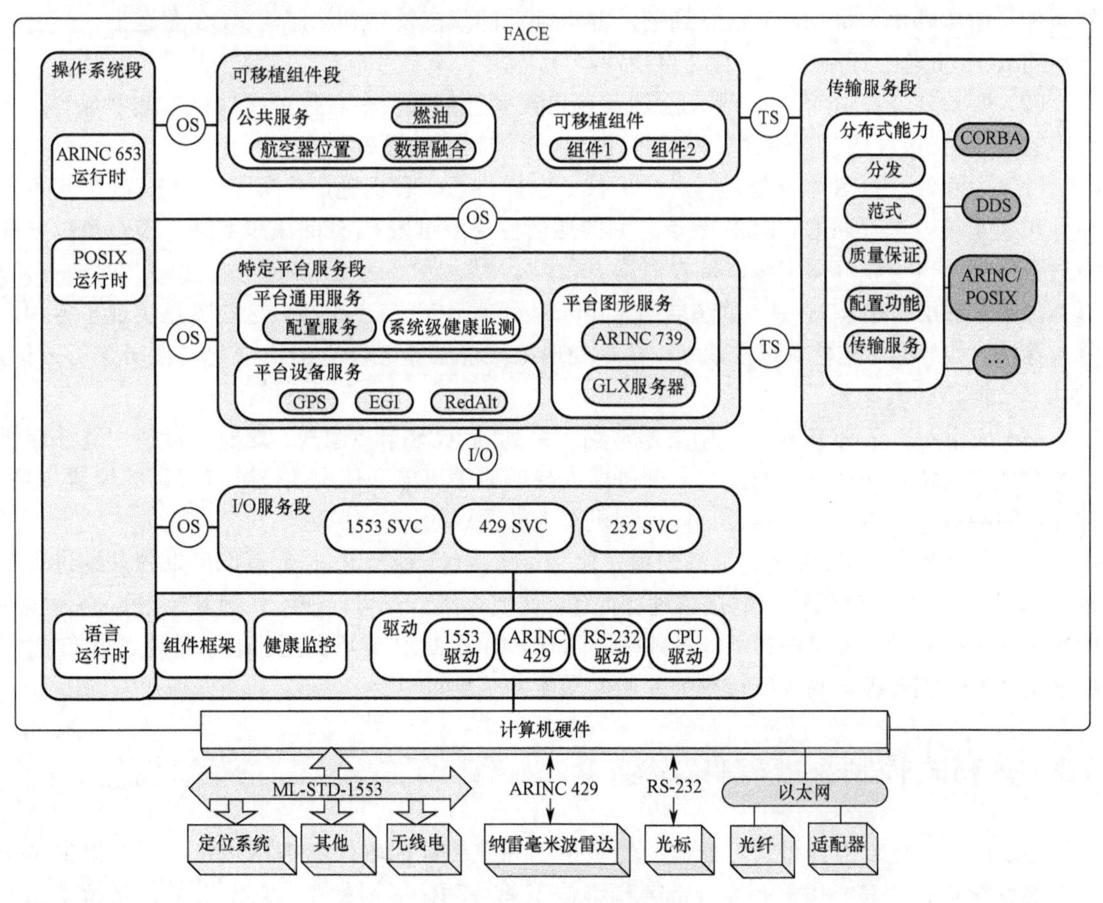

图 3-1 FACE 架构图

FACE 架构为分段之间的数据传输定义了一组标准的接口，包括操作系统段（OSS）接口、输入/输出服务段（IOSS）接口及传输服务（TS）接口。OSS 接口为其他段中的组件提供了使用操作系统内的服务和 OSS 相关的其他功能的标准化手段，包括 ARINC 653、POSIX 及 HMFM（Health Monitoring/Fault Management）应用程序接口（API）。IOSS 接口为特定平台服务段中的组件提供了与接口硬件设备驱动程序进行通信的标准方法，该接口使用 FACE 架构定义的 I/O 消息模型来传输。TS 接口为特定平台服务段及可移植组件段的组件提供了标准化的手段来使用传输服务段提供的通信服务，该接口使用 FACE 数据架构格式化的消息来传输。

3.2　机器人操作系统软件架构

机器人操作系统（Robot Operating System，ROS）是一个灵活的框架，用于编写机器人软件。虽然它被广泛称为操作系统，但它并不是传统意义上的操作系统，而是一个集成了硬件抽象、底层设备控制、常用功能实现、进程间消息传递及软件包管理的软件平台。ROS 为机器人研究和开发提供了一套工具与库，使得机器人程序的开发更加模块化、简化和可重用。

（1）硬件抽象层。在 ROS 中，硬件抽象是通过 ROS 节点实现的。这些节点直接与机器人的硬件（如传感器和执行器）进行通信，并将硬件的状态发布到特定的 ROS 主题上，或者从特定的 ROS 主题上订阅命令并发送给硬件。

（2）驱动层。在 ROS 中，驱动层通常包含在硬件抽象层中。每个硬件设备通常都有一个对应的 ROS 节点，该节点包含了驱动程序，用于控制硬件设备。

（3）中间件。ROS 本身就是一种中间件，它提供了一种机制，使得不同的 ROS 节点可以在分布式系统中进行通信。ROS 节点之间的通信主要通过发布/订阅模型实现，节点可以发布消息到主题，也可以订阅主题以接收消息。

（4）算法层。在 ROS 中，算法层通常由一系列的 ROS 节点组成，这些节点实现了各种机器人算法，如导航、定位、路径规划、视觉处理等。这些节点通过 ROS 主题与服务进行通信，以共享数据和请求计算。

（5）应用层。在 ROS 中，应用层通常由一系列的 ROS 节点组成，这些节点使用算法层提供的功能完成特定的任务。例如，一个机器人导航应用可能会使用定位节点提供的位置信息，并使用路径规划节点提供的路径，以控制机器人按照这个路径移动。

该分层架构使得 ROS 具有很高的模块化和可重用性。每个 ROS 节点都可以独立地进行开发和测试，节点之间通过统一的接口进行通信，这使得某节点可以在不知道其他节点具体实现的情况下进行开发，大大提高了开发效率。同时，由于 ROS 节点之间的通信是通过发布/订阅模型实现的，因此很容易进行代码的复用和功能的扩展。

3.3　分布式控制系统软件架构

IEC 61499 是专为分布式工业自动化和控制系统设计的软件架构标准。该标准提供了一种高级系统设计语言，用于开发、部署和维护工业自动化应用程序。它定义了一套模型和方法，使得开发人员能够创建可在不同硬件和软件平台上运行的可移植、可重用和互操作的自动化组件。

IEC 61499 的核心是功能模块（Function Blocks，FBs），这些功能模块是构建自动化系统的基本单元。这些功能模块可以独立完成特定的功能，并且可以通过事件和数据接口与其他功能模块进行交互。这种设计允许高度的模块化和灵活性，便于系统的扩展和维护。

此外，IEC 61499 还支持事件驱动的执行模型，这意味着功能模块的执行是由事件触发的，这与许多现代工业自动化系统的需求相契合。它还促进了信息技术（IT）和运营技术（OT）系统之间的融合，这是实现工业 4.0 和智能制造的关键要素。

应用（Applications）。应用是由多个互相连接的功能模块组成的，它们共同实现了一组特定的业务逻辑或控制策略。开发人员可以通过图形化的工具来设计应用，通过拖曳和连接功能块来构建复杂的自动化流程。应用可以在单个设备上运行，也可以跨多个设备分布式运行，这取决于系统的规模和需求。

设备模型（Device Model）。设备模型是对物理设备的抽象表示，包括设备的硬件组件和软件能力。在 IEC 61499 中，设备模型通常包含一个或多个资源（Resource），每个资源都可以运行一个或多个应用。资源之间可以通过服务接口进行通信，实现设备间的协同工作。设备模型使得开发人员能够以统一的方式描述和配置系统中的设备，无论它们的物理形态和功能如何。

系统配置（System Configuration）。系统配置是整个自动化系统的蓝图，定义了系统中所有的设备、应用及它们之间的连接关系。系统配置不仅包括硬件设备的布局和网络拓扑，还包括软件应用的部署和功能块之间的通信路径。通过系统配置，开发人员可以确保系统的每部分都按照预期的方式工作，并且可以轻松地对其进行扩展和维护。

分布式系统的开发。IEC 61499 支持分布式系统的开发，通过将应用分解为多个功能块，并在不同的设备上部署这些功能块来实现。这种分布式控制方法提高了系统的可扩展性，因为它可以根据需要轻松地添加或移除设备和应用。同时，它也提高了系统的可重用性，因为功能块可以在不同的应用和系统中重复使用。此外，分布式架构使得系统更加灵活、易于维护和升级，因为每个功能块都可以独立地进行改进或替换，而不会影响整个系统的运行。

IEC 61499 通过其模块化和分布式的设计方法为工业自动化领域提供了一种高效、灵活且可扩展的解决方案，有助于实现复杂系统的快速开发和高效运行。IEC 61499 广泛应用于工业自动化、建筑自动化、能源系统、交通控制系统及家庭自动化等领域，涵盖了从生产线控制、楼宇能源管理、智能电网控制，到交通信号控制和智能家居系统等各种自动化控制场景。

3.4　汽车开放系统软件架构

AUTOSAR（AUTomotive Open System ARchitecture）是一个全球汽车行业的标准化的汽车开放软件架构。它旨在创建一个标准化的软件架构，以促进汽车电子控制系统的开发，提高软件的可重用性、可扩展性和互操作性。通过定义一套统一的接口和模块，AUTOSAR 使不同供应商的软件组件能够在不同的硬件平台上无缝集成，从而降低开发成本、缩短上市时间，并提高系统的安全性和可靠性。AUTOSAR 架构支持实时操作系统，提供丰富的诊断和通信功能，并确保软件满足严格的汽车行业标准和法规要求。随着智能网联汽车技术的发展，AUTOSAR 架构在全球汽车行业中扮演着越来越重要的角色，推动着汽车行业软件工程的进步和创新。

AUTOSAR 架构定义了一个清晰的分层模型，包括应用层、运行时环境和基础软件层。

应用层（Application Layer）：包含各种车辆功能的软件组件。每个软件组件都有一种明确的功能，如刹车控制、发动机管理等。这些软件组件通过运行时环境进行通信。每个软件组件都有其接口描述，包括所需的服务、提供的服务和发布/订阅的事件。

运行时环境（Runtime Environment，RTE）：应用层和基础软件层之间的中间件，提供了一种软件组件之间的数据交换机制，负责管理软件组件的执行，以及软件组件之间的数据交换，软件组件通过 RTE 发送和接收数据，而不需要知道数据的具体传输方式。RTE 将底层硬件和系统的细节抽象出来，提供标准化的接口，供软件组件使用，使得应用层的软件组件不需要直接与硬件进行交互。另外，RTE 还负责事件和服务的调度，以及错误和异常的处理。

基础软件层（Basic Software Layer）：提供了对底层硬件的抽象，包括驱动程序、操作系统和通信协议等。基础软件层又可以进一步分为以下几层。

服务层（Services Layer）：提供了一些通用的服务，如诊断、内存管理、通信管理等。这一层包括诊断通信、内存服务、系统服务、ECU（Electronic Control Unit，电子控制单元）状态管理等模块。诊断通信模块负责处理所有的诊断通信，包括故障诊断和故障码的读取与清除。内存服务模块负责管理 ECU 的内存，包括内存的分配和释放。系统服务模块提供了一些系统级的服务，如 ECU 复位、ECU 睡眠等。ECU 状态管理模块负责管理 ECU 的状态，如启动、运行、睡眠等。

ECU 抽象层（ECU Abstraction Layer）：ECU 是现代汽车中用于控制一个或多个电子系统的关键组件。ECU 通过接收来自车辆各种传感器的数据，根据预设的算法和控制逻辑，对车辆的运行状态进行监控和调整，以优化性能、提高效率、确保安全和满足环保要求。ECU 的主要功能：①**数据处理**，ECU 接收来自车辆传感器的数据，如速度、温度、压力等，并根据这些数据进行计算和分析；②**控制执行**，基于数据处理的结果，ECU 会发送控制信号给执行器，如燃油喷射器、节气门、刹车系统等，以调节车辆的运行状态；③**故障诊断**，ECU 具有自我诊断功能，能够检测和记录车辆系统中的潜在问题，并通过故障指示灯（如发动机故障指示灯）向驾驶员发出警告；④**通信**，ECU 通过车辆内部的通信网络（如 CAN 总线）与其他 ECU 交换信息，实现系统集成和协同工作。ECU 抽象层提供了对特定 ECU 硬件的抽象，如 I/O 硬件、内存硬件等。这一层包括了 I/O 硬件抽象、内存硬件抽象、网络管理等模块。I/O 硬件抽象模块提供了对 I/O 硬件的抽象，使得软件组件可以在不知道具体的 I/O 硬件的情况下进行 I/O 操作。内存硬件抽象模块提供了对内存硬件的抽象，使得软件组件可以在不知道具体的内存硬件的情况下进行内存操作。网络管理模块负责管理网络通信，如 CAN、LIN、FlexRay 等。

微控制器抽象层（Microcontroller Abstraction Layer）：提供了对微控制器硬件的抽象。这一层包括微控制器驱动、中断控制、微控制器内存抽象等模块。微控制器驱动模块提供了对微控制器的驱动，使得软件组件可以在不知道具体的微控制器的情况下进行操作。中断控制模块负责管理中断，包括中断的使能、禁止和处理。微控制器内存抽象模块提供了对微控制器内存的抽象，使得软件组件可以在不知道具体的微控制器内存的情况下进行内存操作。

复杂驱动层（Complex Drivers Layer）：对于不能用上述模块实现的复杂硬件，可以直接编写特定的驱动程序。这一层包括与硬件相关的复杂驱动，如 CAN 驱动、LIN 驱动、FlexRay 驱动等。这些驱动程序直接与硬件进行交互，提供对硬件的直接控制。

通过这种分层架构，AUTOSAR 实现了软件和硬件的分离，使得软件组件可以在不同的硬件和系统上重用，从而提高了系统的灵活性和可维护性。

3.5　嵌入式工业软件架构设计的普遍原则和趋势

上述 4 种软件架构——FACE、ROS、IEC 61499 和 AUTOSAR 虽然分别应用于不同的领域（航空电子、机器人技术、工业自动化和汽车电子），但它们之间存在一些共性，这些共性体现了嵌入式工业软件架构设计的普遍原则和趋势。

模块化设计。所有这些架构都强调模块化设计，将系统分解为独立的、可重用的模块、组件或服务。这种设计提高了系统的可维护性、可扩展性和灵活性，使得开发人员可以独立地开发、测试和更新各个模块。

分布式架构。这些架构都支持分布式系统的设计和实现。通过在不同的硬件平台上部署和运行模块化组件，能够提高系统的性能和可靠性，并实现系统资源的优化分配。

标准化接口。为了实现模块间的互操作性和通信，这些架构都定义了一套标准的接口。这些接口使得不同的模块能够无缝集成，同时方便了不同供应商之间的协作和组件的替换。

硬件抽象。这些架构都提供了硬件抽象层，使得软件开发人员可以专注于应用逻辑，而不必深入了解底层硬件的细节。硬件抽象层简化了开发过程，并提高了软件的可移植性。

中间件支持。这些架构都使用中间件来实现不同组件或模块之间的通信和数据交换。中间件提供了消息传递、事件处理和其他通信机制，使得分布式系统中的组件能够协同工作。

层次化结构。这些架构通常都具有层次化结构，即将系统分为多个层次，每个层次具有不同的功能和职责。这种分层设计有助于缓解软件复杂性带来的开发成本高、维护困难等问题，并提供清晰的系统视图。

支持实时操作。部分架构（如 FACE 和 AUTOSAR）支持实时操作系统，这对于需要严格时间控制和高可靠性的应用场景至关重要。

开放性和可扩展性。这些架构都是开放的，允许开发人员根据需要添加新的功能、组件或微服务，从而使系统能够适应不断变化的需求和技术进步。

社区和标准化组织的支持。这些架构背后通常都有活跃的开发人员社区和标准化组织的支持，这些组织负责维护和更新标准，提供工具和资源，推动技术的发展和应用。

综上，这些架构的共性体现了现代软件工程对于模块化、分布式、标准化和可扩展性的追求，这些原则有助于构建可靠、高效和易于维护的复杂系统。

第 4 章　航空电子系统 FACE 架构

4.1　FACE 架构概览

图 4-1（a）所示为 FACE 架构为航空电子系统设计的参考架构，其核心目标是提升软件的可重用性、可移植性和互操作性。FACE 架构由 5 个分层逻辑段构成。FACE 架构下的通信管理（COMM）系统案例如图 4-1（b）所示，该系统负责飞机上所有通信设备的管理和控制。

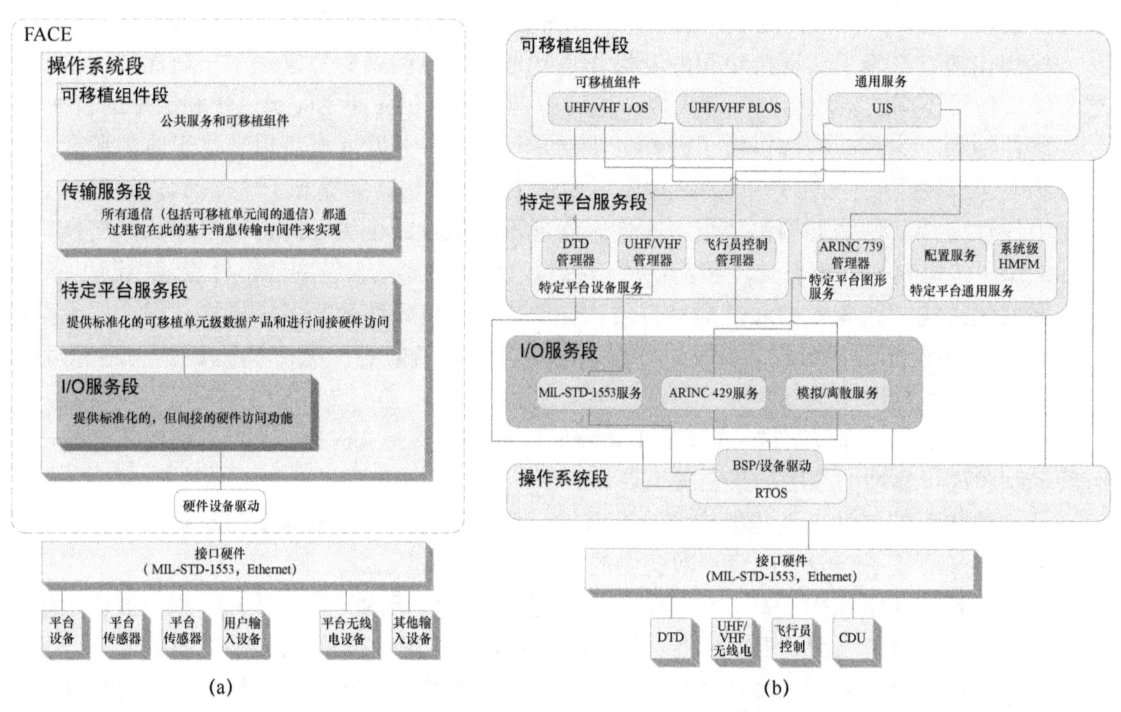

图 4-1　FACE 架构及其下的通信管理系统案例

操作系统段（OSS）：作为 FACE 架构的基石，OSS 集成了基础的系统服务和由供应商提供的软件。OSS 的关注点单元（Unit of Concern，UoC，指一个独立的功能、组件或模块）负责管理和控制对计算平台的访问权限，并为所有其他 UoC 的执行提供支持。同时，OSS 提供了一系列接口，包括操作系统接口、集成和低级健康监控接口，并且可以根据需要提供外部网络功能、编程语言运行时环境、组件框架、生命周期管理和配置服务等。在通信管理系统案例中，OSS 为 ARINC 653 分区和 POSIX 分区提供必要的支持，确保软件能够在单处理器上的不同分区中运行，同时满足性能要求，如为用户提供适当的响应时间。

I/O 服务段（IOSS）：负责标准化供应商提供的接口硬件设备驱动程序，通过其 UoC 为硬件接口和驱动程序提供抽象层，使得特定平台服务段的 UoC 能够集中精力处理接口数据，而无须关注具体的硬件和驱动程序细节。在通信管理系统案例中，IOSS 负责将与平台设备的接口标准化，包括 MIL-STD-1553、ARINC 429 和离散 I/O 接口。IOSS 通过以下服务实现与设备的通信。

- MIL-STD-1553 服务：与 UHF/VHF 无线电设备进行通信，管理和传输无线电数据。
- ARINC 429 服务：与 CDU 进行通信，发送和接收 ARINC 739 命令流数据。
- 模拟/离散服务：与飞行员控制设备（如操纵杆、加速踏板等）进行通信，提供飞行员输入的接口。

特定平台服务段（PSSS）：由 3 个子段组成，包括特定平台设备服务、特定平台通用服务和特定平台图形服务。这些服务共同负责数据管理、翻译、日志记录、设备协议调解、流媒体、健康监控和故障管理等关键功能。在通信管理系统案例中，特定平台设备服务包括以下几项。

- UHF/VHF 管理器：负责与 UHF/VHF 无线电设备进行通信，转换 FACE 数据模型与无线电 ICD 之间的数据。
- 飞行员控制管理器：处理飞行员控制输入，如操纵杆和加速踏板，并将输入转换为FACE 数据模型。
- ARINC 739 管理器：提供标准化接口，管理 CDU 上的文本信息显示和子系统菜单。

传输服务段（TSS）[图 4-1（b）中无法显式地画出来]：由一系列通信服务构成，它抽象了传输机制和数据访问，使得软件组件能够灵活地集成到使用不同传输方式的多样化架构和平台中。TSS 的 UoC 负责在可移植组件段和/或 PSSS 的 UoC 之间进行数据分发。在通信管理系统案例中，TSS 通过 TS 接口在可移植组件段和 PSSS 之间提供数据传输服务。TS 接口使用 FACE 数据模型，确保数据在不同组件之间正确传递。

可移植组件段（PCS）：由一系列独立的软件组件组成，这些软件组件提供特定的功能和业务逻辑。PCS 的设计注重实现组件与硬件和传感器的无关性，并且避免与任何数据传输或操作系统实现的绑定，以确保高度的可移植性和互操作性。在通信管理系统案例中，PCS 包括以下几项。

- 用户界面服务（UIS）：作为 ARINC 739 客户端软件组件，用于在 CDU 上显示和格式化信息。
- UHF/VHF LOS 和 UHF/VHF BLOS 便携式应用程序：管理无线电的频率数据、频道信息和状态，并通过 UIS 在 CDU 上显示相关信息。

4.2 OSS

4.2.1 总体需求

OSS 通过使用处理器控制机制，确保各个 FACE 分段仅使用其所需的计算平台资源，包括 CPU、内存、硬盘及外部设备资源（如外部硬件设备、网络资源等），并限制它们对这些资源的使用，从而保障系统资源的有效分配和利用。此外，OSS 还包含操作系统本身、运行时环境、框架、操作系统级别的健康监控、组件管理框架及系统重配置功能。OSS 为其他 FACE 分段提供统一的标准 FACE 操作系统 API（见图 4-2），具体包括 ARINC 653 操作系统接口、POSIX 操作系统接口和应用程序接口，通过 OSS 标准 API 实现软件系统与操作系统之间的解耦，提高系统的灵活性和可维护性。通过这种解耦，软件组件能够在不同的操作系统上运行而无须针对特定平台进行修改，从而提高系统的可移植性和可扩展性。

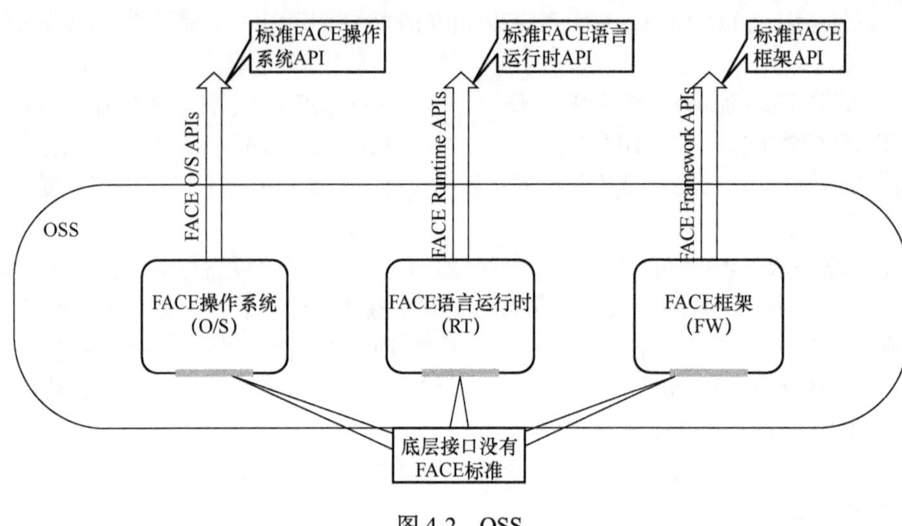

图 4-2　OSS

OSS 的核心职责之一是支持 ARINC 653 和 POSIX 标准，这些标准为嵌入式系统提供了分时分区操作系统的设计原理和规范，尤其在安全性和资源管理方面。ARINC 653 旨在实现软件应用的隔离和安全性，通过以下 3 个主要原则来指导操作系统的设计。

（1）**应用隔离**：操作系统能够对应用软件进行逻辑上的划分，确保各应用软件之间相互独立运行，不会相互干扰。

（2）**资源限制**：每个应用软件只能访问操作系统分配给它的资源，不能影响其他应用软件或系统的整体运行。

（3）**故障处理**：操作系统能够有效处理软件或硬件故障，并防止故障扩散到其他部分，确保系统的稳定性和安全性。

ARINC 653 定义了一系列 APEX 服务，每个服务都是一个系统调用功能，包括数据类型、服务名称、参数名称和参数顺序。这些服务涵盖了分区管理、进程管理、时间管理、内存管理、分区内通信、分区间通信、健康监控、文件系统服务和日志系统等方面。在 ARINC 653 的框架下，操作系统被分为以下两个层级。

（1）**核心操作系统（Core O/S）**：负责管理核心模块、分区、分区调度和 APEX 接口。

（2）**分区操作系统**：每个分区内部都运行一个符合 POSIX 标准的操作系统，在其上执行应用程序。

POSIX 标准为可移植操作系统接口提供了一套 C 语言依赖的标准服务集合。FACE 技术标准根据安全性的不同剖面，对 POSIX 接口的使用进行了分类和限制，确保在不同安全级别的系统中，接口的使用是符合要求的。FACE 技术标准还规定，如果 OSS 包含语言运行时环境（如 C、C++、Java 或 Ada），则必须提供相应的运行时接口。操作系统需要通过操作系统接口支持语言运行时的执行，以满足系统需要。此外，如果 OSS 包含框架（如 OSGi），则应提供相应的框架接口，以便操作系统支持框架的执行。在 ARINC 653 功能的支持方面，使用 FACE 配置文件中定义的 ARINC 653 和特定于语言的标准库接口，以确保分区内的应用程序能够安全、有效地与操作系统和其他分区进行交互。综上，在 FACE 技术标准中，OSS 应实现并提供符合所选 FACE 配置文件规定的 POSIX 和/或 ARINC 653 应用程序接口，以便其他 FACE 分段可以通过这些接口与 OSS 进行交互，实现对计算平台的访问和资源管理。

4.2.2　操作系统分区

一个或多个功能应用划分对应一个分区，每个分区都具有自己独立的应用环境，由数据、上下文关系、配置属性等组成。每个分区都独立加载各自的分区操作系统及应用，分区之间互不影响，独立运行；分区的运行要满足时间和空间的要求。系统开发人员使用分区来隔离执行其预期功能所需的资源，并将软件组件与在同一 FACE 环境中运行的其他软件组件隔离开来。主要分区类型如下。

核心系统分区：包含操作系统核心组件，如内核、设备驱动、系统服务等。内核负责管理系统资源，设备驱动用于控制硬件设备，系统服务提供各种基础功能。该类分区通常是在系统启动时加载的，提供系统的基本功能，如进程调度、内存管理、设备控制等。

应用分区：包含特定的应用程序及其相关的数据和配置。例如，飞行控制系统包含飞行控制软件、飞行数据、配置文件等。每个应用分区都有自己独立的运行环境，包括特定版本的运行库、配置文件等。

通信分区：负责处理所有的通信任务，包括与其他系统的通信、与地面控制中心的通信等。例如，该类分区包含通信协议栈（如 TCP/IP 协议栈）、通信设备驱动（如无线网卡驱动）及通信数据缓冲区。

安全分区：包含所有与安全相关的功能，如数据加密、用户认证、系统审计等。例如，该类分区可能包含加密算法库，用于加密和解密数据；安全协议栈，如 SSL/TLS 协议栈，用于安全通信；安全日志，用于记录系统的安全事件。

故障诊断分区：负责系统的故障诊断和恢复。例如，该类分区包含用于检测和诊断系统的故障诊断算法、用于记录故障信息的故障数据，以及用于恢复系统正常运行的恢复程序。

4.2.3　分区间通信

分区间通信是指在同一核心模块或不同核心模块上运行的分区之间的通信。分区间通信仅适用于基于 ARINC 653 的实时操作系统，其使用仅限于传输服务和 I/O 服务。传输服务接口应用于 PSSS 组件之间的分区间/进程或分区内/进程内通信。分区间通信可分为以下 4 种类型。

1）同一核心模块内的分区间通信

在同一核心模块内，不同分区间的通信通常通过共享内存或消息队列来实现。假设有两个分区 A 和 B 在同一核心模块上运行。分区 A 将飞行数据写入共享内存，分区 B 读取这些数据并进行处理；或者分区 A 可能将控制命令发送到消息队列，分区 B 从消息队列中接收命令并执行。该种通信方式的优点是效率高，因为它不需要跨越硬件边界；但是，它需要操作系统提供资源隔离和访问控制机制，以防止分区间的干扰。

2）同一机箱内不同核心模块上的分区间通信

在同一机箱内，不同核心模块上的分区间通信通常通过硬件总线或网络来实现。例如，假设有两个分区 C 和 D 在同一机箱内的不同核心模块上运行。分区 C 可能通过 CAN 总线发送传感器数据，分区 D 通过 CAN 总线接收这些数据并进行处理；或者分区 C 和 D 通过以太网进行通信，如分区 C 发送控制命令，分区 D 接收命令并执行。该种通信方式的优点是可以利用现有的硬件和协议，但是可能需要额外的硬件支持和软件驱动。

3）不同机箱上的分区间通信

不同机箱上的分区间通信通常通过网络来实现。例如，有两个分区 E 和 F 在不同的机箱上运行，分区 E 可能通过以太网发送飞行数据，分区 F 通过以太网接收这些数据并进行处理；或者分区 E 通过无线网络发送控制命令，分区 F 接收并执行这些命令。该种通信方式的优点是可以跨越较长的物理距离，但是可能需要更复杂的网络配置和管理。

4）航空电子系统与其他设备之间的通信

航空电子系统与其他设备之间的通信通常通过专用的接口和协议来实现。例如，假设有一个分区 G 在航空电子系统中运行，如果它需要与地面控制中心进行通信，则分区 G 通过 RS-232 接口发送飞行数据，地面控制中心通过 RS-232 接口接收这些数据并进行处理；或者分区 G 通过 ARINC 429 接口与飞行控制系统进行通信，如分区 G 发送控制命令，飞行控制系统接收命令并执行。该种通信方式的优点是支持各种特定的设备和应用，但是可能需要特定的硬件接口和软件驱动。

所有的分区间通信都基于消息进行，消息从单个源发出，到达一个或多个目的地。消息的目的地是分区而不是分区内的进程。通过消息连接分区的基本机制是通道（Channel）。通道指定从源到目的地的消息传递模式，以及要发送的消息的特性。分区通过已定义的访问点访问通道，访问点称为端口（Port）。通道由端口及相关资源组成，端口提供资源以允许分区在特定的通道中发送或接收消息。通道可以分布在组成系统的各个核心模块中，每个通信节点（核心模块、网关、I/O 模块等）都可以通过配置表单独配置。系统设计人员必须确保每个通道的不同端口有一致性的配置，而源、目的地、消息传递模式和每个通道的唯一性不会在运行时改变。通道的消息传递模式包含两种：采样模式（Sampling Mode）和队列模式（Queuing Mode）。分区可用的采样和队列端口通过配置数据进行控制。如果组件在初始化期间尝试创建对尚未配置的采样或队列端口的访问，则将返回错误。

为了确保系统的安全性和可靠性，ARINC 653 标准定义分区间通信应通过采样或队列端口进行。然而，在有些情况下，ARINC 653 系统可能需要进行更复杂的通信。例如，与运行在其他操作系统上的设备进行通信，或者通过网络进行通信。在这些情况下，ARINC 653 系统需要使用 TCP/IP 协议。在 ARINC 653 系统中，TCP/IP 通信通常通过专门的 I/O 分区进行。该 I/O 分区负责处理所有的网络通信，包括 TCP/IP 协议的处理。通过限制网络通信到特定的 I/O 分区，将风险隔离在一个分区内，而不会影响其他分区，可以提高系统的安全性。这是因为网络通信可能会引入安全风险，如数据可能被拦截或篡改，或者系统可能受到网络攻击。

4.2.3.1　采样端口

在基于 ARINC 653 标准的系统中，采样端口是一种简单而有效的分区间通信机制，适用于处理周期性变化的系统参数。每个采样端口都有一个发送端和一个接收端。发送端的应用程序负责定期更新数据消息，而接收端则保存最新的数据消息。采样端口的工作方式如下。

（1）发送端的应用程序以一定的频率更新数据消息。这种频率通常根据系统参数的变化速度来设定。例如，对于飞机的高度、空速、姿态和航向等周期性变化的参数，需要以较高的频率更新数据消息。

（2）当接收端收到新的数据消息时，它会立即且原子性地替换旧的数据消息。接收端总是保存最新的数据消息。

（3）如果接收端再次读取端口的数据消息，那么新的数据消息会替换旧的数据消息，而不是添加到消息队列中，而发送端尚未更新数据消息，接收端将读取到相同的数据消息。

（4）读取数据消息时，其中会包含一个参数，用于指示数据消息是在端口的刷新周期内还是周期外更新的，以帮助接收端判断数据消息的新旧程度。

（5）采样端口不支持消息分割，每个消息必须以完整的形式发送和接收。因此，需要为每个采样端口定义一个最大未分割消息长度。

（6）为了确保接收端能正确地解析和处理消息，采样端口只允许发送固定长度的消息。

4.2.3.2 队列端口

对于队列端口，其发送端和接收端能够包含一个消息队列。读取队列端口时，将使用数据消息。队列端口机制可防止分配的队列溢出。当发送队列已满或队列端口为空时，应用程序能够通过调用参数控制调用 ARINC 653 进程是始终阻塞、超时阻塞还是返回。

队列端口的工作方式有以下几个特点。

- 不允许在传递中覆盖先前的消息，即消息不会丢失。
- 通道中以队列端口的工作方式运行的端口允许缓冲多个消息，源分区发送的消息存储在源端口的消息队列中，直到被发送。
- 当消息到达目的端口后，消息将缓存在目的端口的消息队列中。
- 消息队列通过通信协议来管理，以先进先出的顺序将消息从源端口发送到目的端口。

队列端口的工作方式支持变长消息，允许对消息进行分割和重组。如果不直接支持变长消息的发送，那么源端口必须将消息分解成一系列固定长度的分段，目的端口必须重组这些分段。分段的长度应小于或等于通道内所有端口可接收的最大未分割消息长度。

基于 ARINC 653 的应用程序和基于 POSIX 的应用程序进行通信时，每个分区间的信息流都应基于采样端口或队列端口。

两个基于 POSIX 的应用程序进行通信时，每个分区间的信息流都应基于套接字、消息队列或共享内存。一个组件可能有多个打开的套接字同时绑定到不同的端口。OSS 可能会根据配置数据限制特定应用程序可以绑定到哪些端口，作为对应用程序实施访问控制的一部分。

4.2.3.3 POSIX Socket 编程

针对实时嵌入式系统中分区间通信的需求，可以进一步细化 TCP 和 UDP 通信的实现细节，以确保既满足安全性和可靠性的要求，又不牺牲系统的实时性。

1）TCP 通信细化

在实时嵌入式系统中，TCP 通信通常用于需要确保数据完整性和顺序的场景。以下是 TCP 通信流程的细化步骤。

（1）服务器（如发动机控制分区）。

创建套接字：调用 socket()函数，指定 AF_INET 为地址族（IPv4 网络协议）、SOCK_STREAM 为套接字类型（面向连接的流式套接字）。

绑定套接字：通过 bind()函数，将套接字与特定的 IP 地址和端口号绑定。这个地址/端口对标识了服务器的通信端口。

监听连接：调用 listen()函数，使服务器套接字进入监听状态，准备接受客户端的连接请求。

接受连接：使用 accept()函数等待并接受客户端的连接请求。连接成功后，accept()函数返回一个新的套接字，专门用于与该客户端的通信。

数据交换：通过 recv()和 send()函数在新的套接字上接收与发送数据。

（2）客户端（如仪表盘显示分区）。

创建套接字：调用 socket()函数创建 TCP 套接字。

发起连接：通过 connect()函数，使用服务器的 IP 地址和端口号发起连接请求。

数据交换：连接建立后，使用 send()和 recv()函数进行数据的发送与接收。

2）UDP 通信细化

UDP 通信适用于对实时性要求高的场景，其中一定程度的数据丢失是可接受的。以下是 UDP 通信流程的细化步骤。

（1）发送方（如娱乐系统分区）。

创建套接字：调用 socket()函数，指定 AF_INET 为地址族、SOCK_DGRAM 为套接字类型（无连接的数据报套接字）。

发送数据：调用 sendto()函数，指定接收方的 IP 地址和端口号，发送数据包。与 TCP 不同，UDP 不需要建立连接。

（2）接收方（如发动机控制分区）。

创建套接字：调用 socket()函数创建 UDP 套接字。

绑定套接字：通过 bind()函数，将套接字与特定的 IP 地址和端口号绑定，以便监听来自发送方的数据。

接收数据：使用 recvfrom()函数接收发送方的数据包。

3）安全性和实时性考虑

安全性：对于 TCP 通信，可以通过 TLS/SSL 在应用层加密，以保护数据传输安全；对于 UDP 通信，虽然它本身不提供加密功能，但可以使用 DTLS（Datagram Transport Layer Security，数据包传输层安全）协议实现加密传输。

实时性：UDP 由于其无连接和轻量级的特性，通常在对实时性要求较高的场景优先考虑；而 TCP 则因其重传机制和拥塞控制，可能会引入额外的延迟，但它提供了数据传输的可靠性。

4）POSIX 共享内存

POSIX 共享内存是当前可用的最快的进程间通信（IPC）机制，一旦共享内存区域映射到相关进程的地址空间，就可以实现高速的数据交换，同时采用 POSIX 信号量有效地管理对共享内存的访问，确保数据的完整性和系统的稳定性。

- 高效的数据交换：进程间的数据传输无须通过内核执行系统调用，显著提高了通信效率。
- 同步需求：多个进程对共享内存的读/写操作通常需要某种形式的同步机制，以防止数据竞争和冲突。
- 同步方法：这些进程间的同步通常采用 POSIX 信号量，包括有名信号量和无名信号量，以确保数据的一致性和操作的原子性。

如图 4-3 所示，在不使用共享内存时，需要 4 次内核空间–用户空间的数据拷贝。

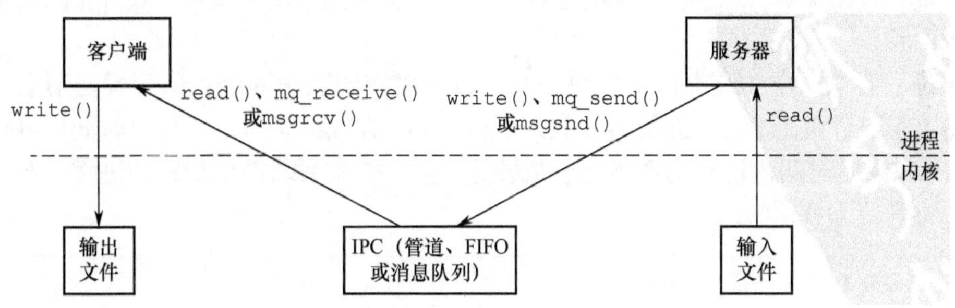

图 4-3　不使用共享内存

如图 4-4 所示，在使用共享内存时，只需 2 次内核空间–用户空间的数据拷贝。

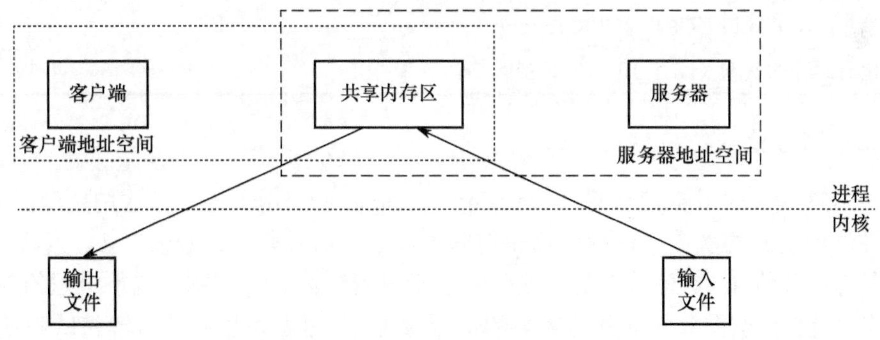

图 4-4　使用共享内存

4.2.4　分区内通信

分区内通信是 PSSS 中同一分区内进程间的数据传输和访问控制机制。TS 接口在此系统中用于支持组件间的通信，但不包括设备协议中介组件。ARINC 653 定义的分区内通信机制包括缓存队列（Buffers-Queue）、黑板、信号量（Semaphore）和事件（Event）。其中，缓存队列和黑板用于进程间通信，信号量和事件用于进程间同步与互斥。

- 缓存队列：消息以队列形式存储，确保消息先进先出（FIFO），不允许消息覆盖。
- 黑板：在任何时刻最多只保留一个消息，允许新消息覆盖旧消息，适用于需要最新消息的场景。

- 信号量：提供一种机制，以控制对共享资源的访问，防止多个进程同时访问同一资源。
- 事件：通过通知进程等待特定条件的发生，支持进程间的同步控制。

4.2.4.1 消息缓存

消息缓存（Message Buffer）是用于存储等待发送消息的区域，这些消息按照 FIFO 的次序存储在缓存队列中。缓存队列中可存储消息的数量由创建时分配给消息缓存区的大小决定。

接收消息的进程按照 FIFO 或优先级次序原则从缓存队列接收消息。在按优先级次序原则排队的情况下，相同优先级的接收进程按照 FIFO 原则排队。接收消息的进程的排队原则在缓存队列创建时定义。

当多个进程等待同一个缓存队列时，操作系统将根据定义的排队原则（FIFO 或优先级次序）决定哪个进程获得消息。被选中的进程将从等待状态变为就绪状态，并且相应的消息将从缓存队列中移除。

如果进程尝试从空的缓存队列接收消息，或者尝试向已满的缓存队列发送消息，那么操作系统将产生进程重调度，该进程将被放入等待队列，进程将在指定的超时时间内等待消息的到来。如果在超时时间内没有消息被接收或发送，那么操作系统将自动将该进程从等待队列中移除，并将其置为就绪状态。

ARINC 653APEX 服务接口（Buffer）：
创建消息缓存（CREATE_BUFFER）
发送消息（SEND_BUFFER）
接收消息（RECEIVER_BUFFER）
获取消息缓存的标识（GET_BUFFER_ID）
获取消息缓存的状态（GET_BUFFER_STATUS）

4.2.4.2 信号量

ARINC 653 定义了计数信号量（Counting Semaphore），用于控制分区内资源的多重访问，并反映允许访问资源的次数。进程成功获得信号量后，信号量的计数值减 1；当访问结束时，释放信号量，计数值加 1。信号量的调度策略包括对资源访问的控制和等待进程的选择，都在创建时定义。当进程试图获取计数值为零的信号量时，该进程可以被放入等待队列或等待指定的时间后超时退出。等待队列中的进程可以按照 FIFO 或优先级次序原则排队。在优先级次序条件下，相同优先级的进程按照 FIFO 原则排队。

ARINC 653APEX 服务接口（Semaphore）：
创建信号量（CREATE_SEMAPHORE）
等待信号量（WAIT_SEMAPHORE）
释放信号量（SIGNAL_SEMAPHORE）
获取信号量的标识（GET_SEMAPHORE_ID）
获取信号量的状态（GET_SEMAPHORE_STATUS）

4.2.4.3　事件

事件是一种进程通信机制，用于在特定情况发生时通知等待该情况的进程。这种机制的核心是一个二值状态变量，该变量可以处于两种状态：有效态（UP）和无效态（DOWN）。当事件的状态由 DOWN 变为 UP 时，所有等待该事件的进程将被唤醒，从而可以继续执行它们被挂起的操作，如图 4-5 所示。事件的工作原理基于状态的变化。进程可以设置事件为 DOWN，并在满足特定条件时将其变为 UP。其他进程可以检查事件的状态，或者选择等待事件变为 UP。当事件状态改变时，等待的进程将收到通知，从而实现同步。

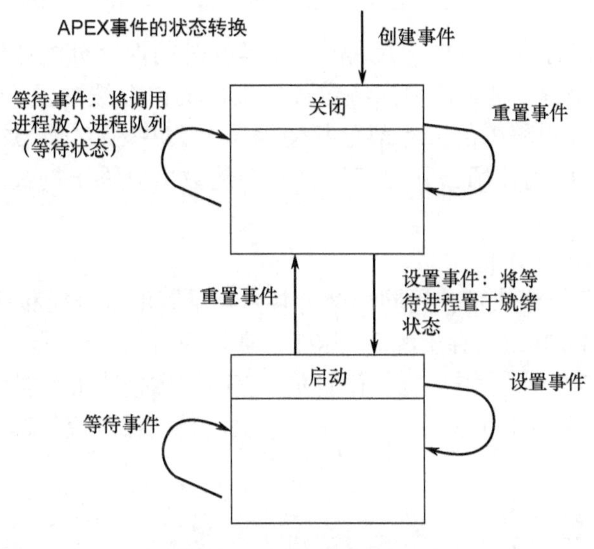

图 4-5　事件状态转换图

事件与信号量类似，都是用于进程间同步的机制，但它们在实现和使用上有所不同。事件通常用于通知单一的、特定的条件，而信号量则更常用于控制对共享资源的访问。

APEX 服务接口（Event）：
创建事件（CREATE_EVENT）
设置事件为 UP 状态（SET_EVENT）
重新初始化（DOWN）事件（RESET_EVENT）
等待事件（WAIT_EVENT）
获取事件的标识（GET_EVENT_ID）
获取事件的状态（GET_EVENT_STATUS）

PCS 或 PSSS 的软件组件通常采用进程内通信机制（如信号量、信号、事件、黑板和消息缓存）来实现高效的进程间数据交换和同步。这些机制使得在 FACE UoP（Unit of Portability，可移植单元）内的组件能够相互通信，确保了系统的协调性和响应性。

当通信需求超出了 FACE UoP 的界限，即需要在不同的 UoP 性能之间或与外部系统进行通信时，软件组件转而使用由 TSS 提供的通信机制。TSS 提供了一套标准化的接口和协议，支持跨不同 UoP 性能的通信，保障了数据传输的安全性和一致性。

4.2.5 本地内存分配

本地内存分配是指在软件运行过程中，根据需要，动态地为数据和程序代码分配内存资源。这种分配方式对于提高程序的灵活性和效率至关重要，但也带来了一系列挑战，尤其在资源管理和安全性方面。有效的内存管理策略不仅能够优化程序性能，还能够确保数据的完整性和保密性，防止潜在的安全风险。下面详细探讨本地内存分配的安全性、可配置性、可变性。

4.2.5.1 安全性

在遵循 FACE 技术标准开发的应用程序中，运行时的内存分配和释放是一个重要环节。为了保障安全性和保密性，建议使用为特定分区提供的内存缓冲区（一组固定大小的元素）或缓冲池，而不是让应用程序的所有部分都使用一个公共内存堆。这样做的目的是避免违反安全和保密的原则，因为使用公共内存堆可能会使数据面临未授权访问或被篡改的风险。

1）分区内资源复用

如果应用程序的各个模块都使用同一个公共内存堆或池来分配和释放内存资源，就可能引发安全问题。当某部分释放内存资源后，这些内存资源可能会被重新分配给处理不同安全级别数据的其他部分。在这个过程中，之前存储在内存中的数据残留可能会被覆盖或被其他部分访问。这种情况会威胁数据的机密性，因为敏感数据可能会被未授权访问或篡改，从而导致安全漏洞。

2）开放式内存分配

开放式内存分配指的是没有固定大小限制的内存分配方式。这种分配方式虽然提供了灵活性，但也增加了内存管理的复杂性；由于缺乏固定的最大限制，因此应用程序可能会无意中请求过多的内存，导致内存耗尽，影响系统的稳定性。

3）内存碎片

内存碎片是内存中由于频繁的分配和释放操作而产生的不连续的小块空间。这些小块空间可能太小，无法满足新的内存请求，即使总的可用内存仍然很大。内存碎片导致潜在的暂时性功能损失（在解决碎片的同时）或完全丧失功能（由于资源不再可用）。丧失功能的结果是应用程序的可用性受到影响。

4.2.5.2 可配置性

内存区域（连续位置的范围）可以在运行时分配和/或解除分配，并逐个分区进行配置。每个分区可能具有各种大小的内存区域，这些内存区域可以在运行时本地使用。如果可能，那么为了提高安全性，为本地内存区域分配的内存应排除执行权限（本地内存区域应配置为读/写模式 no_execute）。

4.2.5.3 可变性

应用程序可能考虑的有关本地内存分配和释放的权衡包括以下几点。

1）仅使用静态分配

静态分配意味着在编译时就确定了内存的大小和生命周期。这种分配方式的优点包括可预测的内存使用和避免运行时分配引起的性能开销。然而，它也限制了应用程序的灵活性，因为一旦确定了数据结构的大小，就无法在运行时进行调整。

2）仅在初始化期间使用动态分配

系统在初始化期间根据已知的系统状态（如可用内存量、预期的负载等）调整内存分配的大小。这提供了比静态分配更高的灵活性，同时避免了在应用程序运行过程中进行内存分配，从而减小了运行时的内存分配压力。

3）允许在运行时进行完全动态分配和解除分配

系统可以根据应用程序在初始化期间运行时已知的系统状态调整分配的内存的大小，但是需要注意以下几点。

- 频繁地分配和释放可能导致内存碎片，影响内存的连续性和可用性。
- 如果内存管理不当，则可能导致内存利用率严重不足。
- 在 FACE 安全扩展或通用配置文件中开发的系统可以考虑在运行时使用完全动态分配和解除分配，其中，人脸安全和安全基础配置文件不支持使用 free()函数来释放内存，以避免潜在的安全风险。

4.2.6 共享内存

共享内存作为一种高效的数据交换机制，在多任务和多分区系统中发挥着关键作用。它允许不同的任务或分区访问相同的物理内存区域，从而实现数据的快速共享和通信。然而，这种机制也带来了一些复杂的安全和管理问题。安全性是共享内存管理中的首要问题，需要确保只有授权的分区才能够访问共享内存，防止未授权访问和数据泄露。可配置性涉及如何根据不同的需求和条件灵活地配置共享内存区域。可变性关注在运行时如何动态地调整共享内存的使用，以适应不断变化的系统需求。下面详细探讨这些方面，重点讲解它们是如何影响共享内存的安全性、配置和管理的。

4.2.6.1 安全性

FACE 技术标准包括对多个分区访问相同物理内存区域的支持，即共享区域。例如，多个分区提供对包含导航数据的内存的读取访问权限。共享内存在参与者或 UoC 之间进行通信仅限于 TS 和 IOSS 中的软件。需要注意的有以下几点。

（1）并不是所有分区都需要相同级别的访问。

① 关键属性能够单独配置每个分区的访问权限。

② 必须拒绝任何未明确配置为有权访问共享内存的分区，以防止任何未授权的访问（读取、写入和执行）。

（2）在读取器/写入器使用方案中，如果共享分区或数据源是使用不同缓存机制的硬件设备（如 DMA 引擎），则需要特别注意缓存一致性问题。例如，如果将写入器配置为回写式缓存，将读取器配置为未缓存，并且写入器在更新数据后未刷新其数据缓存，则其他读取器可能会发生数据丢失和/或不一致问题。

（3）在读取器/写入器使用方案中，可能需要访问控制和/或通知机制，以确保每个读取器具有一致的数据视图。当写入器更新数据时，所有读取器都应获得通知，以确保它们能够访问到最新数据，避免读取到不一致的数据片段。

（4）如果共享内存包括设备的内存映射寄存器，则适用特殊注意事项（例如，通常不建议将同一内存映射到多个分区，以避免潜在的冲突和不当的设备行为）。

4.2.6.2　可配置性

共享内存的可配置性和与分区关联的内存资源的可配置性相同。

4.2.6.3　可变性

所有实现都应能够强制实施静态定义的共享内存，作为平台配置分区的一部分，即在系统配置阶段，必须明确定义共享内存区域的大小、位置和访问权限，以确保系统在运行时能够正确使用共享内存。此外，所有操作系统都应支持在运行时使用 API 来确定位置信息，即操作系统应提供相应的 API，允许应用程序在运行时查询和管理共享内存区域的位置信息，以实现动态内存管理和灵活的资源分配。

（1）对于基于 ARINC 653 的应用，API 如下：

```
Get_Memory_Block_Status()
```

- 用户传入配置数据中分配的内存块的名称，API 返回关联内存块的位置、大小和访问模式（读取或读/写）。
- 内存块的名称是特定于每个分区的别名。两个分区可以使用相同的名称来引用不同的物理内存块，也可以使用两个不同的名称来引用相同的物理内存块。
- 配置数据负责控制与特定名称关联的物理内存块的分配和命名。

（2）对于基于 POSIX 的应用程序，需要一系列 API。

- stat()和 fstat()：提供有关共享内存对象的信息。特别是 stat()返回一个结构 stat，其中包括与指定文件关联的对象的大小（st_size）和访问权限（st_mode）字段。
- shm_open()：打开共享内存对象。
- ftruncate()：设置共享内存对象的大小。注意：此功能也支持与作为文件系统一部分的文件一起使用。
- mmap()：提供指向内存的指针，该指针映射到特定偏移量和特定长度的共享内存对象。

4.3　IOSS

IOSS 是供应商提供的接口，它标准化硬件设备驱动程序，为 PSSS 接口提供对硬件和设备驱动程序的抽象，允许 PSSS 专注于接口数据，而不是硬件和驱动器细节。IOSS 将接口硬件和设备驱动程序抽象为 I/O 服务，实现通过 PSSS 和 I/O 设备之间的 I/O 服务接口进行通信。I/O 服务为几种常用 I/O 总线体系结构定义了相应的服务。PSSS 可以使用多个 I/O 服务来访问多个 I/O 总线体系结构，并且 I/O 服务可以实现与多个 PSSS 相同的 I/O 总线体系结构的通信。IOSS 的实现采用适配器的设计模式，将更新带来的影响全部封装在单个适配器中，从而不影响 PSSS 组件。图 4-6 显示了 IOSS 的概念视图及其与 PSSS 的关系。

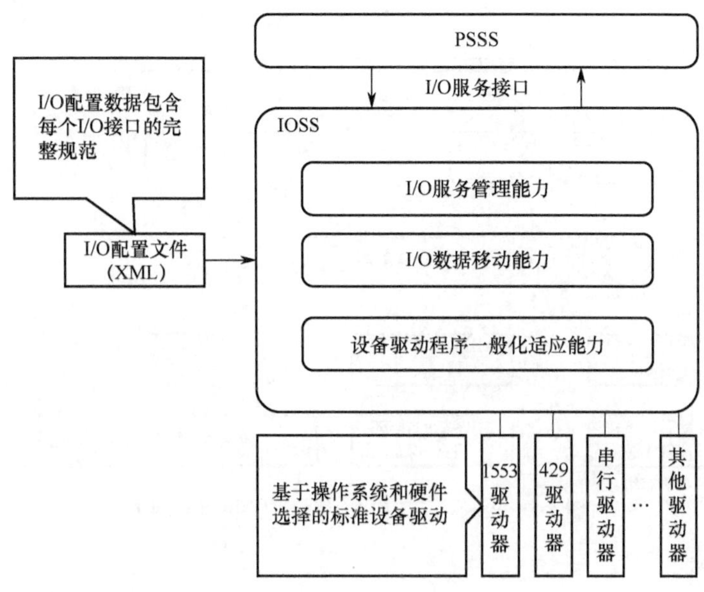

图 4-6　IOSS 的概念视图及其与 PSSS 的关系

4.3.1　IOSS 的定义

IOSS 使用 FACE 技术标准化 API 为 I/O 设备提供通用接口。IOSS 将接口硬件和设备驱动程序抽象为 I/O 服务。I/O 服务通过 PSSS UoC 和 I/O 设备之间的 I/O 服务接口实现通信。每个 I/O 服务都为 PSSS UoC 提供了一个规范化的接口，以与其具有相同的 I/O 总线体系结构的 I/O 设备进行通信。

IOSS 为 PSSS 提供了两种能力：一是 I/O 服务管理能力，进行 I/O 服务的初始化、配置和状态查询；二是 I/O 数据移动能力，包括通过 I/O 连接进行通信。

I/O 连接是 PSSS UoC 和特定 I/O 设备之间通过 I/O 服务接口的逻辑关系，并通过 I/O 服务接口实现。这种连接由 I/O 服务来具体实施。以 PSSS UoC A 为例，如图 4-7 所示，它拥有 4 个 I/O 连接，每个 I/O 连接都代表一条通往 I/O 服务的路径。其中两个 I/O 连接分别与单独的 MIL-STD-1553 设备相连，并且每个 I/O 连接都位于不同的总线上，通过单一的 MIL-STD-1553 I/O 服务来访问。同样，其余两个 I/O 连接指向同一总线上的串行设备，并通过单一的串行 I/O 服务进行访问。每个 I/O 服务都封装了计算平台的具体细节，提供抽象化的服务。

I/O 服务接口定义了 PSSS UoC 和 I/O 设备之间通信的标准方式。这种通信由 IOSS 中的 I/O 服务实现。对于每种支持特定 I/O 总线体系结构的 I/O 服务，I/O 服务接口的功能是一致的，确保了通信的标准化。

IOSS 和 I/O 服务接口起到了隔离作用，将 PSSS 与供应商特定的设备驱动程序，以及操作系统的设备驱动程序 API 集的独特实现细节隔离开来，从而提供了一个抽象层，使得 PSSS 能够独立于底层硬件和操作系统变更。

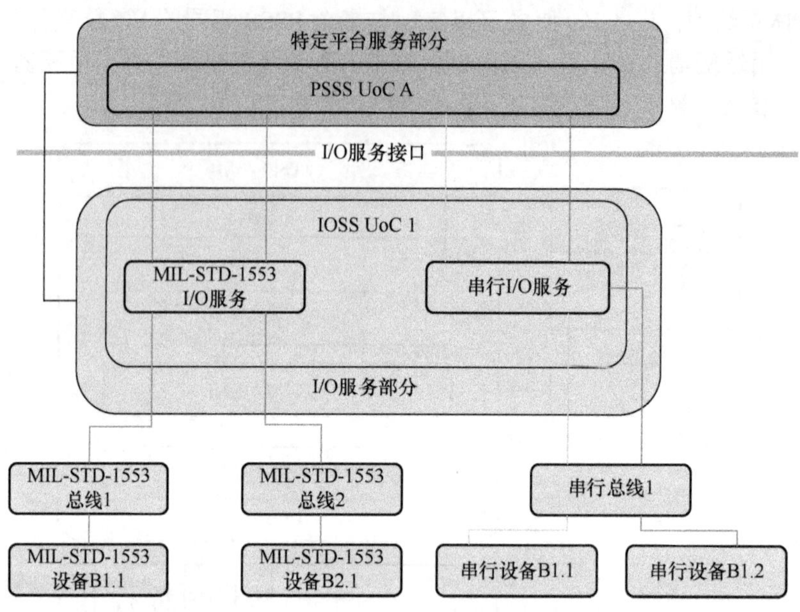

图 4-7　PSSS UoC 和 I/O 设备之间的 I/O 连接

4.3.2　关键特性

IOSS 应实现通用标准 API 和基于消息的接口机制，以便与所有 FACE 配置文件的 PSSS 组件进行通信。这将启用分布式和非分布式 I/O 服务。

- 对于分布式 I/O 服务，I/O 服务接口被实现为一个库，以提供 I/O 数据移动能力。该库用于提供对内部进程间通信（如 ARINC 653 IPC、POSIX IPC、套接字、ARINC 653 端口，具体取决于实现）的访问。
- 对于非分布式 I/O 服务，PSSS 组件、I/O 服务接口和 I/O 服务作为单个可执行文件实现。这种实现方式将所有 I/O 相关功能整合在一起，简化了系统设计和开发流程。I/O 服务接口在非分布式实现中为 PSSS 组件提供了规范化的设备驱动程序接口，使得 PSSS 组件能够直接与硬件设备进行通信，确保数据的准确性和一致性。

FACE 技术标准 3.0 版（以后简称“3.0 版本”）不存在分布式和非分布式 I/O 服务。

I/O 服务理解 IOMM（I/O Message Model），但不需要了解通过接口传输的具体数据，这些数据的解析由 PSSS 组件处理。3.0 版本重新设计了 I/O 服务接口，消除了 IOMM，根据软件供应商和系统集成商的反馈，FACE 技术标准认识到 I/O 处理逻辑与 I/O 总线体系结构特性之间的显著内在耦合。IOMM 最初是为了帮助从 I/O 总线体系结构和协议中抽象出 PSSS UoC I/O 处理逻辑，但在实际应用中发现，这种抽象带来了额外的复杂性。

3.0 版本采用其支持的 I/O 总线体系结构的 I/O 服务声明取代了 IOMM 解决方案，新的 I/O 服务声明仍支持先前版本中的所有 I/O 总线体系结构。这些声明提供了一种更清晰和更直观的方式来定义与管理 I/O 服务，使系统开发人员能够更容易地理解和应用 I/O 服务接口。

为了提高清晰性和一致性，3.0 版本为其支持的 I/O 总线体系结构定义了单独的 I/O 服务接口。这些接口遵循一致的声明模式，使 PSSS UoC 开发人员在使用常用功能时可以使用相同的语法。接口的分离允许参数适当限定范围，并支持专门为 I/O 总线体系结构定义的功能，从而在多个I/O总线体系结构中实现了一致性和可预测性。这种设计不仅提高了系统的模块化和灵活性，还减少了开发和维护的复杂性，确保了不同I/O总线体系结构的兼容性和互操作性。

4.3.3 I/O服务接口

FACE API为I/O服务设置了以下服务：Initialize(I/O)、Open(I/O)、Close(I/O)、Register(I/O)、Unregister(I/O)、Read(I/O)、Write(I/O)和Get_Status(I/O)。这些服务提供了标准化的接口，用于管理和操作I/O服务的各个方面，确保系统组件之间的互操作性和兼容性。具体描述如表4-1所示。

表4-1 I/O服务接口

服　务	描　述	参　数
Initialize(I/O)	允许PSSS组件触发IOSS服务接口的初始化	Configuration：指定I/O服务接口的配置名称 return_code：返回时，包含指示成功或失败的状态代码
Open(I/O)	允许PSSS组件通过POSIX套接字、ARINC队列端口或ARINC采样端口在分布式系统中建立连接，或者如果在相同的分区内，则可以通过直接函数调用、ARINC黑板或ARINC消息缓存区与I/O服务组件建立连接	name：指定要打开的连接的名称 timeout：通常用于指定尝试打开一个I/O通道或资源时的等待时间。如果在指定的时间内无法成功打开I/O通道或资源，则操作将超时并返回错误 handle：返回时，包含要在此连接上的后续操作中使用的值 return_code：返回时，包含指示成功或失败的状态代码
Close(I/O)	允许PSSS组件关闭连接并释放目标句柄	handle：指定要操作的连接 return_code：返回时，包含指示成功或失败的状态代码
Register(I/O)	(1) 允许PSSS组件注册用于接收数据的连接 (2) 应注册一个独立的线程，轮询连接中的数据，并在分布式系统中相应的POSIX套接字、ARINC 653队列端口或ARINC 653采样端口上有数据可用时，回调相应的PSSS组件；如果在同一分区内，则通过直接函数调用与I/O服务组件进行交互 (3) 此函数调用允许PSSS组件订阅特定的连接，并在有数据可用时接收通知	handle：指定要操作的连接 callback_address：指定要注册的方法 return_code：返回时，包含指示成功或失败的状态代码
Unregister(I/O)	提供了一种机制来取消注册与接口句柄关联的回调函数	handle：指定要操作的连接 return_code：返回时，包含指示成功或失败的状态代码
Read(I/O)	允许PSSS组件轮询数据接收连接	handle：指定要操作的连接 timeout：通常用于指定读取数据时的等待时间。如果在指定的时间内没有数据可读，则操作将超时并返回错误 message_length：指定data_buffer_address处消息的字节长度 data_buffer_address：指定消息的起始位置 return_code：返回时，包含指示成功或失败的状态代码

（续表）

服　务	描　述	参　数
Write(I/O)	允许 PSSS 组件将 I/O 服务接口消息发送到指定的数据连接	handle：指定要操作的连接 timeout：通常用于指定写入数据时的等待时间。如果在指定的时间内没有数据可写，则操作将超时并返回错误 message_length：指定 data_buffer_address 处消息的字节长度 data_buffer_address：指定消息的起始位置 return_code：返回时，包含指示成功或失败的状态代码
Get_Status(I/O)	允许 PSSS 组件查询连接以获取状态信息	handle：指定要操作的连接 status：返回时，包含连接的状态 return_code：返回时，包含指示成功或失败的状态代码

这些 I/O 服务接口通过标准化的 API 提供了一致性和可预测性，确保了在分布式和非分布式系统中，PSSS 组件可以高效地与 I/O 服务进行通信和数据交换。接口设计的目标是提供清晰、简洁且易于使用的 I/O 操作方法，从而简化系统集成和维护工作。

4.3.4　可配置性

配置通过提高软件的灵活性与简化软件集成和维护任务来支持系统的整体。通过配置，无须修改即可将符合 FACE 技术标准的软件组件集成到多个环境中。在 3.0 版本中，有以下两种不同的方式来配置 I/O 服务的功能特性。

1. 使用 FACE::Configuration 接口

（1）描述：FACE::Configuration 接口旨在由系统集成商来扩展和实现，以便为最终产品提供全局配置资源。该接口抽象了配置服务的具体实现，系统集成商可以选择在代码内部硬编码配置值，使用本地配置文件，或者从远程配置服务器接收配置，以提供独立于实现的 API 来访问配置参数。

（2）特点：此配置方式完全由系统集成商控制，并且能够独立于服务用户（PSSS）配置 I/O 服务。PSSS 代码通过可注入接口接收已配置并准备使用的服务，PSSS 无法通过 FACE::Configuration 接口更改 I/O 服务参数。

（3）优点：FACE::Configuration 接口的静态配置方式可确保系统的强稳定性，因为系统集成商在构建系统时，能够访问所有有关 PSSS 应该使用的 I/O 服务信息，从而以最适当的方式对其进行配置。这种配置方式提供了强大的系统稳定性和安全性。

（4）缺点：虽然 FACE::Configuration 接口的静态性质保证了系统的最佳稳定性和 PSSS 代码的可移植性，但可能存在不满足具体实现的情况。

2. 使用特定于 I/O 服务的配置 API

（1）描述：此配置方式允许在运行时更改 I/O 服务参数，适用于动态变化的场景。

（2）特点：PSSS 可以在运行时更改 I/O 服务参数，这种灵活性适用于需要根据实时数据或环境变化动态调整系统配置的应用场景。

（3）优点：运行时配置提供了灵活性和响应能力，使系统能够适应变化的操作条件和需求。

在设计和实现 I/O 服务的配置时，应考虑以下策略和最佳实践。

- **配置参数的组织和管理**：将配置参数分为静态配置和动态配置，以便更好地进行管理和维护。静态配置参数在系统启动时设定，并在运行期间保持不变。动态配置参数可以在运行时调整，以应对系统状态或环境的变化。
- **使用配置文件**：采用标准化的配置文件格式（如 XML 或 JSON），以确保配置数据的可读性和可维护性。配置文件应包含详细的注释，描述每个配置参数的用途及其可能的取值范围。
- **配置验证和错误处理**：在系统启动和运行时，实施配置验证机制，以确保所有配置参数的合法性和一致性。对于无效或冲突的配置，应提供详细的错误消息和日志记录，帮助开发人员快速定位和解决问题。
- **安全性考虑**：对于敏感配置参数（如认证信息和加密密钥），应采用安全存储和传输机制，以防止未经授权的访问和篡改。

4.3.5　可变性

图 4-8 展示了从 PSSS 到具体 I/O 设备的完整工作流程，涵盖了 I/O 服务的初始化、连接的创建、端口的打开及具体 I/O 操作。整个流程通过多个层级接口的协同工作，实现了高层业务逻辑与底层硬件操作的分离和集成。

图 4-8　从 PSSS 到具体 I/O 设备的完整工作流程

PSSS 包括 GPS_Sensor_PSS 组件，它包含初始化、启动和终止命令（INITIALIZE、STARTUP、FINALIZE），以及具体的行为逻辑（BEHAV_INITIALIZE、BEHAV_STARTUP、BEHAV_ FINALIZE、GPS_THREAD）。这些行为逻辑负责具体的业务操作和线程管理。

I/O 服务接口由 BSOLocation_writer 组件提供，它包括创建连接（Create_ Connection()）、销毁连接（Destroy_Connection()）和发送数据（Send()）等方法。这些接口方法用于创建和管理 I/O 连接，为后续的数据传输做好准备。

IOSS 提供核心的 I/O 服务接口，包括 FACE_IO_Initialize、FACE_IO_Open、FACE_IO_Read、FACE_IO_Write、FACE_IO_Close 等。这些接口分别负责 I/O 服务的初始化、打开、读取、写入和关闭操作，确保 I/O 服务能够正常运行。

串行 I/O 服务（Serial I/O Service）包括具体的设备接口（Serial_device）及代理接口（Serial_device_surrogate）。设备接口提供打开、关闭、读取和写入的方法（如 SerialDevice_Open()、SerialDevice_Close()、SerialDevice_Read()、SerialDevice_Write()），这些方法直接与硬件设备进行交互，执行底层 I/O 操作。代理接口用于模拟或代理实际的设备操作，提供相同的方法接口。

串行总线（Serial Bus）连接各个串行设备，负责数据传输和通信。

图 4-8 展示的具体流程步骤描述如下。

（1）创建 I/O 连接：GPS_Sensor_PSS 组件通过 Create_Connection()接口方法请求 BSOLocation_writer 创建 I/O 连接，建立组件与 I/O 服务之间的连接，为后续的数据传输做好准备。

（2） 初始化 I/O 服务：GPS_Sensor_PSS 组件通过 FACE_IO_Initialize 接口对 I/O 服务进行初始化，配置并准备 I/O 服务，使其能够正常运行。

（3） 打开 I/O 服务的端口：GPS_Sensor_PSS 组件通过 FACE_IO_Open 接口打开 I/O 服务的端口，确保端口处于开放状态，允许数据通过这些端口进行传输。

（4） 执行组件初始化逻辑：在完成 I/O 服务的初始化后，GPS_Sensor_PSS 组件执行其自身的相关逻辑代码（BEHAV_INITIALIZE），确保所有组件都处于准备就绪状态，系统能够正常运行。

（5） 操作串行设备：串行设备通过 SerialDevice_Open、SerialDevice_Close、SerialDevice_Read 和 SerialDevice_Write 接口，与具体的硬件设备进行交互，实现对具体硬件设备的打开、关闭、读取和写入操作，完成 I/O 数据的传输和处理。

4.3.5.1　I/O 服务读取数据的流程

I/O 服务读取数据的流程如图 4-9 所示，其中，标号模块的功能如下。

1. GPS_Sensor_PSS 组件对数据进行处理和打包，在消息有效负载中设置适当的字段以指示 I/O 服务执行读取命令

在 PSSS 中，GPS_Sensor_PSS 组件首先对要读取的数据进行处理和打包，在消息的有效负载中设置适当的字段，以指示 I/O 服务执行读取命令。这一步确保数据请求的格式和内容符合 I/O 服务的要求，为后续的数据读取操作做好准备。

2. GPS_Sensor_PSS 组件调用 FACE_IO_Read 接口请求数据

GPS_Sensor_PSS 组件调用 FACE_IO_Read 接口向 I/O 服务发送数据读取请求。这一步明确数据读取操作的启动，使得 I/O 服务可以开始处理数据读取请求。

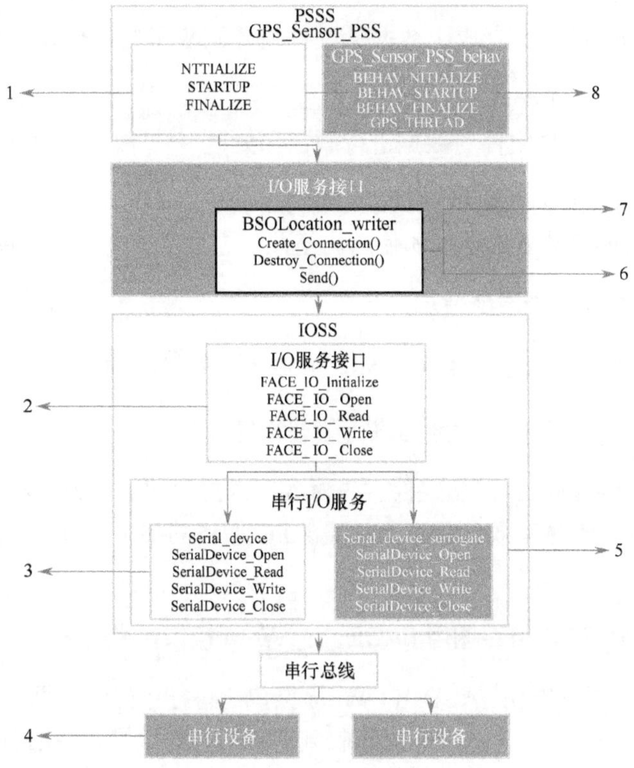

图 4-9　I/O 服务读取数据的流程

3. I/O 服务调用设备驱动程序的 API 从设备驱动程序中请求数据

IOSS 收到数据读取请求后，通过调用设备驱动程序的 API，从具体的设备驱动程序中请求所需的数据。这一步使得 I/O 服务能够访问底层硬件设备，获取实际的数据。

4. I/O 驱动从硬件设备中读取数据

设备驱动程序执行实际的数据读取操作，从指定的硬件设备中获取所需的数据。这一步是数据读取操作的核心，直接与物理设备进行交互。

5. I/O 驱动使用设备驱动程序的 API，通过设备驱动程序将数据返回给 I/O 服务

读取到的数据通过设备驱动程序的 API 返回给 I/O 服务。I/O 服务收到数据后，准备进行进一步处理。这一步确保数据从硬件设备正确传输到 I/O 服务。

6. I/O 服务打包数据

I/O 服务对收到的数据进行处理和打包，使其符合预定的格式和协议要求。这一步确保数据在传输过程中保持一致性和完整性。

7. I/O 服务通过 I/O API Read(I/O)函数向 GPS_Sensor_PSS 组件返回数据和 FACE 返回码

经过处理和打包的数据通过 Read(I/O)接口返回给 GPS_Sensor_PSS 组件，同时返回操作

状态的 FACE 返回码。这一步完成了数据从硬件设备到应用层的传输，确保数据准确返回请求方。

8. GPS_Sensor_PSS 组件对数据进行解包和处理

GPS_Sensor_PSS 组件对收到的数据进行解包和处理，提取有效信息用于后续操作。这一步确保数据在应用层能够被正确理解和使用。至此，完成了整个数据流读取流程。

4.3.5.2　I/O 服务写入数据的流程

I/O 服务写入数据的流程如图 4-10 所示，其中，标号模块的功能如下。

1. GPS_Sensor_PSS 组件对数据进行处理和打包

在 PSSS 中，GPS_Sensor_PSS 组件首先对要写入的数据进行处理和打包。这个过程包括将数据格式化并封装在消息有效负载中，以符合 I/O 服务的要求，为后续的数据写入操作做好准备。

2. GPS_Sensor_PSS 组件调用 FACE_IO_Write 接口传递打包的数据

GPS_Sensor_PSS 组件调用 FACE_IO_Write 接口，将打包好的数据传递给 I/O 服务。这一步触发了数据写入操作，使得 I/O 服务能够收到需要写入的数据，并准备进行后续的处理。

3. I/O 服务解压数据

I/O 服务收到数据后，对其进行解压和解析。这个过程包括从消息有效负载中提取数据，并将其转换成适合进一步处理的格式。解压数据的目的是确保数据在传输过程中保持完整和正确。

4. I/O 服务使用设备驱动程序的 API 把数据传递给设备驱动程序

解压后的数据通过 I/O 服务使用设备驱动程序的 API 传递给具体的设备驱动程序。这一步是将数据从软件层传输到硬件层的关键环节，确保数据能够到达指定的硬件设备进行写入操作。

5. 设备驱动程序将数据写入设备

设备驱动程序收到数据后，执行实际的数据写入操作，将数据写入指定的硬件设备。这个过程是数据写入的核心，直接与物理设备进行交互，完成数据的物理存储。

6. 设备驱动程序向 I/O 服务返回操作结果

数据写入完成后，设备驱动程序将操作结果（成功或失败）返回给 I/O 服务。这一步是反馈操作状态的关键，确保 I/O 服务能够及时了解数据写入的结果。

7. I/O 服务将 FACE 返回码返回给 GPS_Sensor_PSS I/O API Write(I/O)函数

I/O 服务将操作状态的 FACE 返回码通过 Write(I/O)接口返回给 GPS_Sensor_PSS 组件。这一步完成了整个数据写入流程的闭环，使 GPS_Sensor_PSS 组件能够知道数据写入操作是否成功，并根据 FACE 返回码进行相应的处理。

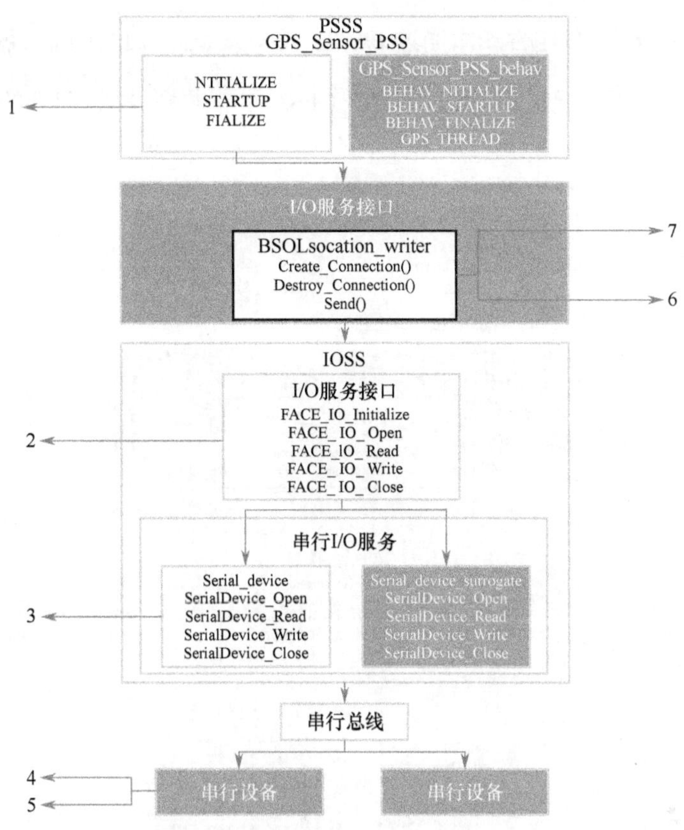

图 4-10　I/O 服务写入数据的流程

4.3.5.3　结束 I/O 服务的流程

结束 I/O 服务的流程如图 4-11 所示，标号模块功能如下。

1．GPS_Sensor_PSS 组件调用 FINALIZE 接口进行终止

在 PSSS 中，GPS_Sensor_PSS 组件通过调用 FINALIZE 接口启动 I/O 服务的终止过程。这一步的主要功能是触发 IOSS 服务的终止操作，确保系统能够正常关闭所有 I/O 连接和服务。

2．执行 GPS_Sensor_PSS 组件，结束自己的相关逻辑代码 BEHAV_FINALIZE

GPS_Sensor_PSS 组件结束其自身的相关逻辑代码（BEHAV_FINALIZE），包括关闭所有活动线程（如 GPS_THREAD）和清理资源。这一步确保所有组件都能够正常完成终止操作，并释放系统资源。

3．GPS_Sensor_PSS 组件请求 BSOLocation_writer，通过 Destroy_Connection()接口方法断开 I/O 连接

GPS_Sensor_PSS 组件请求 BSOLocation_writer，通过调用 Destroy_Connection()接口方法断开 I/O 连接。这一步的目的是关闭组件与 I/O 服务之间的通信路径，确保数据传输能够安全终止。

4．GPS_Sensor_PSS 组件请求通过 FACE_IO_Close 接口关闭 I/O 服务的端口

GPS_Sensor_PSS 组件通过调用 FACE_IO_Close 接口来关闭 I/O 服务的端口。这一步确保 I/O 服务的端口被正确关闭，防止任何未完成的数据传输，保证系统的稳定性和安全性。

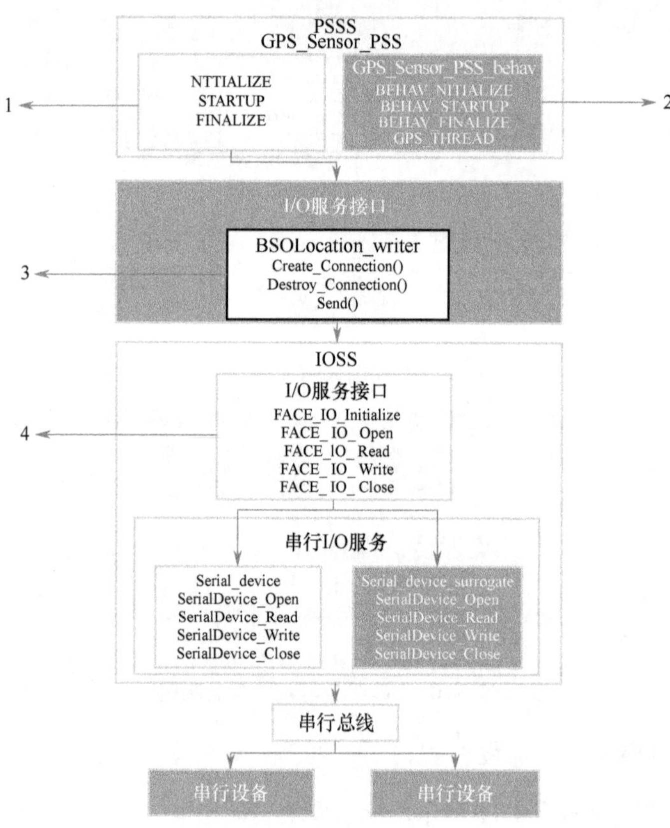

图 4-11　结束 I/O 服务的流程

4.3.5.4　3.0 版本的读/写实例

图 4-12 所示为 3.0 版本的读/写实例。

1．打开与特定设备的连接

通过调用 Open_connection(name)，PSSS UoC 可以打开与特定设备的连接，具体设备由 name 参数标识。PSSS UoC 可以使用不同的名称参数进行多次调用，以打开多个连接，从而与不同的设备进行通信。

2．返回唯一的句柄

每个连接操作都会返回一个唯一的句柄，用于标识特定的连接实例。在后续的 I/O 操作中，PSSS UoC 需要使用这个句柄来进行读/写操作。句柄的唯一性确保了每个连接的独立性和正确的操作定位。

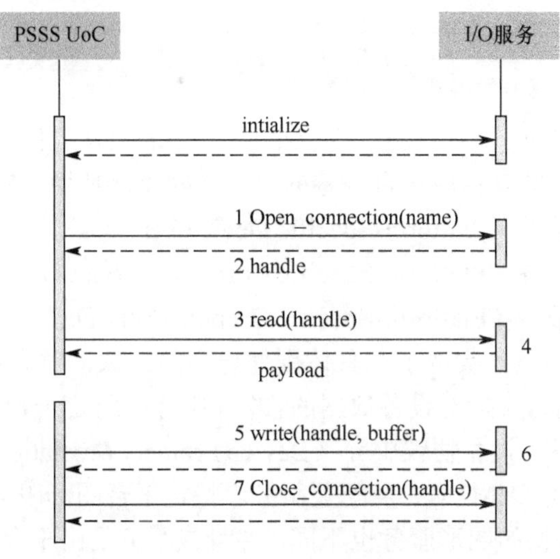

图 4-12　3.0 版本的读/写实例

3．读操作可能阻塞

当调用 read(handle)时，操作可能会因超时而阻塞。这意味着如果没有立即可用的数据，那么操作将等待，直到数据可用或超时发生。这种设计允许系统在等待数据时保持效率，但也要求处理可能的阻塞情况。

4．返回数据的来源

I/O 服务返回的数据可能已经缓冲，或者直接来自设备驱动程序。具体的数据来源取决于 I/O 服务的实现细节。这种灵活性允许 I/O 服务根据具体需求优化数据传输性能和资源利用率。

5．写操作可能阻塞

当调用 write(handle, buffer)时，操作可能会因超时而阻塞。这意味着如果写操作不能立即完成，那么操作将等待，直到数据成功写入或超时发生。阻塞机制确保数据能够被正确处理，但也要求系统能够处理潜在的延迟。

6．写操作的返回码

写操作可能在返回 NO_ERROR 码时，不能保证数据已成功写入设备。例如，数据可能被内部缓冲以供以后与设备驱动程序进行交互使用。I/O 服务可以实现一种策略，如通过 CONNECTION_STATUS_CHANGE_EVENT 来传达设备写入失败的情况。

7．关闭连接后的操作无效

当调用 Close_connection(handle)关闭连接后，任何使用该句柄进行的 I/O 操作都会返回无效参数。这一步确保资源的正确释放和系统的稳定性，防止错误的操作和数据不一致的情况发生。

4.4　PSSS

PSSS 为平台提供独特的基础设施，为位于 PCS 中的组件提供设备数据。PSSS 组件可以是可移植的，并且可以在共享相应平台设备的平台之间重新使用。PSSS 分为以下 3 个子段。

（1）特定平台设备服务（Platform-Specific Device Services）。

（2）特定平台通用服务（Platform-Specific Common Services）。

（3）特定平台图形服务（Platform-Specific Graphics Services）。

其中，特定平台设备服务实现了对具体硬件设备的抽象，对设备数据进行处理，向上屏蔽了具体的设备细节，同时支持对设备数据的收发和控制。特定平台通用服务由更高级的服务组成，包括日志记录服务、设备协议中介（Device Protocol Mediation，DPM）服务、流媒体、运行健康监控和故障管理（HMFM）及配置服务。特定平台图形服务向 PCS 提供一组图形服务，平台要求不同，所提供的图形服务也不同，并且该服务是由平台集成商来选择的。这些特定平台服务组件可以直接与 GPU 驱动程序进行通信，也可以通过 I/O 接口间接与其他平台设备进行通信。图 4-13 展示了 PSSS 的 3 个子段。

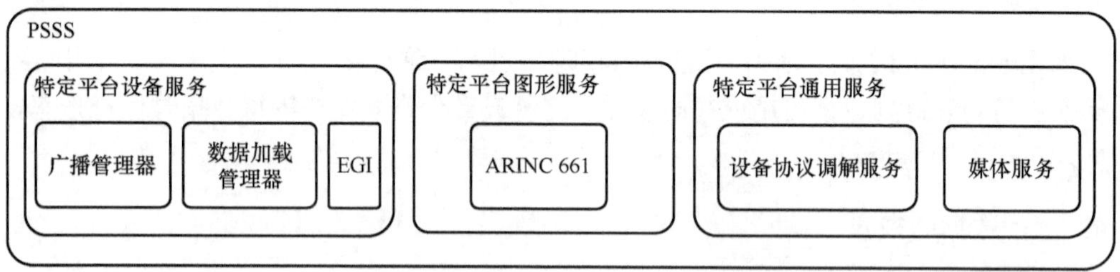

图 4-13　PSSS 的 3 个子段

4.4.1　配置服务

4.4.1.1　配置服务概述

前面提到，配置可以提高软件的灵活性、简化软件集成和维护任务，利于组件在不修改可执行目标代码的情况下集成到多个环境中。若组件不具备可配置性，则必须通过直接修改软件源代码的方式来更改组件的行为。

配置允许在不修改组件的情况下，根据存储在配置介质（如文件、共享内存、硬件打包）中的输入，修改 FACE 组件的运行时行为。可配置的组件可以通过修改配置数据的方式实现组件行为的修改，同时拥有良好的可移植性。

为了能够在不修改可执行目标代码的情况下将 FACE 组件集成到多个环境中，FACE 技术标准提供了配置服务。FACE 软件体系架构支持框架、模型、源代码、目标代码 4 级不同层次的复用。

（1）FACE 参考架构能够在需要时为 FACE 组件提供配置信息。

（2）FACE 组件应在需要时使用此配置信息来初始化软件组件的参数，或者启用/禁用某些软件组件功能。

（3）可配置的参数或功能应在每个 XML 格式的 FACE 组件规范中定义。

（4）XML 文件格式应由 XSD（XML Schema Definition）定义，包括但不限于以下元素。

① 数据元素和结构由描述性信息定义。

② 数据元素受以下因素的约束。

a. 数据类型。

b. 限制。

c. 精度。

d. 有效值。

e. XML 架构版本。

（5）驻留在 PSSS 中的配置组件应为任何需要配置的软件组件提供配置功能。配置服务指南如图 4-14 所示。

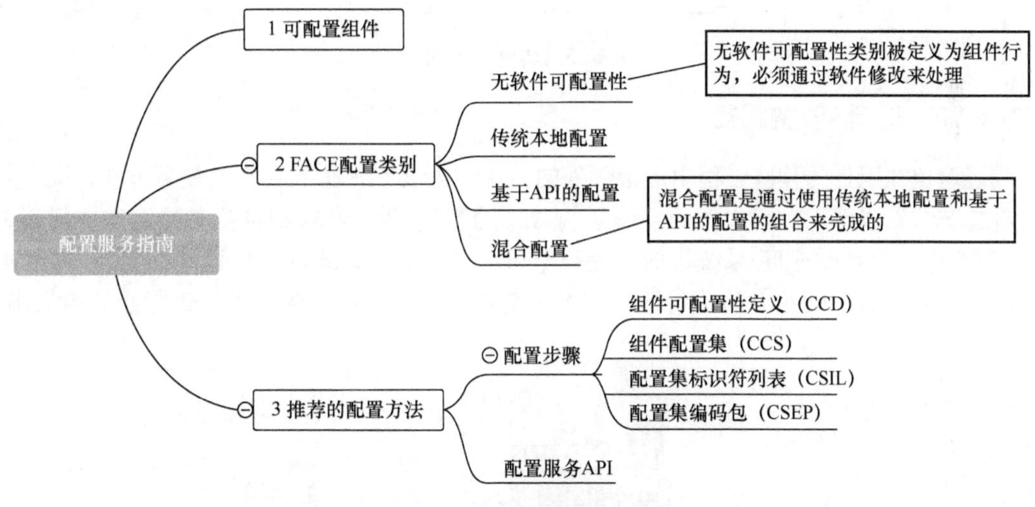

图 4-14　配置服务指南

集中式配置服务的主要目的是在系统组件和服务之间共享配置信息。它根据需要处理系统中所有 FACE 组件的初始化和运行时配置。与集中式配置服务的通信可以通过 TS 接口或 I/O 接口进行。集中式配置服务为以下组件提供配置信息。

（1）PCS。

（2）TSS。

（3）PSSS。

（4）IOSS。

（5）设备驱动程序。

配置数据的有效性（包括其格式、结构、类型保真度、边界检查和允许的枚举值）通常由组件中的配置分析器强制执行。

4.4.1.2　传统本地配置

传统的组件配置方法一般是本地配置（Legacy Local Configuration），即通过直接访问配置介质来配置组件。配置介质的属性（如名称、位置、内容、格式等）与可配置组件之间紧耦合。可配置组件一般通过操作系统调用（如 open()、read()、close()）的方式访问配置介质，具体配置数据的处理实现在组件内部，如图 4-15 所示。这种配置方法的缺点是限制了组件集成至其他系统的可移植性。例如，某些要求安全性的操作系统没有文件系统来保存配置文件，难以在不修改可配置组件代码的情况下重定向配置文件。

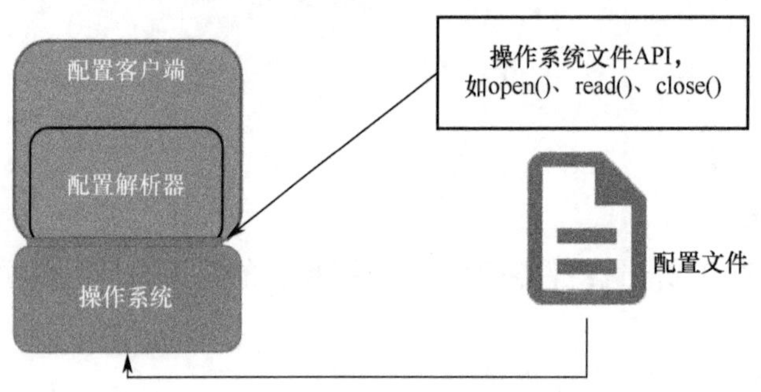

图 4-15　传统本地配置

4.4.1.3　基于 API 的配置

为了避免在组件的移植过程中进行额外的工作，应该考虑基于 API 的配置方法。配置服务 API 通过提供类似用于访问文件的操作系统 API 的方式，为待移植组件提供配置的访问和更改行为。航空电子设备供应商/系统集成商为每个可配置组件选择或创建配置库的实现，如图 4-16 所示。当配置位置、配置介质或访问方法发生变化时，软件供应商不需要进行额外的工作。

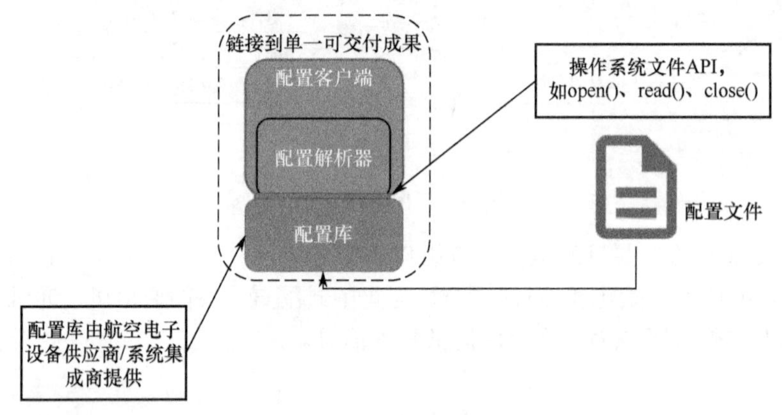

图 4-16　基于 API 的配置

4.4.1.4　混合配置

从传统本地配置迁移到基于 API 的配置时，配置 API 通过提供类似用于访问文件的操作系统 API 的数据移动和 API 使用行为来支持旧组件的迁移路径，如 open()、read()和 close()。配置 API 在其 API 调用中有一些额外的必需形式参数，以将它们与标准操作系统 API 区分开来。

将 FACE 组件从旧版本地配置迁移到基于 API 的配置需要软件供应商使用配置 API 而不是操作系统 API。这允许软件供应商测试其组件的配置，还允许其在实现 FACE 架构的多个平台上提供组件的配置信息。

4.4.1.5　配置步骤

配置服务应该按照以下步骤来执行。

（1）组件可配置性定义（Component Configurability Definition，CCD）：记录配置数据形式的 XML 模式定义（XML Schema Definition，XSD）。

（2）配置集标识符列表（Configuration Set Identifier List，CSIL）：包含组件配置数据的 XML 文件。

（3）配置集编码包（Configuration Set Encoding Package，CSEP）：完成将 XML 文件转换为目标硬件上可识别编码格式的转换过程。

注：如果目标系统实现本身支持 XML，则可能不需要执行步骤（3）。

下面介绍每个步骤需要配置的内容。

1．步骤 1：CCD

CCD 是软件供应商提供的，对 FACE 组件的可配置参数做出了模式定义。

1）可配置参数的识别

可配置参数是可配置组件的命名属性，这些命名属性在不更改其可执行目标代码的情况下影响组件的行为修改。这些命名属性称为配置参数标识符（CPID）。为可配置参数分配值的操作可以通过包含 CPID 及其关联值的配置数据文件来完成。

实际可配置参数的名称、有效值和文件格式由软件供应商定义与记录。对于 FACE 组件提供的任何给定功能，可以选择各种算法和功能集来配置组件。分配给可配置参数的有效值确定 FACE 组件使用的算法或功能集。

2）可配置参数的有效值范围

应在 CCD 中指定每个可配置参数的有效值范围，以提供验证组件配置文件的功能。

3）与每个配置值关联的行为影响

必须为与每个可配置参数关联的每个 CPID 的每个有效值（或其范围）定义每个行为影响。与每个配置值关联的行为影响如表 4-2 所示。

表 4-2　与每个配置值关联的行为影响

CPID	有 效 值	行 为 影 响
TACAN_MODE	0	电源已关闭，战术空中导航（TACAN）无法运行
	1	接收模式，TACAN 仅在空对地接收模式下工作
	2（默认值）	T/R 模式，TACAN 在空对地模式下同时进行传输和接收
	3	A/A_RECEIVE 模式，TACAN 仅在空对空接收模式下工作
	4	A/A_T/R 模式，TACAN 在空对空模式下同时进行传输和接收

4）可配置参数的默认值

软件供应商应确定所有可配置参数的默认值，如果默认值是所需的配置值，则不需要显式设置可配置参数。

5）不允许的配置值组合

如图 4-17 所示，这段 XML Schema assert 断言确保了在数据模型中不允许同时将输入精度（InPrecision）设置为'Single'和输出精度（OutPrecision）设置为'Double'，即不允许一个系统在接收单精度数据的同时输出双精度数据。这样的限制可能是为了保证数据处理的一致性，避免因精度不匹配导致的数据误差或资源浪费。通过这种方式，可以确保数据在处理过程中保持适当的精度，避免不必要的精度转换，从而提高系统的整体效率和准确性。

```
<xs:assert test="not ((InPrecision eq 'Single') and
    (OutPrecision eq 'Double'))">
  <xs:annotation>
    <xs:documentation>This assertion ensures that the case
        where InPrecision = Single and OutPrecision = Double
        does not successfully validate against this XML schema.
    </xs:documentation>
  </xs:annotation>
</xs:assert>
```

图 4-17　不允许的配置值组合

6）组件配置集

组件配置集（CCS）是航空电子系统供应商/系统集成商创建的一个组件配置 XML 文档，是 CCD 的一个实例。CCS 的作用域为单个组件，并为组件的 CPID 子集捕获一组配置值选项。

图 4-18 所示的 CCS 作用域示例是对包含 ExampleComponentConfiguration 元素的 CCD 的实例描述。在该 XML 示例中，InPrecision 元素被赋予一个名为 PrecisionType 类型的 CCD 允许的'Double'值；OutPrecision 元素在这个 CCS 中是可选的。根据 CCD 的允许，系统集成商将 OutPrecision 元素赋值为'Single'。

```
<?xml version="1.0" encoding="UTF-8"?>
<ExampleComponentConfiguration>
  <InPrecision>Double</InPrecision>
  <OutPrecision>Single</OutPrecision>
</ExampleComponentConfiguration>
```

图 4-18　CCS 作用域示例

2. 步骤 2：CSIL

CSIL 作为组件可配置性的显式描述交付给航空电子设备供应商/系统集成商，列出了命名的可配置参数集。每个组件可能有多个 CSIL。

表 4-3 说明了 CSIL 中的元素名及其含义。

表 4-3　CSIL 中的元素名及其含义

元　素　名	含　义
ContainerID	可配置组件在运行时提供给 Open(CONFIG)服务的 ID，该 ID 映射到配置数据的存储机制
CSID	由可配置组件在运行时提供给 Read(CONFIG)服务的 ID，该 ID 映射到识别当前 ContainerID 范围内的配置实体组的机制
CPID	可配置参数标识符详细描述了配置实体组的内容，指定了每个 CSID 的配置内容

图 4-19 提供了验证 CSIL 的 XSD 可视化表示。

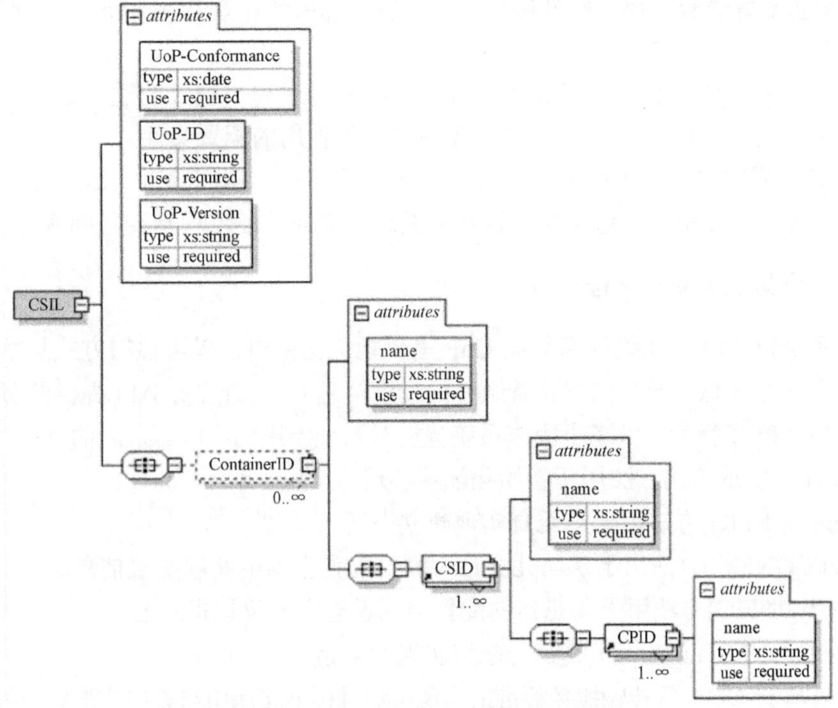

图 4-19　验证 CSIL 的 XSD 可视化表示

图 4-20 和图 4-21 所示分别为可配置组件和不可配置组件的 CSIL，两者有着明显的区别。

```
<?xml version="1.0" encoding="UTF-8"?>
<CSIL xmlns:xsi=http://www.w3.org/2001/XMLSchema-instance
    xsi:noNamespaceSchemaLocation="FACE_CSIL_V1.xsd"
    UoP-Conformance="2014-06-05"
    UoP-ID="TrackCorrelator"
    UoP-Version="3.0a">
  <ContainerID name="MyStuff">
    <CSID name="all">
      <CPID name="InPrecision"/>
      <CPID name="OutPrecision"/>
    </CSID>
  </ContainerID>
  <ContainerID name="C:\FACE\NavigationComponent\Config\Mypdi.pdi">
    <CSID name="compact">
      <CPID name="InPrecision"/>
      <!-- OutPrecision automatically tracks InPrecision -->
    </CSID>
  </ContainerID>
</CSIL>
```

图 4-20　可配置组件的 CSIL

```
<?xml version="1.0" encoding="UTF-8"?>
<CSIL xmlns:xsi=http://www.w3.org/2001/XMLSchema-instance
    xsi:noNamespaceSchemaLocation="FACE_CSIL_V1.xsd"
    UoP-Conformance="2014-06-05"
    UoP-ID="TrackCorrelator"
    UoP-Version="3.0a">
</CSIL>
```

图 4-21　不可配置组件的 CSIL

3. 步骤 3：CSEP

CSEP 是将配置参数转换为组件编码格式以进行部署的记录方法。CSEP 由标识转换过程的文档、促进该过程的任何必要工具，以及示例输入和输出文件组成。

所有组件都需要记录将工件转换为组件编码格式的过程。记录的过程必须包含足够的详细信息，以便航空电子供应商/系统集成商创建供组件使用的配置文件。

如果该过程需要工具，则必须提供独立于平台的工具。示例输入（CCS 和 CSIL）和相应的输出文件必须随 CSEP 一起提供，以帮助系统集成商验证流程是否正确执行。

4.4.1.6 配置服务交互流程

配置服务 API 为 PSSS 组件和其他 UoP 提供规范化接口，以可移植方式从本地或集中式配置服务获取配置信息（通过接口查看组件的配置信息）。配置服务 API 提供的服务紧密模拟操作系统文件 API 和行为，以减小操作系统替换对系统调用的影响。常用的 API 有如下几种。

- Initialize(CONFIG)方法用于初始化配置实现。
- Open(CONFIG)方法用于与配置实现建立会话。
- Read(CONFIG)方法用于从与此会话关联的配置容器中获取配置信息。
- Seek(CONFIG)方法用于为指定的配置会话设置当前位置指示器。
- Close(CONFIG)方法用于终止与配置实现的会话。

组件可以基于 DDS 等传输服务标准的实现，通过标准化接口与集中式配置服务进行数据交互。配置服务将使用具体的数据容器（如数据库或操作系统文件等）完成配置属性的存储和提供。

FACE 配置服务的架构如图 4-22 所示。在 Open(CONFIG)和 Read(CONFIG)服务中，都会将输入参数映射到具体的容器（Container）和配置实体。

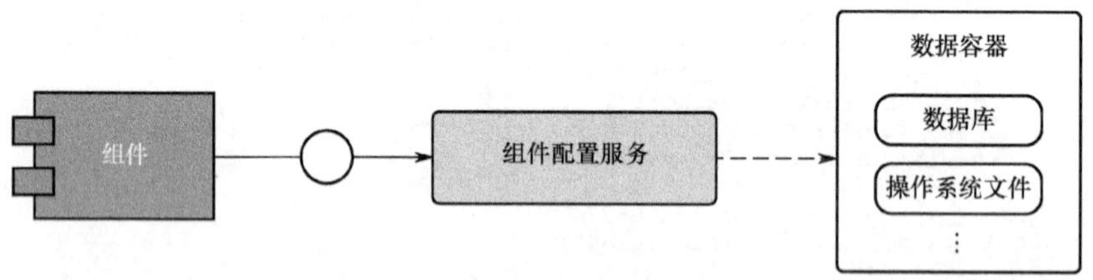

FACE::Configuration::Open(⋯, container_name, ⋯) FACE::Configuration::Read(⋯, set_name, ⋯)

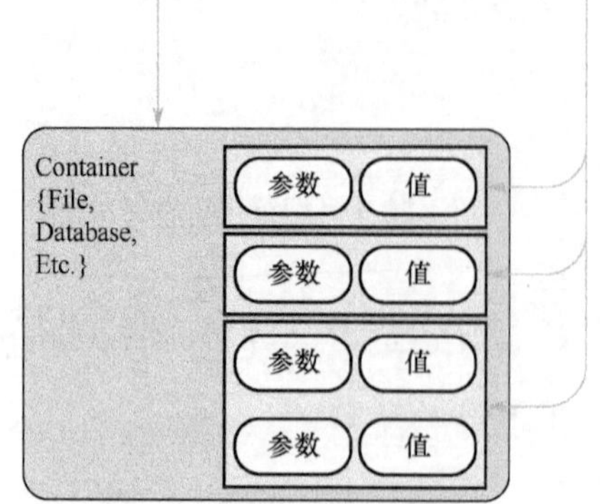

图 4-22 FACE 配置服务的架构

4.4.2　系统级健康监控

FACE HMFM 组件的目的是在单一系统/平台的范围内提供检测、报告和处理故障/失效的标准化方法。HMFM 的最终目标是在检测到故障和错误时保持 FACE 复合性组件的服务可用性。

尽管健康监控主要与 ARINC 653 相关，但 FACE 技术标准支持在 POSIX 环境下开发 HMFM。

4.4.2.1　基本目标

HMFM 的基本目标包括以下几个。

（1）检测和处理运行时的故障与错误。

（2）识别与故障关联的可疑计算资源。

（3）提供灵活性，使系统设计人员能够在给定所需设计目标的情况下使用适当级别的 HMFM 功能。

这些故障与错误可能来自任何 FACE 组件。由于 HMFM 本身可能是故障的来源或受害者，因此 HMFM 自己的可用性要求也被强加于自己。HMFM 可以作为一个组件或一组组件，跨越 OSS、PSSS 和/或 PCS（作为公共服务）。特定系统中的 HMFM 组件配置取决于平台要求。

4.4.2.2　运行机制

HMFM 检测到运行时故障后，整个故障管理（FM）周期通过一系列预配置的 FM 策略将系统引导回正常状态，如图 4-23 所示。

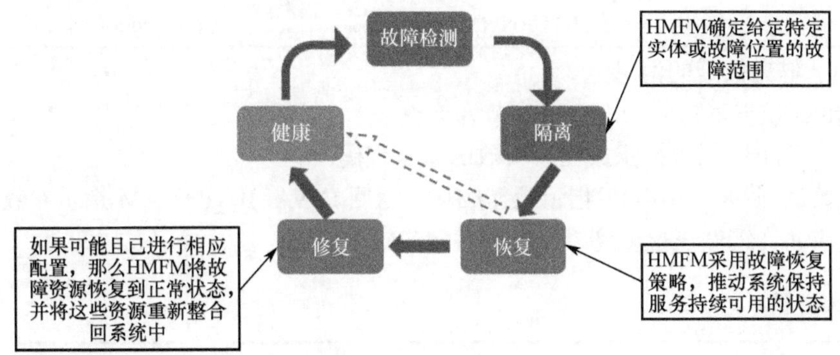

图 4-23　HMFM 的故障检测与恢复

4.4.2.3　规范化接口

HMFM 服务 API 为 PSSS 组件和其他 UoP 提供了一个规范化接口，以通知故障，管理和响应这些故障，并以可移植的方式报告它们。HMFM 服务 API 是 OSS 的一部分。

1）初始化

```
Initialize(out RETURN_CODE_TYPE return_code)
```

该方法应允许组件初始化 HMFM 实现。return_code 输出参数包含一个值，该值指示方法因特定原因而成功执行或失败。从初始化（HMFM）返回的代码应为以下值之一。

- NO_ERROR：指示操作成功完成。
- INVALID_CONFIG：指示基础操作系统 API 调用失败。

2）注册错误处理程序

```
void Create_Fault_Handler (
                    in   FAULT_HANDLER_ENTRY_TYPE entry_point,
                    in   STACK_SIZE_TYPE                 stack_size,
                    out RETURN_CODE_TYPE               return_code )
```

- entry_point：错误处理程序线程的入口点。
- stack_size：错误处理程序堆栈的大小（以字节为单位）。
- return_code：包含指示成功或失败的状态代码。

该方法应允许组件注册专用错误处理程序，该处理程序在操作系统或组件检测到进程级故障时调用。

该方法用于创建错误处理程序线程，普通线程方法可能无法访问此线程。错误处理程序线程是具有最高优先级的非周期性线程，其优先级无法修改，且不能被其他线程挂起或停止。

3）报告错误处理信息

```
void Report_Application_Message (
                              in   FAULT_MESSAGE_ADDRESS_TYPE fault,
                              in   FAULT_MESSAGE_SIZE_TYPE       length,
                              out RETURN_CODE_TYPE                return_code)
```

- fault：描述故障的消息。
- length：错误消息的长度（以字节为单位）。
- return_code：包含指示成功或失败的状态代码。

上述函数返回 NO_ERROR 指示操作成功，返回 INVALID_PARAM 指示参数无效。

该方法应允许组件在检测到错误行为时向 HM（健康监控）程序发送消息。

4）获取错误状态

```
void Get_Fault_Status (
          out FAULT_STATUS_TYPE fault,
          out RETURN_CODE_TYPE    return_code)
```

- fault：包含描述故障的消息。
- return_code：包含指示成功或失败的状态代码。

上述函数返回 INVALID_PARAM 指示长度参数无效，返回 INVALID_CONFIG 指示当前线程不是错误处理程序，返回 NO_ACTION 指示当前没有故障。

该方法应允许组件注册的错误处理程序获取有关当前故障的信息。错误处理程序使用该方法确定故障类型、故障线程、发生故障的地址，以及与故障关联的消息。

5）上传错误消息

```
void Raise_Application_Fault (
                    in  FAULT_CODE_TYPE                  code,
                    in  FAULT_MESSAGE_ADDRESS_TYPE       message,
                    in  FAULT_MESSAGE_SIZE_TYPE          length,
                    out RETURN_CODE_TYPE                 return_code)
```

- code：包含故障类型的指示。
- message：引用描述故障的消息。
- length：错误消息的长度（以字节为单位）。
- return_code：包含指示成功或失败的状态代码。

该方法应允许组件表明发生了故障，代码、消息和长度参数最终将传递给已安装的错误处理程序进行处理。

该方法允许当前分区调用特定错误处理程序进程，检测组件代码以向 HMFM 报告事件（故障、当前状态和状态更改）。此方法将组件执行活动与错误处理活动分开，使代码更易于开发和理解。

4.4.2.4　HMFM 级别

HM 功能包括启动和终止模块、重新启动模块和模块内的空闲分区，以及停止和重新启动线程。表 4-4 展示了各种级别的错误和场景。OSS 应包括模块级别（计算平台级别）、分区级别和进程级别（线程级别）的 HM 功能。

- 模块级错误仅影响核心模块内的所有分区。
- 分区级错误仅影响该分区。
- 进程级错误影响分区内的一个或多个进程，或者影响整个分区。

表 4-4　各种级别的错误和场景

错误级别	错误场景
模块级错误	• 核心模块初始化阶段出现的模块配置错误 • 核心模块初始化阶段出现的其他错误 • 系统功能执行期间出现的错误 • 分区切换时出现的错误 • 电源故障
分区级错误	• 分区初始化阶段出现的分区配置错误 • 分区初始化阶段出现的其他错误 • 进程管理中的错误 • 错误处理程序进程错误
进程级错误	• 应用进程产生的应用错误 • 非法的操作系统请求 • 进程执行错误（溢出、存储区冲突等）

4.4.2.5 错误恢复策略

收到事件后，HMFM 组件通过执行系统集成商在配置时指定的一组操作来响应事件。一种可能的操作是记录事件，允许创建执行活动的配置文件/跟踪。日志应保存在内存或非易失性存储器中。如果需要将日志保存在文件中，则应创建一个负责管理日志的分区。由于日志保存在内存（有限资源）中，因此在日志已满时应创建日志管理策略，两种标准策略是停止日志记录或通过覆盖最早的事件来包装日志。

平台可以报告的每个事件与要执行的操作集之间的连接应该是可配置的，允许相同的 HMFM 从一个实例到另一个实例做出不同的反应。日志管理策略也应该是可配置的。

模块级和分区级的故障响应分别是由模块健康监控表与每个分区单独的分区健康监控表驱动的。

进程级故障响应是由分区的错误处理进程（具有最高优先级）决定的。根据 HM 服务确定出现故障的进程，并在进程级采取恢复措施或在分区级采取恢复措施（设置分区模式：空闲、冷启动、热启动），具体操作如下。

- 忽略，即记录故障但是不采取任何行动。
- 恢复行动前进行错误确认。
- 停止故障进程并从入口地址重新初始化。
- 停止故障进程并启动其他进程。
- 停止故障进程（由分区检测并恢复）。
- 重启分区（冷启动或热启动）。
- 停止分区（空闲模式）。

图 4-24 展示了从解决操作系统启动故障扩展到特定于应用程序的故障，再到整个计算平台故障。

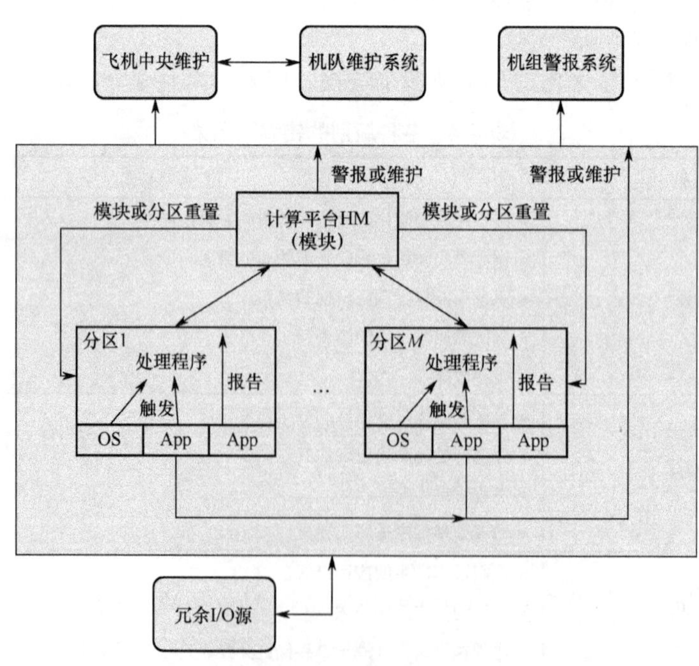

图 4-24　故障恢复的扩展

4.5　TSS

TSS 提供 FACE 组件之间灵活的数据传输功能，使得 FACE 组件独立于具体的传输机制进行通信。它主要负责管理和分配 FACE 组件之间的数据。TSS 包含多种数据传输方式：TCP/UDP Sockets、ARINC 653 采样端口、ARINC 653 队列端口及 POSIX 共享内存等。这些数据传输方式的多样性使得在不更改 FACE 组件的情况下，PCS 和 PSSS 能够在具有不同传输能力与需求的平台上进行数据传输。TSS 从软件组件中抽象出传输机制和数据访问，简化了将其集成到不同体系结构和平台中的过程。TSS 的功能包括但不限于软件组件接口信息的分发和路由、优先化、可寻址性、信息关联、抽象及数据转换。

4.5.1　TSS 的概念

TSS 为 PSSS 及 PCS 组件提供了一个标准化的消息传输服务接口，实现组件间的通信服务，并采用 FACE 数据架构定义的格式化数据模型进行数据传输。

（1）提供 PCS、PSSS 之间，PCS、PCS 之间，PSSS、PSSS 之间的通信服务标准接口。

（2）根据 FACE 数据架构，提供标准的数据模型。标准的数据模型的优势是可以对数据的部分属性进行复用，更加灵活。

将 TSS 从架构中抽出来，形成单独的一段，这样做的优势是，由于网络平台协议的差异、规范的不同，TSS 封装后可以实现跨操作系统、网络平台和协议通信，从而实现可移植系统架构的复用，促进嵌入式软件的快速集成。

前面提到，FACE 软件体系架构支持框架（.c、.h）、模型（建立的模型）、源代码、目标代码 4 级不同层次的复用，TSS 起到各段之间的黏合剂的作用。

4.5.2　TSS 的功能

图 4-25 展示了 TSS 的部分功能，旨在说明其在不同层级和方面提供的服务与支持。TSS 通过提供一套标准化的接口和功能，使得 PSSS 和 PCS 能够在不同的操作系统和传输协议上实

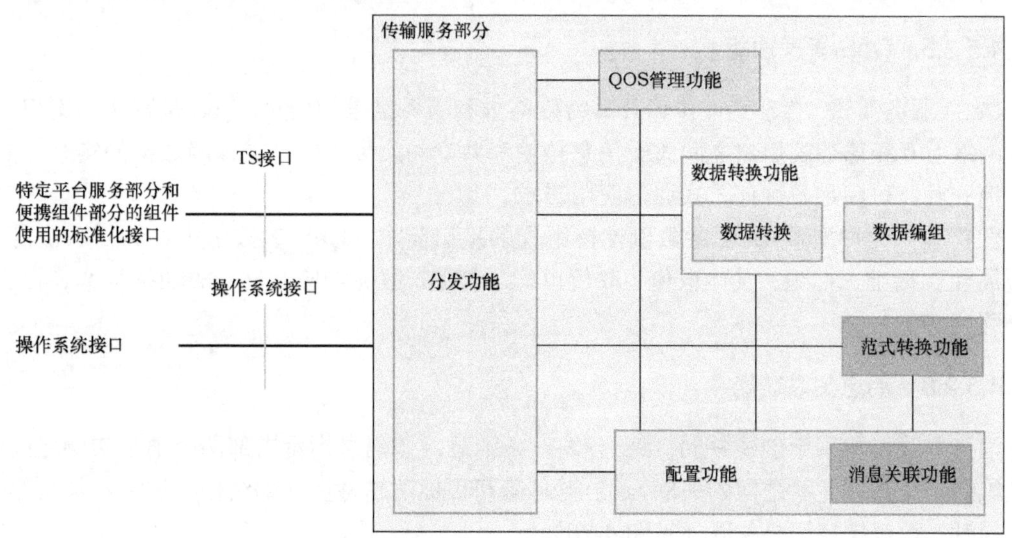

图 4-25　TSS 的部分功能

现无缝通信。这些功能包括分发功能、配置功能、范式转换功能、数据转换功能、QoS 管理功能及消息关联功能。

4.5.2.1　分发功能

多台处理机通过通信链路互连，可以相互访问。分发功能是 TSS 的一项关键功能，旨在将传输机制从驻留在 PCS 和 PSSS 的组件中抽象出来。TS 库提供由采样端口、队列端口（IPC）或具有数据转换功能的套接字（IPC）处理的分发功能。

4.5.2.2　配置功能

配置功能通过避免特定于实现的软件来提高组件在很多不同平台上的可移植性。建模时，可以对模型参数进行配置。

4.5.2.3　范式转换功能

范式转换允许组件使用不同的消息和/或协议范式进行通信。消息范式是一种消息交换模式（如请求/应答、发布/订阅、排队和命令/响应）。协议范式是描述通信交互（如 TCP）的规则或过程的模式（如 UDP、DDS 和 CORBA）。范式转换可以是集中式的，由集中消息范式转换组件充当不同消息范式之间的桥梁；也可以是分布式的，由各个组件的 TS 库提供服务。

4.5.2.4　数据转换功能

数据转换包括数据的单位、类型等的转换。线性数据转换涉及数据的类型（如从整数到浮点数）或单位（如从英尺到米）的转换。数据编组将从多个源来的数据聚合成一个复合数据发出，或者将一个复合数据分成多个数据发出，而且该功能可以操作数据，使用数据过滤（数据筛选器）删除元素，使用参数数据丰富器辅助添加信息来完善接口参数。更加复杂的数据转换功能还包括将空间坐标系转换为东西南北坐标系等。

4.5.2.5　QoS 管理功能

QoS（服务质量）管理允许传输具有特殊需求和服务需求的信息。QoS 是网络与用户之间，以及网络上互相通信的用户之间关于信息传输和共享的质量约定，能保障数据的实时、高效、灵活地分发，可满足各种分布式通信应用需求。

配置服务允许配置 QoS 参数以支持组件的接口需求。QoS 参数由组件的需求决定，其关键属性包括唯一标识、具体取值、取值单位、参数、服务响应时间、成功执行率、吞吐率、安全强度等。

4.5.2.6　消息关联功能

消息关联结构用于创建并向 TSS 分发一条消息，该消息指示内部两个消息实例之间的关联（维护两个数据元素之间的关联）。当消息源和目标消息特性（如结构、速率、类型等）存在差异时，可以支持消息关联（见图 4-26）。

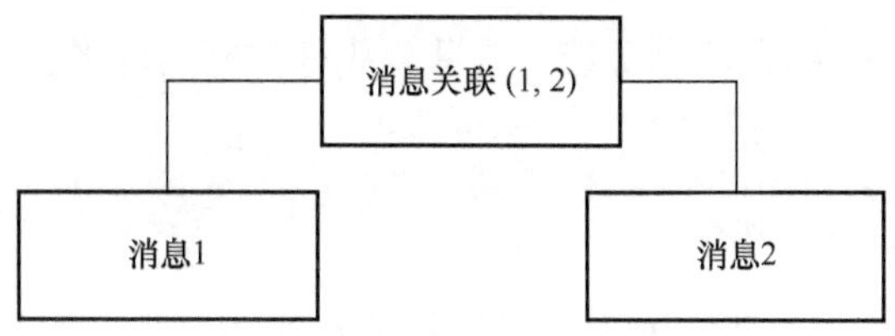

图 4-26　关联安全标签和数据结构

4.5.3　消息数据结构

本节介绍 TSS 中的消息数据结构，具体包括消息头、消息负载和内部数据结构方面的内容。消息数据结构用于支持 TSS 的各种功能，如 QoS 管理、消息路由和消息转换，如图 4-27 所示。

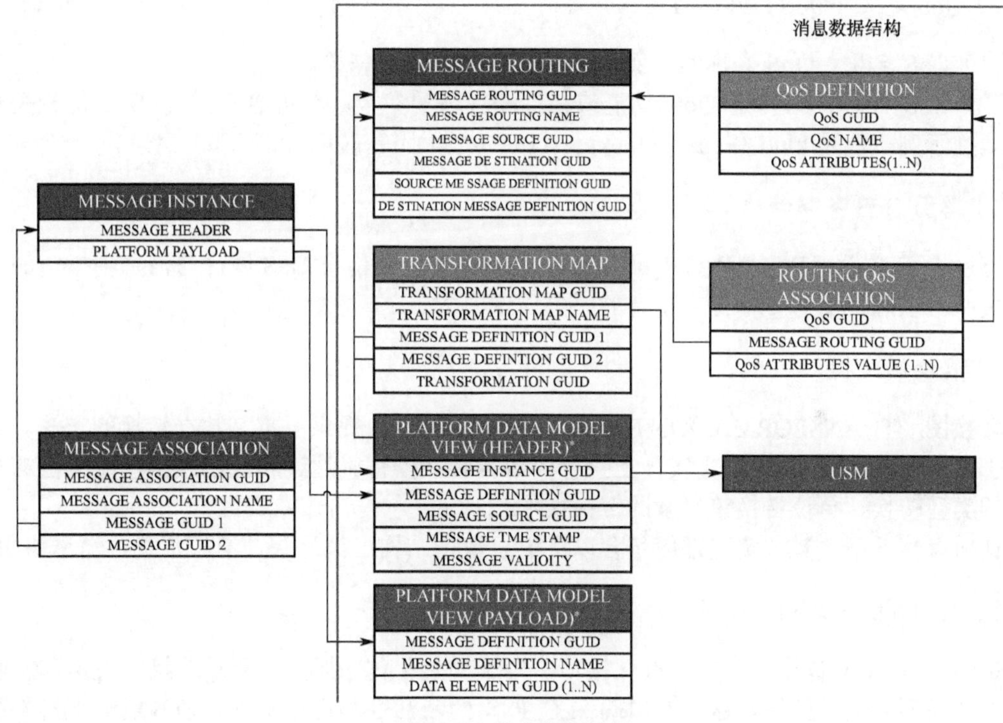

图 4-27　消息数据结构

4.5.3.1　消息头

消息头（MESSAGE HEADER）包含以下字段，用于标识和管理消息。

unsigned char MESSAGE INSTANCEGUID[MSG_GUID_LEN]：消息实例标识。

unsigned char MESSAGEDEFINITIONGUID[MSG_GUID_LEN]：消息定义标识。

unsigned char MESSAGESOURCEGUID[MSG_GUID_LEN]：消息源标识。

MTF_SYSTEM_TIME_TYPE MESSAGETIMESTAMP：消息时间戳。

MTF_VALIDITY_TYPE MESSAGEVALIDITY：消息有效性。

4.5.3.2　消息负载

消息负载（PLATFORM PAYLOAD）包含了整个 UoP 模型的数据内容。消息头在发送消息时填充，而在接收消息时读取消息负载。消息负载是实际传输的数据内容，包含了应用层所需的具体信息。

4.5.3.3 消息数据结构的作用

消息数据结构用于 TSS 实现的内部，以配置消息路由、QoS 和转换图。

1）消息路由结构

消息路由（MESSAGE ROUTING）实现消息的路由功能，管理消息模型的源与目标，确保消息能够正确地从发送端传输至接收端。

2）QoS 定义（QoS DEFINITION）结构

（1）QoS 名称：QoS 名称的示例可能是可靠交付或优先级。

（2）QoS 属性：与特定 QoS 功能或特性相关联的参数。与可靠交付 QoS 功能相关联的 QoS 属性示例可能是 kind 和 max_blocking_time（最大阻塞时间）。

3）路由 QoS 关联结构

路由 QoS 关联（ROUTING QoS ASSOCIATION）结构将 QoS 属性与消息中指定的 QoS 值相关联，以确保消息传输符合特定的服务质量要求。

4）转换图结构

转换图（TRANSFORMATION MAP）结构的转换映射提供了定义数据转换的方法。该结构用于 TSS 在给定的消息定义实体上执行的数据转换操作。通过转换图结构，系统能够进行数据的类型转换、单位转换等复杂的转换操作。

在所有情况下，TSS 实现都应包含以下消息数据结构：消息头、消息负载、消息路由。

4.5.4 传输服务 API

传输服务 API 提供了一组标准化接口，用于初始化传输服务、管理连接、发送和接收消息，以及处理回调函数等。这些接口确保了 TSS 的灵活性和可移植性，使其能够支持不同的底层传输机制。

1）Initialize

Initialize 是初始化接口，是非阻塞的，适用于所有底层传输机制，启动传输服务并进行必要的初始配置，使系统准备好进行数据传输。

2）Create_Connection

Create_Connection 是创建连接接口，允许使用 DDS、CORBA、ARINC 653 和 POSIX 连接。它对外提供标准接口，并通过这些标准化的函数调用传递组件的参数。连接的参数通过 TSS 配置功能确定。TSS 管理基于 DDS、CORBA、ARINC 653 和 POSIX 连接的系统级连接标识符，以实现路由功能。

3）Destroy_Connection

Destroy_Connection 是销毁连接接口，用于释放分配给连接的所有资源。

4）Receive_Message

Receive_Message 是接收消息接口，用于从发送源接收消息。

5）Send_Message

Send_Message 是发送消息接口，用于向目的地发送消息。

6）Register_Callback

Register_Callback 是注册回调接口，提供一种无须轮询即可读取数据的机制。一旦调用 TS 库，就会注册一个函数，开始接收数据。

7）UnRegister_Callback

UnRegister_Callback 是注销回调接口，提供一种机制来取消注册与 connection_id 关联的回调。

8）Get_Connection_Parameters

Get_Connection_Parameters 用于获取当前连接状态接口的请求连接信息。

4.5.5　可移植 FACE UoP 内的传输 API

FACE UoP 内部的软件组件采用进程内的通信机制。

如果软件组件在 FACE UoP 外部，即进程间通信，则使用 TSS 提供的通信机制。TSS 提供了一套标准化的接口和功能，使得不同 UoP 之间可以通过网络协议（如 DDS、CORBA、ARINC 653 和 POSIX）进行通信。

4.5.6　传输服务支持的通信方式和类型

4.5.6.1　通信风格

Buffering/Queuing：缓冲区或消息队列，可以存放多个消息。

Single Instance Messaging：单一消息实例，如采样端口、共享内存。

4.5.6.2　同步方式

Blocking：阻塞，请求后等待响应。在调用结果返回前，当前线程会挂起，并在得到结果之后返回。

Non-blocking：非阻塞，如果不能立刻得到结果，则该调用不会阻塞当前线程。

4.5.6.3　消息结构

Fixed Length：消息长度固定。

Variable Length：消息长度可以改变。

4.5.6.4 线程调度方式

Periodic：周期调度，间隔固定的时间间隔发送消息。

Sporadic：零星调度，比较适合长时间占用 CPU 的线程。调度规则具体如下：给一个线程准备两个优先级，即高优先级和低优先级，如果线程在高优先级上连续占用 CPU 超过一定时间，则线程会被强行降到低优先级，线程在低优先级上经过一段时间后，会重新被调回高优先级。

Aperiodic：非周期调度，既没有最小时间间隔又没有固定时间。

4.5.6.5 消息分发类型

Broadcast：广播，从单一消息源向所有目的地发送消息。

Multicast：多播，从单一消息源向多个目的地发送消息。

Unicast：单播，从一个源向一个目的地发送消息。

Anycast：选播，一种特殊的多播形式，消息发送到一组目的地中最近的一个。

4.5.7 传输服务配置

传输服务配置参数表如表 4-5 所示。

表 4-5 传输服务配置参数表

配 置 项	含 义
Connection Name	连接名称，传输服务通过该参数匹配到特定的请求连接
Connection Type	连接类型，指定用于传输服务连接的传输机制
Connection Direction	连接方向，用于指定连接行为，有助于区分连接类型（如发布/订阅类型或客户端/服务器类型）
Connection Domain	连接域，特定于 POSIX 套接字传输机制。连接域用于区分 UNIX 或 Internet 套接字
Socket Type	套接字，特定于 POSIX 套接字传输机制。套接字类型用于确定协议类型（TCP 或 UDP）
Max Message Size	最大消息尺寸，用于指定连接发送数据的最大尺寸。该值由系统集成商在配置传输服务连接时确定，具体组成为数据的最大尺寸、TSS 头部尺寸
Message Range	消息范围（描述缓冲区的最大数量），用于描述分发功能所需缓冲的消息的最大数量。它仅在 ReadWriteBehavior 被配置为队列端口时使用
Data Transform Required	数据循环需求，是一个布尔值，用于指示是否需要转换此连接上的数据类型，以便正确执行传输服务
Refresh Period	刷新周期，用于指示消息的有效时间
Reliability	可靠性，指示数据传输是否必须得到保证或尽力而为。提供本地保证传送的传输机制可以用于尽力而为的要求，无须进一步配置或开发；如果需要保证交付，则必须使用基础保证交付传输机制
ReadWriteBehavior	读/写行为，（队列或采样）用于指示连接是否应以与 ARINC 653 采样端口或队列端口类似的方式进行操作。使用此属性不需要使用 ARINC 653 传输机制
Queue Discipline	队列规则，描述了连接的排队行为。该属性可以设置为 FIFO 或优先级次序。排队缓冲区的处理在 POSIX 和 ARINC 中是不同的。POSIX 是基于优先级次序的，ARINC 是基于 FIFO 的。对于 ARINC，这个属性会影响被阻塞的进程。优先级次序考虑到一些数据可能比其他数据更重要的可能性，数据可以根据优先级被放入队列。此属性仅在 ReadWriteBehavior 配置为队列端口时有效

（续表）

配　置　项	含　义
Receive Flag	接收标志，仅用于配置 POSIX 套接字连接
Send Flag	发送标志，仅用于配置 POSIX 套接字连接
SourceAddress DestinationAddress Source Port Destination Port	源地址、目标地址、源端口、目标端口，是 POSIX 套接字特定的配置属性。它们用于确定连接的 IP 地址和端口号。每个源和目标都必须有一个 IP 地址和端口；一个源可以对应多个目标，多个源可以对应一个目标。这些属性不适用于 ARINC 连接的源端口和目标端口
Associated Messages	关联信息，实质为全局唯一标识符（GUIDs）列表，用于标识在配置中的传输消息
Filter Specification	过滤规范，该参数可选，并且只能用于生产者/发布者的 TS 库。过滤规范值由结构化查询语言（SQL）字符串定义。如果使用 DDS，则将过滤器内置到传输机制中；如果不使用 DDS，并且需要过滤规范功能，那么 TSS 开发人员需要 TS 库内部实现一个 SQL 解析器和过滤器
Thread List、Priority、Scheduling Policy、Thread Rate、Thread Stack Size	线程列表、优先级、调度策略、线程速率、线程堆栈大小与 TSS 可能需要的线程及其相关属性有关。当连接使用回调向组件提供数据以分离套接字的网络堆栈处理或提供不同的 QoS 管理功能时，这些属性可能是必需的

4.5.8　传输服务的实现方式

4.5.8.1　IPC

两个组件之间通过调用 TS 库（传输服务库）（包括 TS 库 1～TS 库 3）提供的创建连接、发送消息、接收消息功能对消息进行收发处理。如图 4-28 所示，具体各标号模型功能如下。

（1）PCS1 填充符合 FACE 数据模型的数据结构。

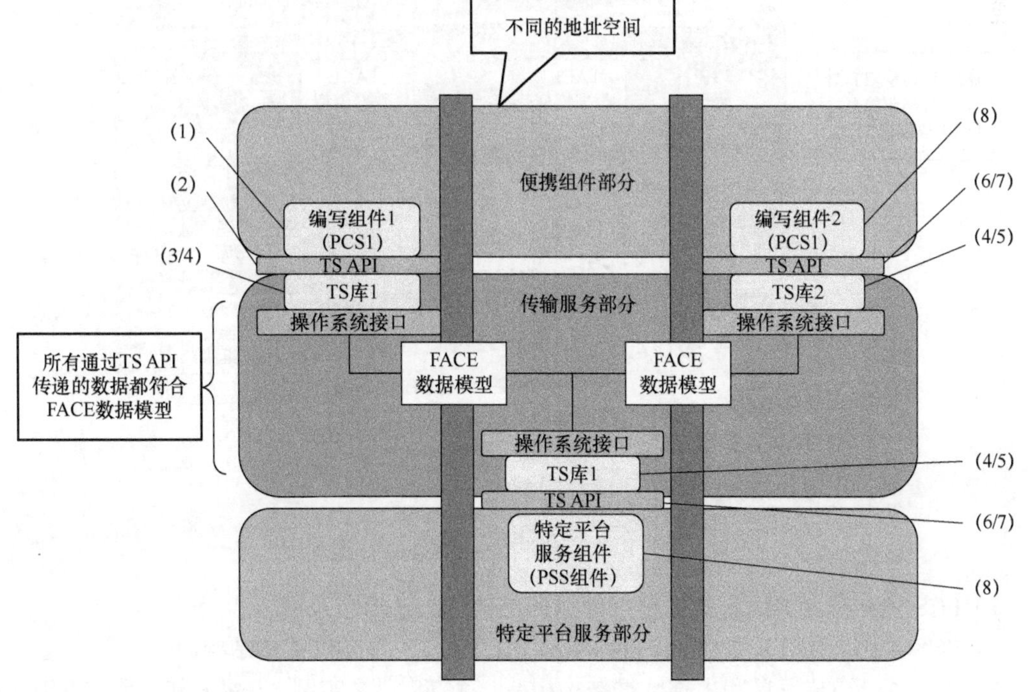

图 4-28　IPC

（2）PCS1 通过调用 TS API Send_Message()函数向 TS 库提供数据结构。

（3）TS 库根据 TS 消息和内部数据结构构造 TS 消息实例。

（4）TS 库执行 Send_Message()函数，发送 TS 消息实例。

（5）TS 库接收发送给 PCS2 和 PSS 组件的 TS 消息实例。

（6）TS 库根据 TS 消息和内部数据结构解构 TS 消息实例。

（7）如果需要，那么 TS 库会处理由 PCS2 和 PSS 组件注册的回调。

（8）PCS 和 PSS 组件使用 FACE 数据模型解释数据结构。

4.5.8.2　中央分发器

TSS 中央分发器创建、管理和利用执行消息分发所需的所有连接，每个 TS 库只与 TSS 中央分发器相关联的 TS 库通信。

两个组件不直接进行通信，发送方将消息通过 TS 库发送到中央分发器关联的 TS 库，该 TS 库将消息负载传递给中央分发器，中央分发器调用 TS 库中的方法，将消息负载路由到接收组件，接收组件对消息进行处理。图 4-29 所示为中央分发器下各模块的工作流程。

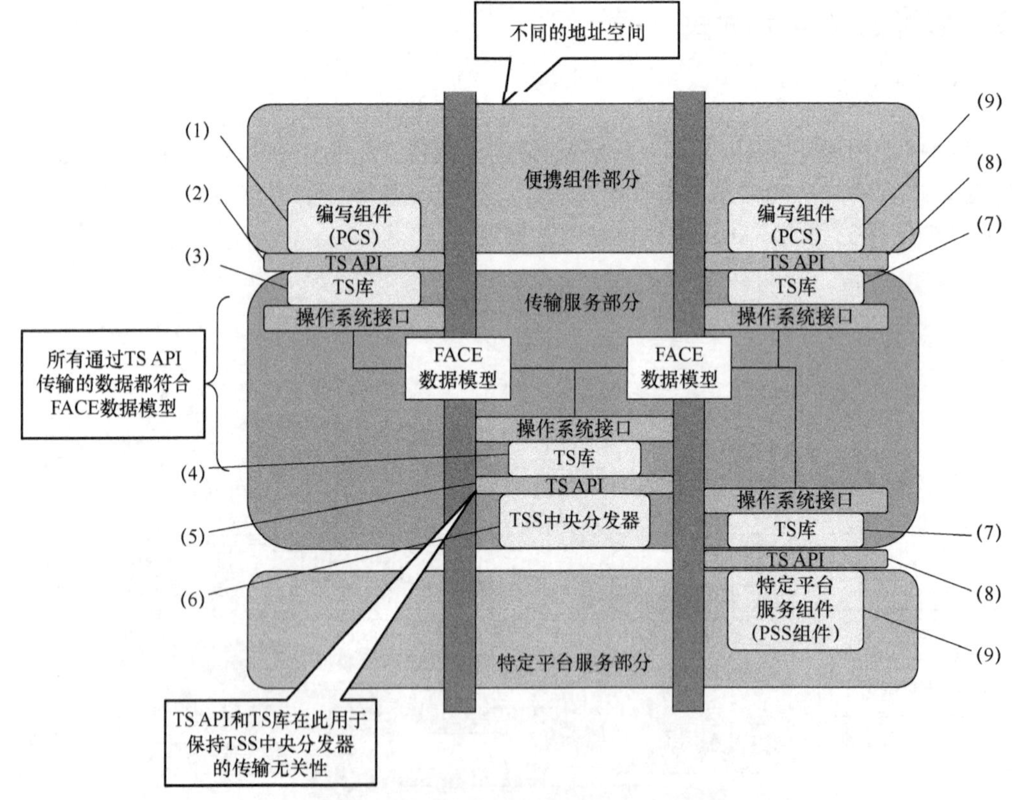

图 4-29　中央分发器下各模块的工作流程

（1）PCS 填充符合 FACE 数据模型的数据结构（TSS 消息负载）。

（2）PCS 通过调用 TS API Send_Message()函数向 TS 库提供数据结构。

（3）TS 库根据 TS 消息和内部数据结构构造一个 TS 消息实例，并将其转发到与 TSS 中央分发器相关联的 TS 库。

（4）TS 库根据 TS 消息和内部数据结构接收并解构 TS 消息实例。

（5）TS 库将消息有效负载传递给 TSS 中央分发器。

（6）TS 中央分发器通过调用 TS 的 Send_Message()函数访问 TS 库。

（7）TS 库根据 TS 消息和内部数据接收并解构 TS 消息实例，并将其转发到与 PCS 和 PSS 组件关联的 TS 库。

（8）TS 库使用 TS API 将消息有效负载传递给 PCS 或 PSS 组件。

（9）PCS 和 PSS 组件使用 FACE 数据模型解释数据结构。

4.5.9　TSS 通信代码调用结构与实现

本节详细介绍 TSS 通信中 GPS_SENSOR_PSS 发送方 UoP 代码的实现及其主要函数调用关系，内容涵盖各主要代码文件中的函数实现和调用顺序，并结合表 4-6，详细说明发送方 UoP 的初始化、启动和终止过程。

表 4-6　TSS 通信代码调用文件及函数表

文　件　名	文件中包含的函数
MTF_TS.c	Create_Connection()、Send_Message()、Destroy_Connection()
TS.c	Initialize()、Create_Connection()、Send_Message()、Destroy_Connection()
BSOLocation_writer.c	Initialize()、Create_Connection()、send()、Destroy_Connection()
GPS_Sensor_PSS_behav.c	BEHAV_INITIALIZE ()、GPS_THREAD()、BEHAV_STARTUP()、BEHAV_FINALIZE()
GPS_Sensor_PSS.c	INITIALIZE()、STARTUP()、FINALIZE()

4.5.9.1　发送代码层级关系

TSS 通信涉及两类 UoP 组件，另一类为发送方，另一类为接收方。发送方的代码层级图如图 4-30 所示。

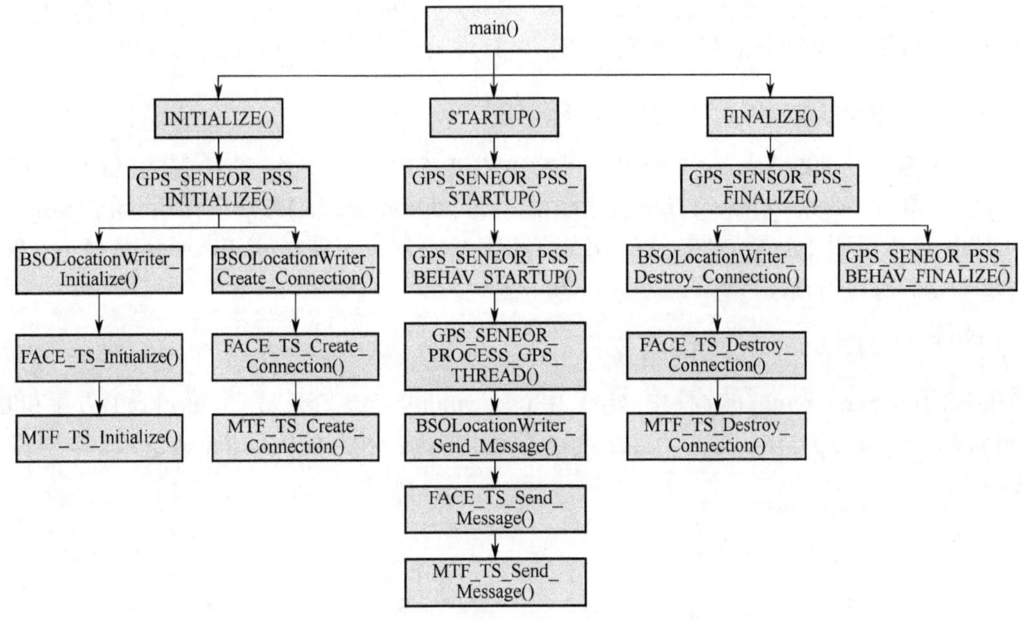

图 4-30　发送方的代码层级图

在初始化阶段，GPS_Sensor_PSS 组件首先调用 GPS_SENSOR_PSS_INITIALIZE()，其中包括调用 BSOLocationWriter_Initialize()、FACE_TS_Initialize()和 MTF_TS_Initialize()来完成各个模块的初始化；随后通过调用 BSOLocationWriter_Create_Connection()来建立连接，具体包括调用 FACE_TS_Create_Connection()和 MTF_TS_Create_Connection()。

在启动阶段，GPS_Sensor_PSS 组件首先调用 GPS_SENSOR_PSS_STARTUP()，并执行 GPS_SENSOR_PSS_BEHAV_STARTUP()和 GPS_SENSOR_PROCESS_GPS_THREAD()以启动传感器处理线程；随后通过 BSOLocationWriter_Send_Message()发送消息，具体包括调用 FACE_TS_Send_Message()和 MTF_TS_Send_Message()。

在终止阶段，GPS_Sensor_PSS 组件首先调用 GPS_SENSOR_PSS_FINALIZE()，并执行 GPS_SENSOR_PSS_BEHAV_FINALIZE()以结束相关逻辑；随后通过调用 BSOLocationWriter_Destroy_Connection()来销毁连接，具体包括调用 FACE_TS_Destroy_Connection()和 MTF_TS_Destroy_Connection()。

4.5.9.2　main()函数

发送方和接收方的 UoP 代码都包含一个名为 main 的代码文件，示例中，该发送方 UoP 的名称为 GPS_SENSOR_PSS，该文件中的 main()函数执行 GPS_SENSOR_PSS_INITIALIZE()、GPS_SENSOR_PSS_STARTUP()、GPS_ SENSOR_PSS_FINALIZE()方法。这 3 个方法的实现在 GPS_Sensor_PSS.c 文件中实现。

4.5.9.3　GPS_SENSOR_PSS.c 文件

GPS_Sensor_PSS.c 文件中的 GPS_SENSOR_PSS_INITIALIZE()方法调用 GPS_SENSOR_PSS_BSOLocationWriter_Create_Connection()和 BSOLocationWriter__Iitialize()方法。GPS_SENSOR_PSS_STARTUP ()方法调用 GPS_SENSOR_PSS_BEHAV_STARTUP()方法。GPS_SENSOR_PSS_FINALIZE()方法调用 BSOLocationWriter_Destroy_ Connection()方法。

函数名含有 BEHAV 的代码为行为代码，实现在 GPS_Sensor_PSS_behav.c 文件中；函数名含有 BSOLocationWriter 的代码为写代码，实现在 BSOLocation_writer.c 文件中。

4.5.9.4　GPS_Sensor_PSS_behav.c 文件

在 GPS_Sensor_PSS_behav.c 文件中，主要实现 GPS_SENSOR_PSS_BEHAV_STARTUP()方法，在该方法中调用 pthread_create()方法创建线程，在 pthread_create()方法中调用 GPS_SENSOR_PROCESS_GPS_THREAD()方法，在 GPS_THREAD()方法中调用 BSOLocationWriter_Send_Message()方法发出消息。

4.5.9.5　BSOLocation_writer.c 文件

在 BSOLocation_writer.c 文件中，实现 BSOLocationWriter_Create_Connection()方法和 BSOLocationWriter_Send()方法。这两个方法调用工具生成的传输服务代码 TS_Adapter 和 MTF_TS 实现功能。

4.6　PCS

PCS 由提供业务逻辑的软件组件组成，只包含业务逻辑。PCS 组件旨在保持硬件和传感器的不可知性。此外，这些组件还不受限于任何数据传输或操作系统实现，以实现可移植性和互操作性。也就是说，当 PCS 组件重新部署到不同的硬件和软件环境中时，甚至不需要重新编译软件组件、重新链接软件库，以及更改编程语言运行时和/或组件框架，体现了可移植性。组件必须通过 TS 接口进行通信。图 4-31 展示了分离于特定通信实现的业务逻辑，以及它与 TSS 的关系。

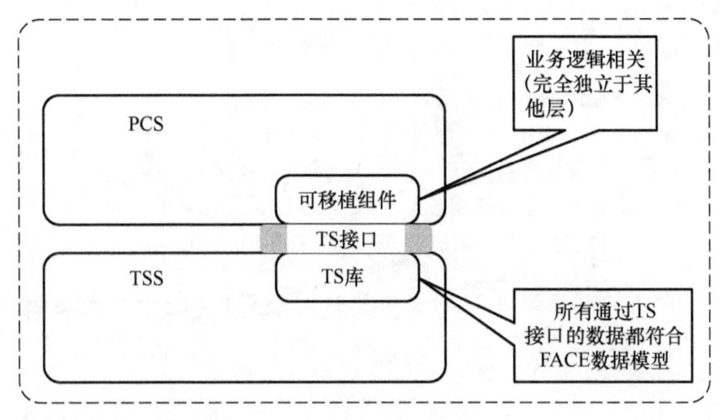

图 4-31　PCS

4.6.1　UoP 概述

FACE UoP 描述了一组软件，该软件提供完整和正确执行特定功能所需的一个或多个服务，或者任务级功能（如编程语言运行时和应用程序框架）。服务和/或功能可以捆绑到 UoP 中，为系统提供特定的任务级功能或服务。UoP 的 UML 类图如图 4-32 所示。

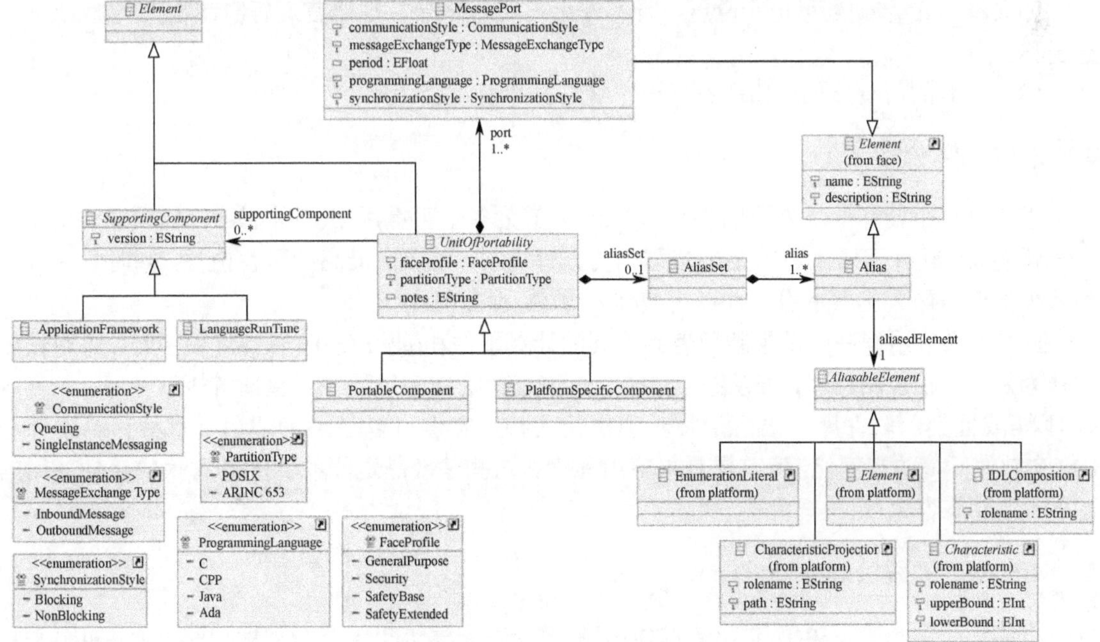

图 4-32　UoP 的 UML 类图

UoP 之间不能直接进行通信，必须通过 TSS 的 FACE 传输接口进行通信，如图 4-33 所示；而 UoP 内部组件之间的通信是否使用 TSS 的 FACE 传输接口是可选的。

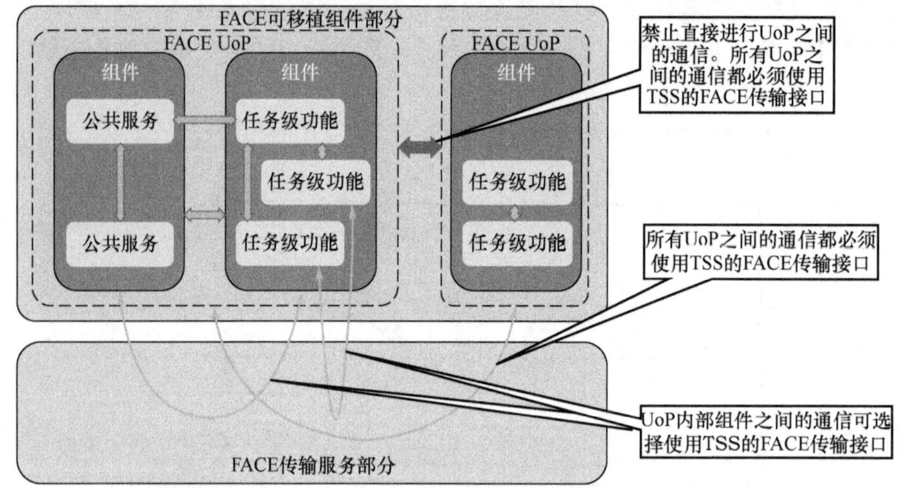

图 4-33　UoP 之间的通信需要通过 TSS 的 FACE 传输接口

将一个软件的业务功能分解为一个 UoP 需要注意以下几点。

（1）UoP 必须驻留在单个 FACE 段中。

如果 UoP 中包含语言运行时或框架，则语言运行时或框架可以在单个分区内的多个 UoP 中逻辑实现。

（2）UoP 必须驻留在单个分区中。

如果将 UoP 移动到另一个分区、计算平台或飞机平台，则语言运行时或框架将随 UoP 一起迁移。

（3）UoP 的所有外部接口必须符合 FACE 技术标准。

4.6.2　UoP 分解

下面以一个设计示例来说明将整体 UoP 分解为多个可重用 UoP 的思路。需要注意的是，在分解之前，软件开发人员需要确定正确的分解级别，以提供最高的可移植性，同时最大限度地减少耦合，最大化内聚力，并考虑 UoP 一致性/管理问题。

此外，当应用程序可以重新部署到不同的计算硬件和/或 FACE 软件环境中时，应用程序被认为是可移植应用程序，而从技术上讲，只需重新编译应用程序和重新链接软件库、语言运行时和/或框架。软件库、语言运行时和框架的特定实例可以替换为适用于目标计算硬件与 FACE 软件环境的实例化，但前提是主应用程序和这些替换品之间的 API 与替换的组件使用的 API 一致或兼容。

4.6.2.1　系统级单片 UoP

下面是一个系统级级单片 UoP 设计示例，由通信、导航和传感器管理功能组成，如图 4-34 所示。

将系统级单片 UoP 的功能细分为 3 个子系统级别的 UoP：通信、导航和传感器管理，如

图 4-35 所示。尽管如此，它们仍然可能只适用于特定平台中通信 UoP、导航 UoP 或传感器管理 UoP 的特定任务实现。在此示例中，UoP 的可移植性仅在通信套件、导航套件或传感器套件与初始平台相同的情况下适用于另一个平台。

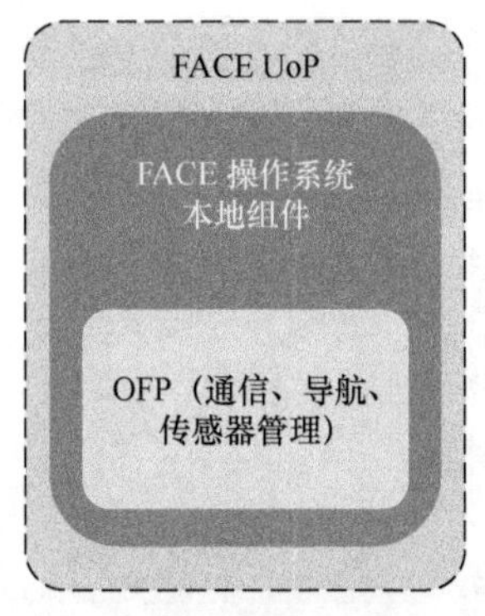

图 4-34　系统级单片 UoP 示例

图 4-35　子系统 UoP

将子系统分解为通信、导航和传感器管理类别下的任务级别或服务 UoP。每个类别单独显示，其中包含多个任务级别 UoP。当此示例中的 UoP 需要一个或多个标识的便携式任务级功能或服务时，该平台可以实例化到其他平台，如图 4-36 所示。

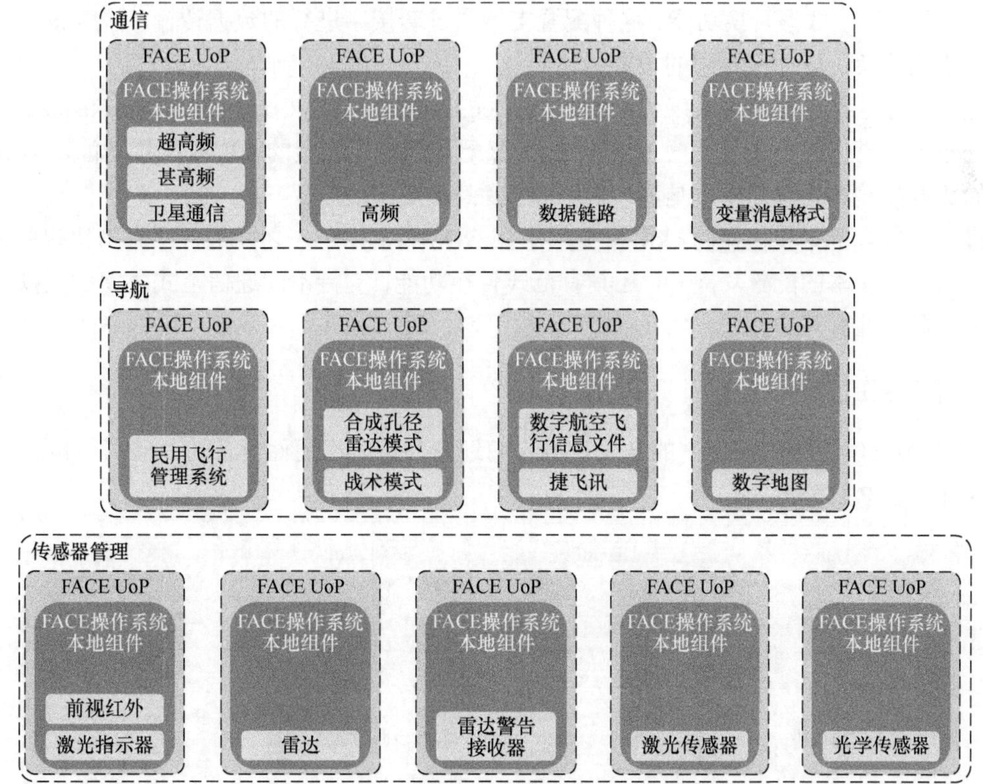

图 4-36　进一步划分为任务或服务级别的 UoP

4.6.2.2　TSS UoP

TSS UoP 能够根据需要进行组合，以实现所需的传输功能。图 4-37 展示了 4 种不同的 UoP 组合方式，每种组合方式都针对不同的传输需求进行了优化配置。

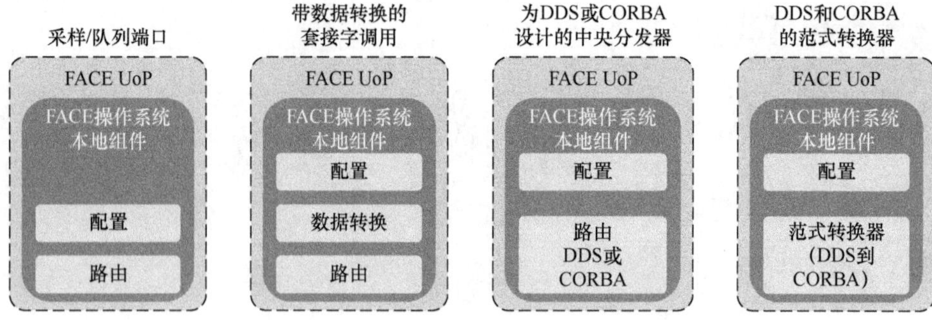

图 4-37　TSS UoP 示例

首先，使用采样端口和队列端口的 UoP 配置，包含配置和路由功能。通过这些端口，系统能够有效地进行数据采样和排队处理，适用于需要实时数据处理的应用场景。

其次，利用套接字调用并包含数据转换功能的 UoP 配置，即它不仅具有基本的配置和路由功能，还增加了数据转换功能。这种配置支持通过套接字进行的数据传输，并能够进行必要的数据格式转换，以适应不同的数据传输协议。

然后，利用为 DDS（Data Distribution Service）或 CORBA（Common Object Request Broker Architecture）设计的中央分发器 UoP 配置。该配置提供了高级的路由和配置功能，能够满足复杂的数据分发和管理需求，是高性能分布式系统的理想选择。

最后，包含范式转换器的 UoP 配置用于在 DDS 和 CORBA 之间进行消息与协议的转换。该配置除具有基本的配置功能外，还具有范式转换功能，支持不同通信范式之间的互操作，确保系统的灵活性和互通性。

4.6.3　PSSS UoP

PSSS 中分解组件的最便携的方法是将它们划分为对应于硬件设备的 UoP。图 4-38 展示了 4 种不同的 UoP 划分方式。

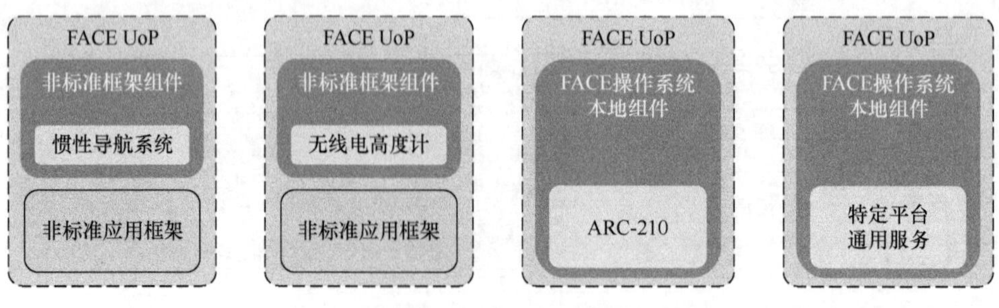

图 4-38　PSSS UoP 示例

首先，基于非标准框架的 UoP 配置可以包含特定的硬件设备组件，如嵌入式 GPS 惯性导航系统（Embedded GPS/Inertial，EGI）设备。这种配置在非标准应用框架中实现，确保 EGI 设备的功能可以在不同的平台上进行便携式部署和管理。

其次，另一种基于非标准框架的 UoP 配置包括 RadAlt（Radar Altimeter）设备。与 EGI 设备类似，RadAlt 设备在非标准应用框架中实现，使其能够在各种平台上灵活部署，满足不同的应用需求。

然后，基于 FACE 操作系统本地组件的 UoP 配置（如 ARC-210 通信设备）确保 ARC-210 设备能够在标准化的 FACE 操作系统环境中运行，提供一致的接口和功能，实现跨平台的便携性和互操作性。

最后一种配置也是基于 FACE 操作系统本地组件的 UoP 配置，提供了特定平台通用服务。这种配置不仅支持特定硬件设备，还能够提供特定平台通用服务，确保系统的扩展性和灵活性。

4.6.4　UoP 打包

尽管 UoP 完全存在于单个 FACE 段和单个分区中，UoP 仍可以打包在一起，以创建跨越段边界的单个软件逻辑实体，如图 4-39 所示。软件逻辑实体可以是二进制可执行文件、目标代码或源代码。

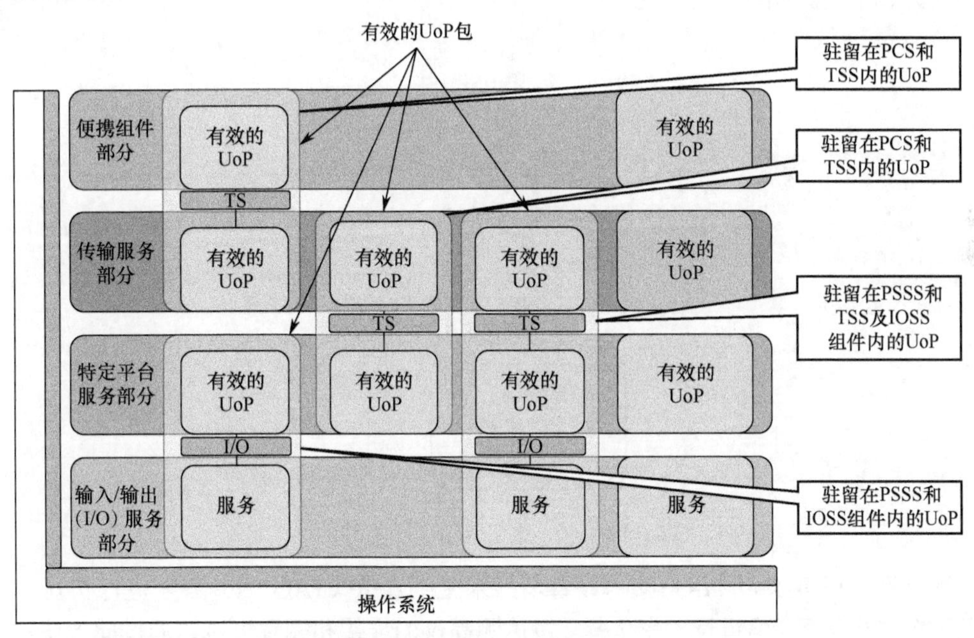

图 4-39　合法的 UoP 打包方式

需要注意的是，PCS 和 PSSS 内的 UoP 不允许驻留在同一个 UoP 包中。也就是说，即使将多个 UoP 打包在一起，仍会对每个 UoP 单独执行一致性测试，而不是对整个 UoP 包执行一致性测试。

UoP 打包是关于如何销售软件的商业决策。有效的 UoP 可以打包为有效的 UoP 包，但是这并不能确保有效的 UoP 一起很好地完成其指定功能。UoP 包必须以一种更有效、更聪明的方法实现所需的功能。

4.7　基于 FACE 架构的数字地图管理器案例分析

数字地图（DigMap）是一种应用软件，是用于提供给定位置的地图或地形的数字图像。飞行员使用它进行态势感知（SA）。

在实例场景中，数字地图应用程序接收数字地形高程数据（DTED）和导航数据（高度、航向、空速、纬度/经度），并在 CDS（座舱显示系统）上提供数字地图图像。本场景在数据传输设备（Data Transfer Device，DTD）已经加载到飞机上之后开始，不包括飞行前和飞行后的操作。

4.7.1　运行视图

用户通过与用户界面设备的交互，可以连接并配置各种航空电子设备的运行参数，如图 4-40 所示。通过这种交互，用户能够更改 EGI 的运行配置和源选择，也可以调整大气数据计算机的操作配置和源选择。类似地，用户能够通过用户接口设备与甚高频全向无线电测距仪（VOR）、测距设备（DME）和仪表着陆系统（ILS）进行连接，进而更改这些设备的运行配置数据、信源、信道和频率选择。

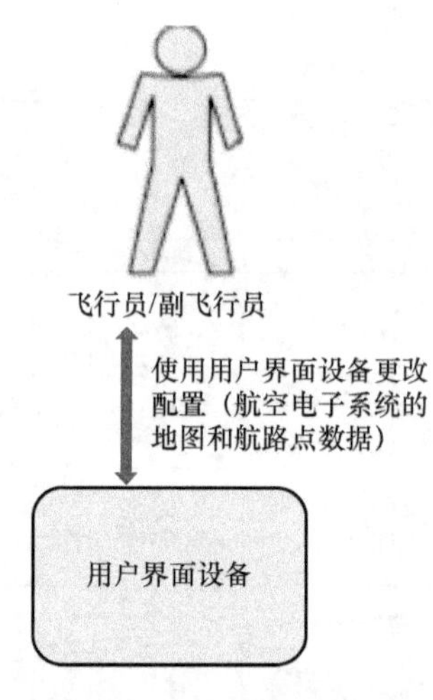

图 4-40　数字地图运行视图

此外，用户还可以通过用户接口设备与战术空中导航（TACAN）系统进行交互，修改其运行配置数据和信源、信道及频率选择。雷达测高仪的连接和配置也可以通过此方法实现，用户能够调整雷达测高仪的操作配置数据，包括信源、信道和频率选择。

用户界面还允许通过用户界面设备与 DTD 进行交互，加载预设和配置文件，并保存操作配置文件。用户可以通过显示屏上的面板控制叠加、数字地图源、地图类型和配置来进行操作与调整。通过这些交互方式，用户可以灵活地控制和配置各种航空电子设备的运行参数，提升系统的灵活性和用户体验。

4.7.2　功能视图

图 4-41 展示的视图在 DTD 加载到飞机上之后开始，不包括飞行前和飞行后的操作步骤。

在飞机上加载 DTD 后，飞行员首先通过用户界面设备与 DTD 进行交互，以访问航空电子系统数据；接着，在飞行过程中，飞行员可以通过用户界面设备对航空电子系统数据进行实时更改；最后，飞行员通过用户界面设备将更改后的航空电子系统数据保存回 DTD。整个过程确保了飞行期间航空电子系统数据的实时管理和更新。

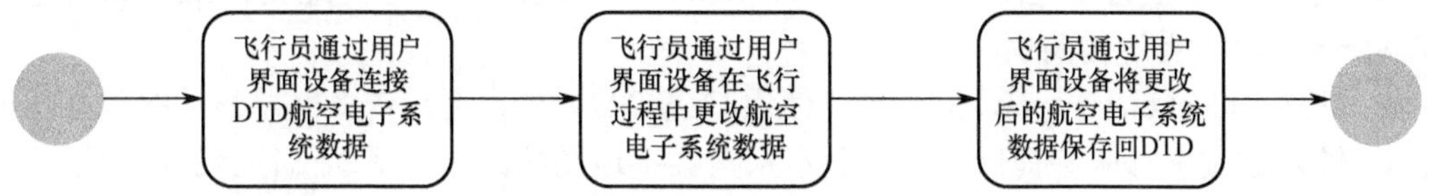

图 4-41　数字地图功能视图

4.7.3　物理视图

数字地图物理视图如图 4-42 所示。

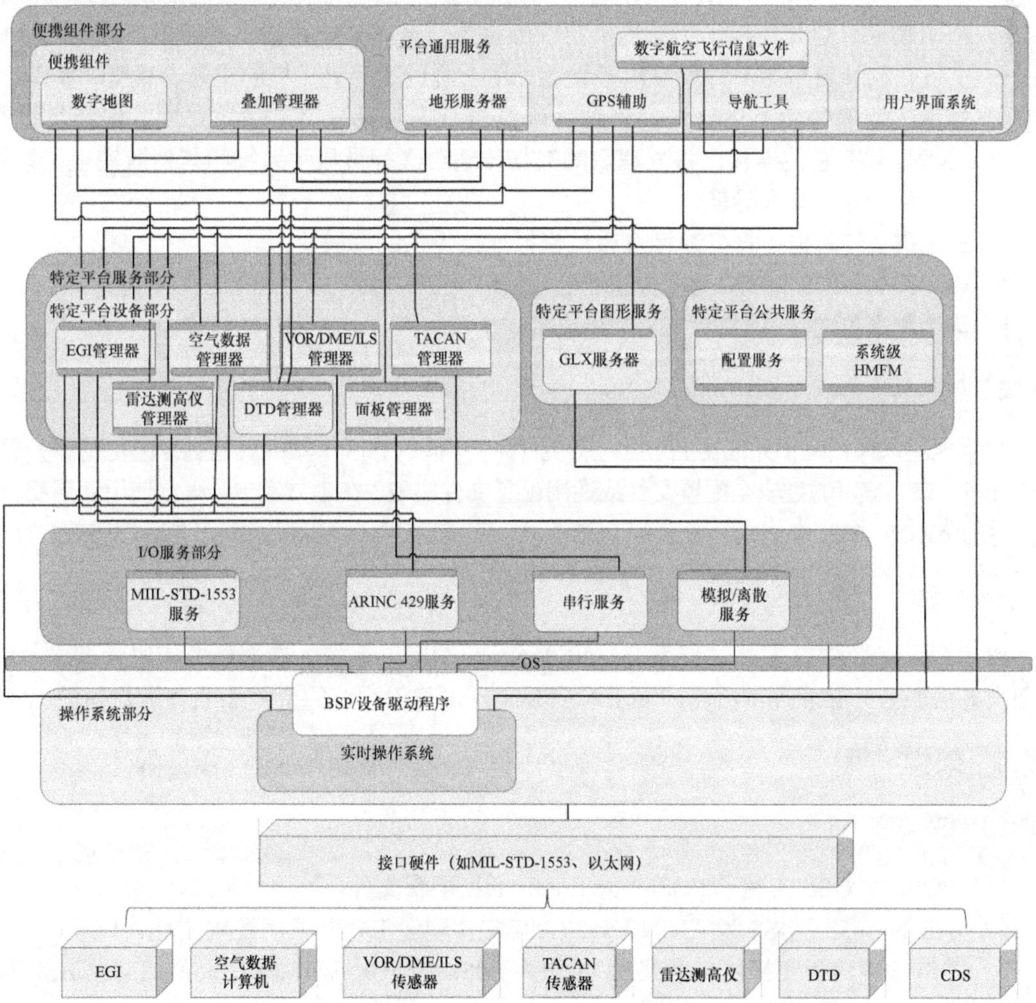

图 4-42　数字地图物理视图

4.7.4 前提假设

1）设备

本实例场景中的设备包括 CDS、DTD、EGI、空气数据计算机、VOR/DME/ILS 传感器、TACAN 传感器和雷达测高仪。

- CDS（Cockpit Display System）使用 OpenGL 协议，通过以太网总线连接，显示器的输入通过串行服务提供，用于显示来自数字地图的数据，帮助飞行员更好地了解当前的飞行态势。
- DTD（Data Transfer Device）指的是用于在硬件设备之间传输数据的设备或接口，如 USB 接口、串口、以太网接口等，可以用于连接数字地图软件与其他硬件设备，以传输和接收数据。
- EGI（Embedded GPS/INS）作为嵌入式 GPS/惯性导航系统，通过 MIL-STD-1553 和 ARINC 429 总线连接，用于提供精确的位置信息和导航数据，支持数字地图的功能。
- 空气数据计算机是一种航空电子设备，用于测量和计算飞机的空速、高度、垂直速度、外界气温等参数。飞行员使用这些数据进行态势感知（SA）。空气数据计算机通过 ARINC 429 总线连接，将处理后的数据传输给飞行员显示系统和其他航空电子系统，以支持飞行控制和导航。
- EGI 和空气数据计算机都接收通过模拟连接提供的离散输入。
- VOR/DME/ILS 和 TACAN 传感器通过 MIL-STD-1553 总线连接。
- 雷达测高仪通过 ARINC 429 总线连接。

2）软件简介

数字地图软件在两个处理器上运行，分为 11 个不同的分区，其中一些空分区可用于扩展和未来开发。该方案可通过安全配置文件或通用配置文件实现。在本方案中，假定使用通用配置文件，并与 ARINC 653（APEX）分区和 POSIX 分区一起使用，以确保系统的灵活性和兼容性。

3）性能

EGI（嵌入式 GPS/惯性导航系统）和 ILS（仪表着陆系统）有严格的实时性要求；UIS（用户界面服务）必须提供适当的人工响应时间，以确保系统的整体性能和用户体验。

4.7.5 架构环境

1）OSS

（1）POSIX：OSS 实现了 POSIX 的 FACE 通用配置文件。

（2）ARINC 653：OSS 为 ARINC 653 (APEX)实现了 FACE 通用配置文件。

（3）BSP（电路板支持包）/设备驱动程序：OSS 为 MIL-STD-1553 提供相应的 BSP 和/或设备驱动程序，包括以下接口。

- 设备驱动程序：为不同硬件提供基础的驱动支持。
- ARINC 429：为 ARINC 429 标准提供通信支持。

- 以太网：支持基于以太网的通信接口。
- 离散 I/O 接口：支持离散输入/输出的硬件接口。

2）IOSS

（1）MIL-STD-1553 服务：定义了 BSP 与通过 MIL-STD-1553 总线连接的平台设备软件组件之间的接口。

（2）ARINC 429：提供 ARINC 429 标准的输入/输出服务，确保航空电子设备之间的可靠通信。

（3）串行服务：定义了 BSP 与通过串行总线通信的软件组件之间的接口。

（4）模拟/离散服务：提供了模拟和离散信号的输入/输出服务，支持不同类型的传感器和执行器的接口需求。

数字地图 IOSS 如图 4-43 所示。

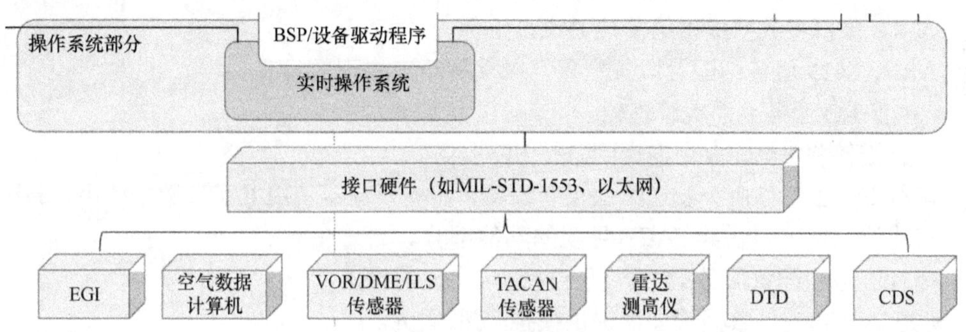

图 4-43 数字地图 IOSS

3）I/O 接口

数字地图 I/O 接口如图 4-44 所示。

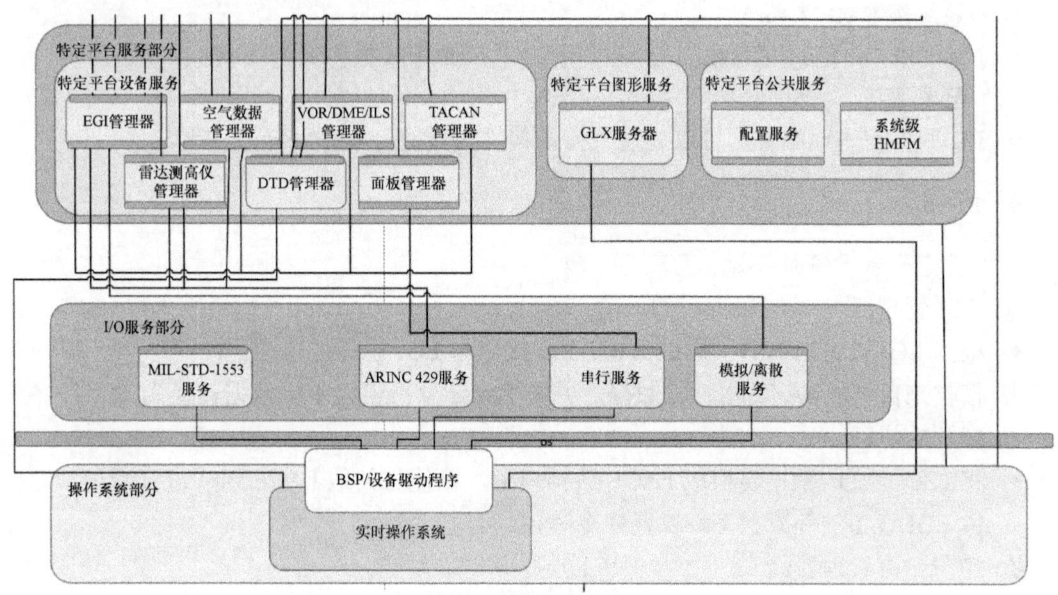

图 4-44 数字地图 I/O 接口

（1）为 EGI、VOR/DME/ILS 和 TACAN 管理器提供的 MIL-STD-1553 通信服务。

MIL-STD-1553 通信服务根据相关的 MIL-STD-1553 ICD，向 BSP 中的 MIL-STD-1553 设备驱动发送/接收 EGI、VOR/DME/ILS 和 TACAN 数据。

（2）为 EGI、VOR/DME/ILS 和 TACAN 管理器提供的 MIL-STD-1553 I/O 服务。

- MIL-STD-1553 I/O 服务发送/接收数据到相应的管理器，管理器使用 FACE 数据模型，通过 TS 接口将数据提供给其他 FACE 组件。
- MIL-STD-1553 I/O 服务由配置服务配置，以支持给定实现的设备。

（3）为 EGI、雷达测高仪和空气数据管理器提供的 ARINC 429 通信服务。

- ARINC 429 通信服务向 BSP 中的 ARINC 429 设备驱动发送/接收 EGI、空气数据计算机和雷达测高仪数据。
- ARINC 429 通信服务发送/接收数据到相应的管理器，管理器使用 FACE 数据模型，通过 TS 接口将数据提供给其他 FACE 组件。
- ARINC 429 服务由配置服务配置，以支持给定实现的设备。

（4）串行 I/O 服务到面板管理器。

- 串行连接将 Bezel 命令发送到串行 I/O 服务。
- 串行 I/O 服务将命令发送给面板管理器，面板管理器使用 FACE 数据模型，通过 TS 接口将这些输入提供给 FACE 环境的其他部分。
- 串行服务由配置服务配置，以支持给定实现的设备。

（5）为 EGI 和空气数据管理器提供模拟/离散服务。

- 模拟/离散 I/O 服务向 BSP 中的模拟和离散设备驱动程序请求数据。
- 模拟/离散 I/O 服务将命令发送给 EGI 和空气数据管理器，EGI 和空气数据管理器使用 FACE 数据模型，通过 TS 接口将这些输入提供给 FACE 环境的其他部分。
- 模拟/离散服务由配置服务配置，以支持给定实现的设备。

（6）系统级 HMFM ↔ *。

- IOS 中的所有服务都通过 I/O 接口向系统级 HMFM 报告其健康状态。

（7）配置服务 ↔ *。

- I/O 服务在本地配置，可以通过直接访问文件或进行数据编译来实现。

4）PSSS

（1）特定平台设备服务。

① EGI 管理器。

- 根据 EGI 设备的 ICD，通过 FACE I/O 接口与 EGI 设备进行通信。
- 接收来自其他 FACE 组件的数据，并将 FACE 数据模型中的数据转换为 EGI 设备能够理解的信息。
- 将 ICD 定义的数据转换成 FACE 数据模型，以便与其他 FACE 组件进行通信，包括提供 EGI 设备的健康状态，以及命令和控制。

② 空气数据管理器。

- 根据空气数据计算机的 ICD，通过 FACE I/O 接口与空气数据计算机进行通信。

- 接收来自其他 FACE 组件的数据，并将数据转换为空气数据计算机能够理解的数据格式和信息。
- 将 ICD 定义的数据转换成其他 FACE 软件组件能够理解的数据格式和信息，包括提供空气计算机的健康状态，以及对空气数据计算机的命令和控制与所管理的设备状态。

③ 雷达测高仪管理器。

- 根据雷达测高仪的 ICD，通过 FACE I/O 接口与雷达测高仪进行通信。
- 接收来自其他 FACE 组件的数据，并将 FACE 数据模型的数据转换成雷达测高仪可以理解的信息。
- 将 ICD 定义的数据转换成 FACE 数据模型，以便与其他 FACE 组件进行通信，包括提供雷达测高仪的健康状态，以及对雷达测高仪的命令和控制。

④ TACAN 管理器。

- 根据 TACAN 传感器的 ICD，通过 FACE I/O 接口与 TACAN 传感器进行通信。
- 接收来自其他 FACE 组件的数据，并将 FACE 数据模型中的数据转换为 TACAN 传感器能够理解的信息。
- 将 ICD 定义的数据转换成 FACE 数据模型，以便与其他 FACE 组件进行通信，包括提供 TACAN 传感器的健康状态，以及对 TACAN 传感器的命令和控制。

⑤ VOR/DME/ILS 管理器。

- 根据 VOR/DME/ILS 传感器的 ICD，通过 FACE I/O 接口与 VOR/DME/ILS 传感器进行通信。
- 接收来自其他 FACE 组件的数据，并将 FACE 数据模型的数据转换成 VOR/DME/ILS 传感器能够理解的信息。
- 将 ICD 定义的数据转换成 FACE 数据模型，以便与其他 FACE 组件进行通信，包括提供 VOR/DME/ILS 传感器的健康状态，以及对 VOR/DME/ILS 传感器的命令和控制。

⑥ DTD 管理器。

- 使用以太网与 DTD 进行通信。
- 接收来自其他 FACE 组件的数据，并将来自 FACE 数据模型的数据转换成 DTD 能够理解的信息。
- 将 DTD 的输入转换成 FACE 数据模型，以便与 FACE 环境中的其他软件组件进行通信，包括提供 DTD 的健康状态，以及对 DTD 和被管理设备状态的命令和控制。

⑦ 面板管理器。

- CDS 软件组件的网关。
- 了解平台 CDS 的数据规格。
- 为软件组件提供数据的通用解释。
- 监控和管理 CDS 的健康状态。
- 通过 TS 接口与其他软件组件进行通信。

（2）特定平台图形服务。

① X 窗口系统的 OpenGL 扩展（GLX）服务器为客户端软件组件在 CDS 上显示基于

OpenGL 的信息提供了一个标准化接口。

② GLX 服务器允许 CDS 显示与 PCS 组件分离。OpenGL 命令被序列化并作为数据包传输到远程显示网络位置。当目标显示管理器收到这些命令时，将其去序列化并传递给本地显示驱动程序。

③ 平台公共服务根据系统要求为其他 FACE 段提供通用服务。

④ 特定平台通用服务支持配置服务和系统级健康监控。

5）TSS

在这种实现中，不需要任何组件来处理 TS。TS 接口在 TS 库中实例化，TS 库包含特定传输机制的业务逻辑。数字地图 TSS 如图 4-45 所示。

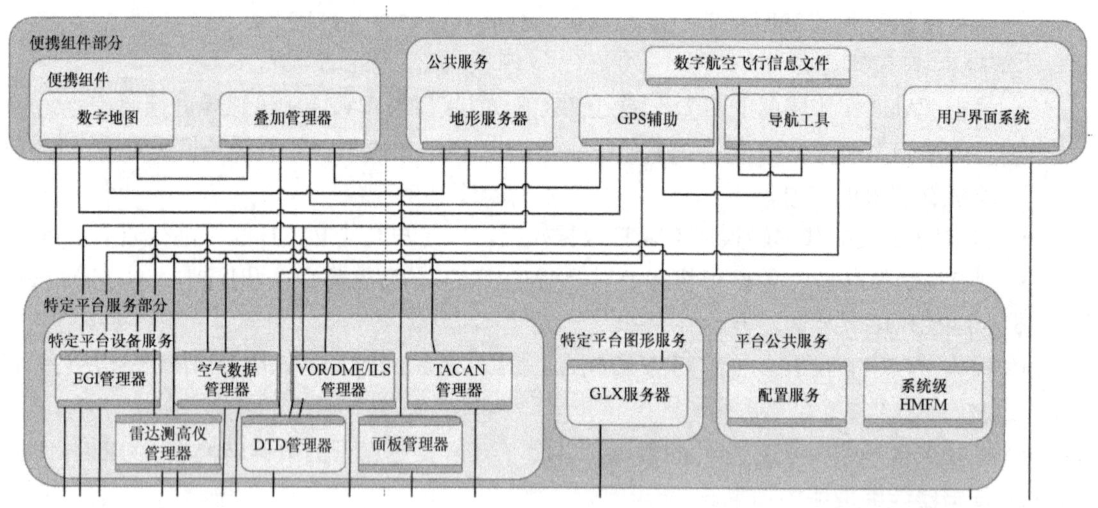

图 4-45　数字地图 TSS

6）TS 接口 PSSS ↔ PCS

TS 接口在 PSSS 和 PCS 之间起到关键的桥梁作用，确保不同服务和管理器之间的数据传输与通信。以下是 TS 接口在 PSSS 和 PCS 之间的具体应用与解释。

- 系统级 HMFM ↔ * 配置服务 ↔ * ：PCS 和 PSSS 中的所有便携式应用程序、管理器和服务都将健康状态传递给系统级 HMFM，并通过 TS 接口从配置服务接收配置数据。
- GLX 服务器 ↔ 数字地图：数字地图通过 TS 接口，使用 X11 字节流与 GLX 服务器进行通信。这样，GLX 服务器能够处理来自数字地图和叠加管理器的图形命令，并在 CDS 上进行正确的显示。
- TACAN 管理器 ↔ 导航程序：Navigation Utilities 组件通过 TS 接口与 TACAN 管理器进行通信。
- 面板管理器 → 叠加管理器：面板管理器通过 TS 接口将面板输入信息传递给叠加管理器，确保用户在 CDS 中的输入能够被正确处理和显示。
- VOR/DME/ILS 管理器 ↔ 导航工具：Navigation Utilities 组件通过 TS 接口与 VOR/DME/ILS

管理器进行 VOR/DME/ILS 输入信息的通信。

- DTD 管理器 ↔ UIS（用户界面系统）、DAFIF（数字航空飞行信息文件）、地形服务器、数字地图：DTD 管理器通过 TS 接口与 UIS、DAFIF、地形服务器和数字地图进行通信，确保这些系统能够有效地交换数据和配置信息。
- 空气数据管理器→地形服务器、导航工具：空气数据管理器通过 TS 接口与地形服务器和导航工具进行通信。
- 雷达测高仪管理器→地形服务器，导航工具：雷达测高仪管理器通过 TS 接口将数据传输给地形服务器和导航工具。
- EGI 管理器→地形服务器、导航工具、GPS 辅助系统：EGI 管理器通过 TS 接口与地形服务器、导航工具和 GPS 辅助系统进行通信。
- 地形服务器→ 数字地图、叠加管理器：地形服务器通过 TS 接口将地形数据传输给数字地图和叠加管理器，确保地图和地形信息的准确显示。
- GPS 辅助系统→地形服务器、数字地图、导航工具：GPS 辅助系统通过 TS 接口将 GPS 数据传输给地形服务器、数字地图和导航工具，确保位置信息的实时更新和使用。
- DAFIF 系统→导航工具：DAFIF 系统通过 TS 接口将数字航空飞行信息传输给导航工具。

7）PCS

① 便携式应用。

- 数字地图：一款便携式应用程序，可在输入地形和 GPS 数据的情况下渲染地图并发送至 GLX 服务器。
- 叠加管理器：一款便携式应用程序，可在输入地形和 GPS 数据的情况下提供导航和传感器数据。

② 公共服务。

- DAFIF 服务：提供机场和导航辅助数据，这些数据来自 DTD 管理器给定的自有位置和输入。
- 地形服务器：提供便携式应用程序所需的转换工具和处理过的 DTED 数据。
- GPS 辅助服务：对 EGI 提供的背景 GPS 数据进行航向和空速平滑处理。该实用程序从 PSSS 接收背景 GPS 数据、航向、空速、高度、地面速度等数据，并创建一个平滑的解决方案，供其他通用服务或便携式应用程序使用。
- 导航工具：提供转换程序和所有权位置计算的服务，以及便携式应用程序所需的其他应用程序。
- UIS：负责向 DTD 管理器发送所需的数据。首先，从各种传感器、系统组件和用户输入中收集数据，并对这些数据进行预处理和格式化；然后，UIS 通过定义好的接口调用，将处理后的数据发送到 DTD 管理器，使用适当的通信协议（如 MIL-STD-1553、ARINC 429 等）确保数据可靠传输。另外，UIS 还监控数据传输的状态、处理传输过程中出现的错误，并接收 DTD 管理器的确认信息，确保数据已成功传输。必要时，UIS 还会向用户提供传输状态和错误信息的反馈。

数字地图 PSSS 与 PCS 接口如图 4-46 所示。

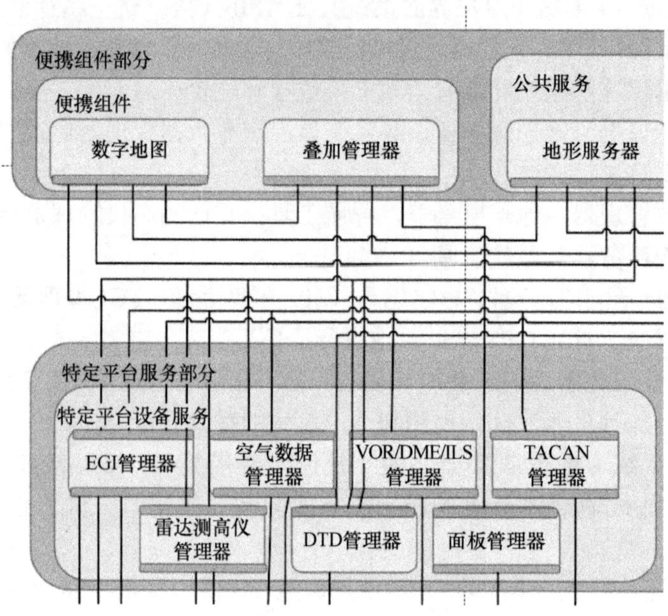

图 4-46　数字地图 PSSS 与 PCS 接口

第 5 章　航空电子系统数据架构

FACE 数据架构是 FACE 技术标准的关键组成部分，其关键作用是应对软件系统不断增长的复杂性。系统复杂性在未来 20 年预计增长 10 倍，现有数据架构难以满足更高的可靠性、安全性需求，迫切需要新的集成方法来提高效率、促进软件复用，以此提升系统的可靠性、缩减开发周期和降低成本。FACE 数据架构可以提供明确无歧义的工程设计规范，对于设计系统和开发互操作的 UoP 至关重要。这种数据架构模型允许通过复用数据模型组成元素来简化系统开发和集成过程，确保数据和接口设计的清晰性，从而便于组件的集成。FACE 数据架构由一个高级架构模型下的层次结构组成，旨在通过将上下文和细节分解为更小的模型来简化模型开发，并在每个级别提高元素的可复用性。它详细定义了数据的类型、单位、精度、参考框架及实体和关系的语义，实现了组件间的信息共享和互操作性。

FACE 数据架构包括数据模型语言、一个共享的标准数据模型（SDM）、一致性政策及相应的数据模型兼容性测试套件（CTS）。数据模型语言定义数据的语法和语义，使用 EMOF（Essential Meta-Object Facility）元模型语言作为基础，并用对象约束语言（OCL）定义约束，以此来规定模型组成元素的构建、交互，以及软件代码生成的结构和规则。FACE 数据架构主要分为 4 个核心模型：数据模型、UoP 模型、集成模型和可追溯性模型。

（1）数据模型专注于分解由 UoP 端口交换的信息，为 UoP 的操作上下文提供以数据为中心的视图，提高 UoP 的可维护性、可重用性和互操作性。数据模型将语义数据模型与消息模型分离，消息模型字段只需映射到语义数据模型组成元素。该方法比传统的基于类的设计更具有优势，传统的类通常需要将特定的类结构用于消息，集成时需要对现有软件组件进行完全重写以实现互操作性，而 FACE 数据模型则可以通过消息模型的映射，实现模型中部分元素和部分元素的各种组合，从而实现软件组件的互操作性。FACE 数据架构有助于识别在由多个供应商的软件组成的系统的开发/集成期间经常发现的水平接口不匹配问题。FACE 数据架构的另一个潜在优势是通过复用共享数据模型组成元素来缩短开发/集成时间。

（2）UoP 模型定义软件组件和接口，将数据模型与 FACE 技术标准联系起来，捕获关于 UoP 特征化的元数据，包括要求、定义的接口和传输服务集成的需求。

（3）集成模型使用 FACE 数据模型语言解决 UoP 之间的集成问题。这种模型提供了一种机制，用于描述两个或多个 UoP 之间的 TSS 集成细节。它包含描述数据传输的连接性、路由和数据格式转换，记录数据交换的过程、视图转换和 UoP 集成。这种模型依赖 UoP 模型视图表示连接数据，使系统集成商能够处理 FACE 兼容组件的集成。

（4）可追溯性模型提供从 FACE 数据架构内容到外部源的可追溯性。在这个模型中，每个可追溯元素都可以引用外部文档或模型，以提供额外的上下文，包括端口、连接、抽象 UoP、实体、视图和查询等元素，每个元素都可能链接到外部源，允许将端口和抽象 UoP 元素分组到 UoP 可追溯性集中，以便整体追溯到一个或多个外部源。

FACE 数据架构的优势概括如下。

（1）明确规定数据元素和 UoP 之间交换的信息，消除歧义。

（2）通过 SDM、特定领域数据模型（DSDM）和 UoP 提供的模型（USM）实现数据模型组成元素的复用。

（3）通过复用降低数据模型和软件组件的开发成本并缩短开发周期。

（4）通过明确规定 UoP 之间交换的信息降低集成成本并缩短集成周期。

5.1 数据模型语言

5.1.1 数据模型

FACE 数据架构将 FACE 数据模型分为 3 个层级：概念数据模型（Conceptual Data Model，CDM）、逻辑数据模型（Logical Data Model，LDM）和平台数据模型（Platform Data Model，PDM）。该类分层模型逐步定义数据，通过分离关注点促进数据模型在不同层级上的复用。数据建模过程首先关注开发领域的概念，随后详细展开为逻辑层和平台层，直至明确 UoP 之间交互的数据。3 个层级均包含实体、关联和视图模型组成元素。其中，实体和关联元素通过特性与实体间的关系提供数据元素的语义描述，视图元素描述了 UoP 能够发送或接收的数据集。

5.1.1.1 CDM

CDM 由实体、特征和关联组成，这些实体、特征和关联用于定义它们之间的概念与语义环境。CDM 包含了领域（Domain）、基础实体（BasisEntity）、可观察对象（Observables）、实体（Entity）、关联（Association）和视图（Query）等元素。这些元素使得建模者能够定义应用需求的概念、它们的特征，以及它们之间的关系。应用需求中的事物或概念由 CDM 中的基础实体来表示。关联是实体的一种特殊形式，是两个或多个实体之间的关系。可观察对象是可以被观察和测量的事物的属性，如大小、角度、数量、位置或质量，这些属性不仅限于物理特性，还可以是任务的标识符或飞机的尾号等非物理特性。例如，可观察对象为唯一标识事物属性的标识符，用于描述事物的种类和特征的信息元素、数量和分辨率等的计数，或者描述诸如位置、质量、发光强度等可用单位测量的属性等。CDM 的价值在于其表示的抽象级别，以及它提供了每个实体/关联的定义。

5.1.1.2 LDM

LDM 包含多种元素，如测量系统、测量属性、值类型、枚举、单位、约束、转换、实体、关联和视图（查询）。LDM 进一步对 CDM 定义的概念——可观察对象、实体、关联和视图进行了细化，从概念层面到逻辑层面的细化过程包括以下几个。

（1）将可观察对象细化为测量，这涉及指定值的类型（如实数、整数）、单位（如米、英尺），以及测量系统（如 WGS-84、ECEF）模型的参考框架。

（2）确定哪些概念实体和关联的特征组合及参与者应该被包括在实体/关联的逻辑表示中。

（3）选择哪些测量和实体用于定义实体/关联的特征组合的类型。

（4）当一个实体/关联需要多种逻辑设计时，决定是否需要对特征进行多次细化。

（5）通过增加选择标准的详细信息来细化视图。

LDM 的优势在于其具体性和实用性，这对于系统集成商和软件开发者尤其重要。然而，在逻辑层面，由于 LDM 选择了特定的实体/关联特征和测量，因此模型的可复用性有所下降。

5.1.1.3　PDM

PDM 由实体、特征及关联组成，包括 IDLPrimitive、IDLStruct、Precision、实体、关联、View（模板和查询）等元素。PDM 实现 LDM 中相应的定义，大多数 PDM 元素都是作为 LDM 元素对应物的实现来建模的，细化 LDM 中定义的逻辑度量、实体和关联。在 PDM 中，提供细节（如数据类型和精度）以表示特征。例如，将逻辑度量、度量轴和值类型单元细化为 IDL 类型（IDLPrimitives 和 IDLStructs），以定义它们的结构和物理数据类型。PDM 支持的 IDLPrimitives 对应接口定义语言（Interface Definition Language，IDL）数据类型，包括 IDLSequence、IDLArray、Boolean、Octet、Char、String、BoundedString、CharArray、枚举、Short、Long、LongLong、Double、LongDouble、Float 和 Fixed。FACE 技术标准提供了 PDM 到 IDL 的绑定和映射到每种支持的编程语言。平台（物理）模型通过允许每个逻辑元素扩展到计算平台的细节，单个 LDM 元素可以由多个 PDM 元素来实现以支持各种平台特定的计算处理表示。

FACE 数据模型语言绑定规范定义了从 PDM 元素到 FACE 支持的各种编程语言的数据结构的映射规则。从 PDM 映射到编程语言主要分为两个阶段：第一阶段，从 PDM 映射为接口定义语言；第二阶段，从 IDL 映射为编程语言，如图 5-1 所示。

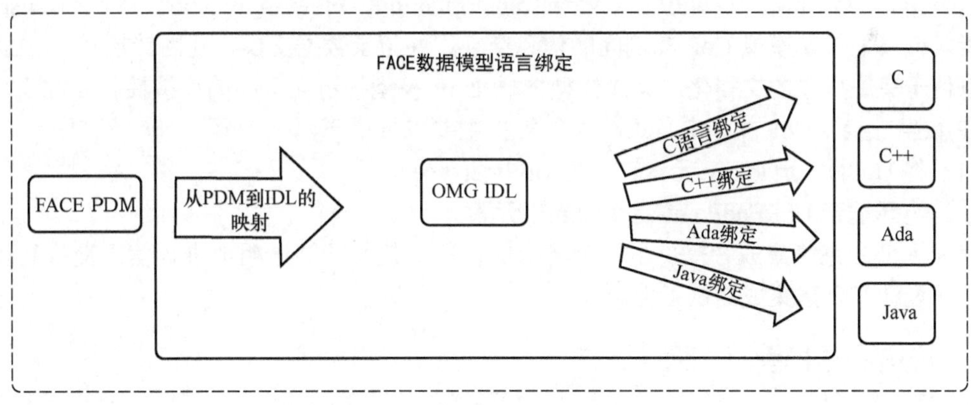

图 5-1　从 PDM 映射到编程语言的过程

5.1.2　UoP 模型

UoP 模型包括 AbstractUoP（抽象可移植性单元）、UnitOfPortability（可移植性单元）、ComponentFramework（组件框架）、PubSubConnection（发布/订阅连接）、ClientServerConnection（客户端/服务器连接）和 Thread（线程）等元素。该模型旨在以数据和通信特征的形式定义 UoP 的消息接口。

消息接口被指定为 UoP 上的端口，每个端口引用 PDM 中的视图来指定其消息类型。在 PDM 中指定的视图被 UoP 引用为通过 TSS API 传输的消息。UoP 模型中定义的端口是逻辑端口的表示，不需要对应 TSS 配置中定义的连接。UoP 模型提供了关于 FACE UoP 的接口、通信和实现细节的描述，这些信息在集成过程中极为重要，UnitOfPortability 可以实现为 UoPInstance。FACE 数据架构实现过程如图 5-2 所示，展示了数据模型的不同阶段和相关概念，以及它们之间的转换关系。CDM 和 PDM 不依赖任何特定平台，是平台独立的模型。PDM 是针对特定平台设计的数据模型。图 5-2 中的箭头表示了数据模型从概念到逻辑，再到平台的转换过程，以及通过代码生成实现数据模型。图 5-2 对数据模型化过程中的不同阶段进行了概括，强调了从抽象到具体实现的逐步细化，以及不同阶段之间的转换和关联。

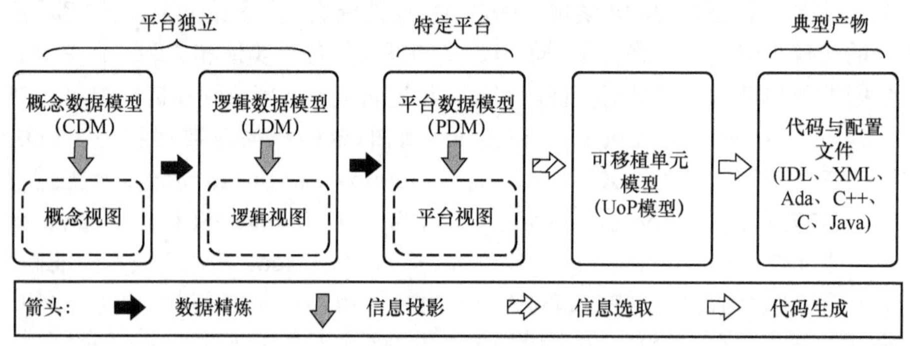

图 5-2　FACE 数据架构实现过程

5.1.3　集成模型

集成模型涵盖 UoPInstance、TransportChannel、IntegrationContext-TransportNode（包括 ViewSource、ViewSink、ViewFilter、ViewTransformation、ViewAggregation、ViewTransporter）等元素。该模型旨在模拟 UoP 实例间的信息交换，并记录数据交换、视图转换及 UoP 集成过程，以便于集成成果的文档化。集成模型依托 UoP 模型描述元素间的连接性，专注于详细记录 UoP 数据交换。UoP 模型向集成模型的转换主要包括以下两个步骤。

（1）将 UnitOfPortability 元素转化为 UoPInstance 元素。

（2）选择适合 UoPEndPoint 元素的连接元素。

集成模型为系统集成者提供了一个清晰的视图，使其能够透明地进行信息交换和视图转换，进而设计和创建集成测试工件。

5.1.4　可追溯性模型

可追溯性模型覆盖可追踪元素（TraceableElement）、追踪点（TraceabilityPoint）、UoP 追踪集（UoPTraceabilitySet）和连接追踪集（ConnectionTraceabilitySet），定义来自以下模型组成元素的一个或多个追踪点。

（1）CDM：包括实体和视图。

（2）LDM：包括实体和视图。

（3）PDM：包括实体和查询视图。

（4）UoP 模型：包括抽象 UoP、抽象连接、UoP 和连接。

（5）可追溯性模型自身：包括 UoP 追踪集和连接追踪集。

可追溯性模型的应用之一是为链接到外部源的信息提供额外的细节或上下文；另一应用是实现不同工具间模型的映射，如将 FACE 数据模型组成元素映射到 SysML 模型组成元素。

5.2　共享数据模型

共享数据模型定义了航空领域相关的各种数据模型组成元素（包括概念模型组成元素、逻辑模型组成元素及平台模型组成元素）的属性表示，形成了一个数据模型字典。

SDM（共享数据模型）为所有 USMs（统一服务模型）和 DSDMs（分布式服务数据模型）提供了基础元素集合。它是一个数据元素仓库，允许软件供应商在开发 UoP 时进行利用或扩展。SDM 包含一系列管理元素，为各种数据模型提供共通的构建基础。在概念层面，它定义了可观测量及其逻辑表示——测量的必要单位、测量和坐标系统等信息。完整的 SDM 字典参考 FACE 官方文档 FACE_2.0_Shared_Data_Model_v2.0.3。

第 6 章　开放架构下软件嵌入式系统建模方法

6.1　系统建模方法概述

FACE 为航空电子系统提供了系统架构的标准，从系统角度，将系统功能逐步细化，以各功能或子功能到 FACE 组件的映射方法为线索，提出架构下的层次化、组件化建模方法，具体建模过程如图 6-1 所示。

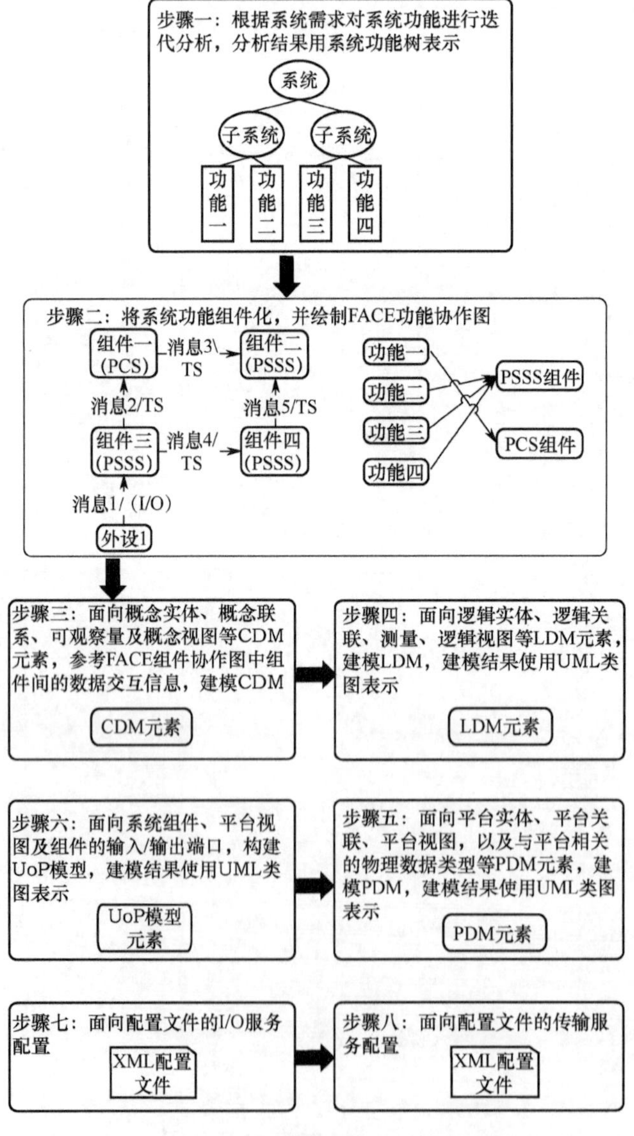

图 6-1　FACE 架构下的具体建模过程

（1）根据系统需求，对系统功能进行划分。首先，通过需求分析识别系统的关键功能，并根据功能间的依赖和交互关系合理划分子系统；然后，将一个子系统划分为若干子系统或功能，一个功能细化为多个子功能，使系统功能尽可能细化，采用多层次的树图（系统功能树）表示法，确保每个节点的功能清晰，父子关系明确，便于后续的组件映射。

（2）将树图中的节点映射为不同类型和用途的 FACE 组件。首先给出 PSSS 组件及 PCS 组件的生成方法，然后确定组件的端口及组件间的消息传输类型，最后采用 UML 协作图对系统建模的组件间通信进行表示，构建 FACE 功能协作图。

（3）对（2）中生成的每个组件的端口及其消息传输类型进行数据建模。每个组件相关的数据建模通过 CDM、LDM、UoP 模型及 PDM 进行逐层、逐级细化，直至给出每个数据实体的详细属性信息及属性的类型。

（4）对（2）中每个 PSSS 组件与外部设备的 I/O 服务进行配置和建模。

（5）对（2）中每个 PSSS 组件与外部设备的 I/O 服务及系统组件（包括 PSSS 组件与 PCS 组件）之间的数据通信的传输服务进行配置和建模。

6.2　系统功能的组件化方法

6.2.1　系统功能分析

根据系统需求，对系统功能进行迭代分析，将最终的系统功能分析结果用系统功能树表示，如图 6-2 所示。

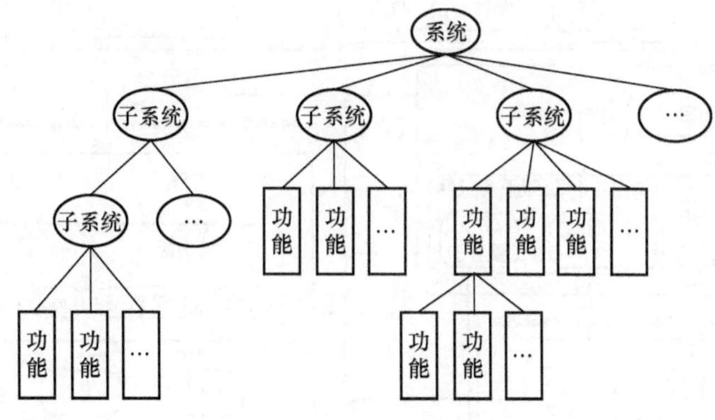

图 6-2　系统功能树

系统功能树包含两种类型的节点：系统节点和功能节点。其中，系统节点分为根节点及子系统节点。一个系统节点可以包含若干子系统节点；一个子系统节点既可以包含子系统节点，又可以包含功能节点；一个功能节点可以包含若干功能节点。系统节点采用椭圆表示，功能节点采用方框表示。

6.2.2　系统功能组件化

（1）将系统功能树中所有的功能节点均映射为系统组件，并根据它是否直接与外部设备交换数据来细化每个系统组件。细化组件时，根据组件需要直接交换数据的外部设备数量确定新增组件数量。

① 当组件不与外部设备直接进行数据交换时，不用新增组件。

② 当组件与一个外部设备直接进行数据交换时，不用新增组件。

③ 当组件与 n 个外部设备直接进行数据交换时，新增 n（n>1）个组件。

（2）FACE 组件包含 PSSS 组件及 PCS 组件。参照系统组件划分规则，对所有系统组件进行划分，划分为 PSSS 组件或 PCS 组件，具体规则如下。

① 若组件直接与外部设备相关，则组件为 PSSS 组件。

② 若组件通过其他系统组件与外部设备间接进行交互，并且这种交互对组件的功能至关重要，则组件为 PSSS 组件。

③ 若组件用于提供系统级状态监控、配置服务、流媒体服务或日志服务，则组件为 PSSS 组件。

④ 若组件用于提供图形相关服务，则组件为 PSSS 组件。

⑤ 其他独立于外部设备，以及在各个平台之间可以直接复用的组件；或者提供通用服务，且与外部设备的交互是次要的或由其他组件驱动的组件，为 PCS 组件。

（3）根据实际应用需求，确定系统中各组件之间交换的数据信息及其传输方向。

（4）确定组件之间的传输方式、组件与外部设备之间的传输方式，以及组件与操作系统之间的传输方式。图 6-3 显示了 FACE 架构及其组件之间的传输接口。

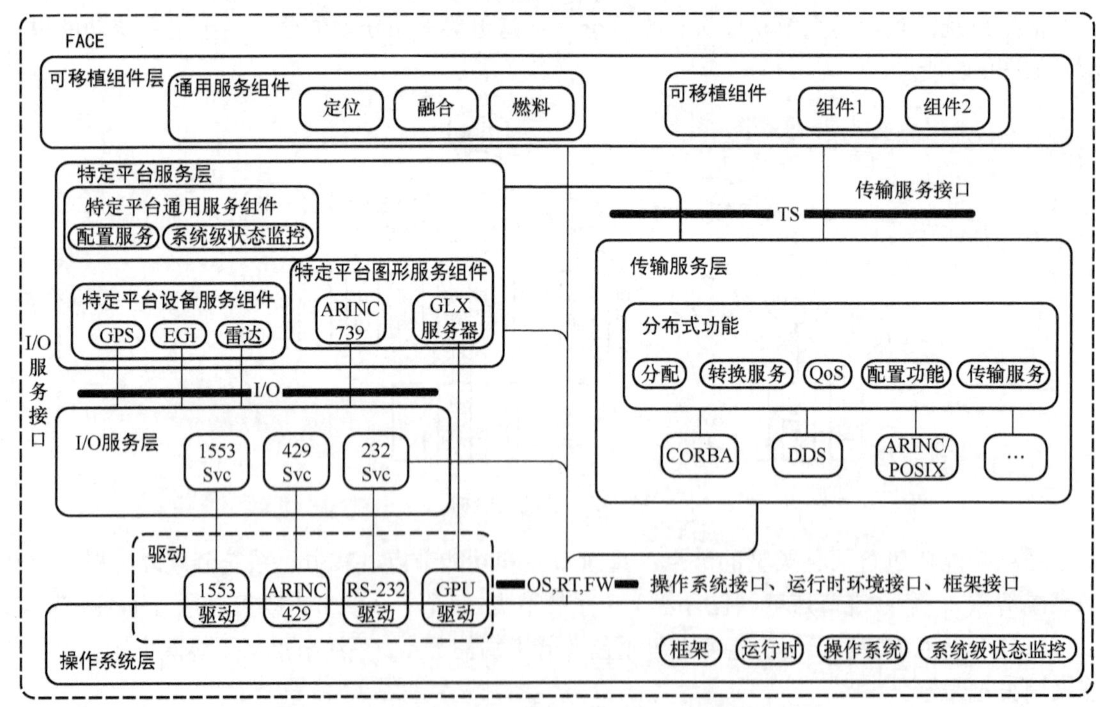

图 6-3　FACE 架构及其组件之间的传输接口

组件、操作系统及外部设备之间的传输方式遵循以下原则。

① PSSS 组件与外部设备之间通过 I/O 服务接口进行传输。

② PSSS 组件之间通过传输服务（TS）接口进行传输。

③ PSSS 组件与 PCS 组件之间通过 TS 接口进行传输。

④ PCS 组件之间通过 TS 接口进行传输。

⑤ PSSS 组件与操作系统之间可通过操作系统（OS）接口、运行时环境（RT）接口或框架（FW）接口进行传输。

（5）系统功能的组件化建模结果用 UML 协作图表示，称为 FACE 组件功能协作图，在引入组件的概念后称为 FACE 组件协作图。图 6-4 给出了一个典型的 FACE 组件协作图。

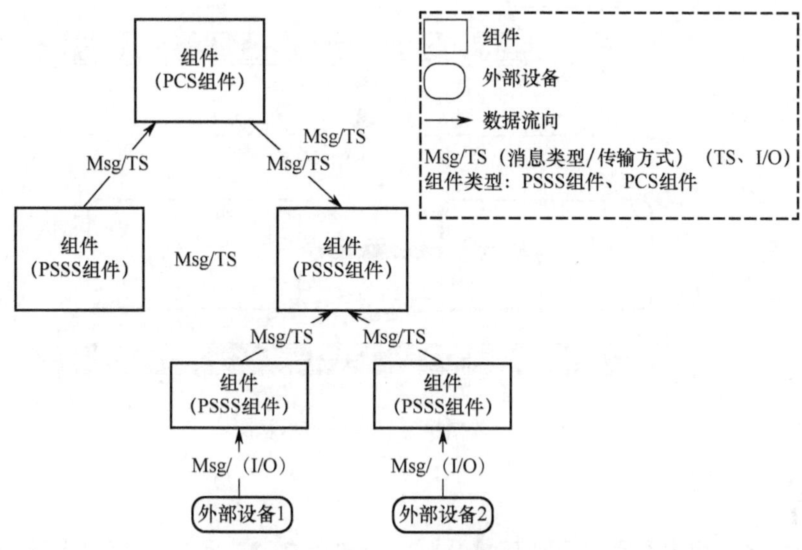

图 6-4　典型的 FACE 组件协作图

FACE 组件协作图包含组件、数据流向、消息类型、传输方式及外部设备，共 5 部分。其中，组件用方框表示，数据流向用带箭头的直线表示，消息类型与传输方式用斜线分隔后标注在直线旁，组件类型标注在组件的方框中并用圆括号括起来，外部设备用圆角方框表示。

6.3　面向组件的端口和消息类型的数据建模

对面向组件的端口和消息类型进行数据建模，实现组件间数据传输消息类型及数据传输端口的定义，将组件间的数据传输消息类型统一，为组件间的数据传输提供有效手段。参考在系统功能组件化建模阶段得到的 FACE 组件协作图，通过为系统的每个组件设计的消息类型及端口进行数据建模，从而实现整个系统的数据建模。组件建模顺序可参考 FACE 组件协作图中的数据流及组件类型，首先对 PSSS 组件中直接与外部设备进行交互的组件进行数据建模，再对其他 PSSS 组件进行数据建模，最后对 PCS 组件进行数据建模。在依次对系统组件进行数据建模的过程中，如果当前建模组件涉及的消息类型已在之前的组件数据建模中构建，那么当前组件可直接引用已建模好的消息类型，而不用重新建模。

每个组件的数据建模主要是对 CDM、LDM、PDM 及 UoP 模型进行逐层细化并建模，具体建模过程分为 4 个阶段：CDM 建模、从 CDM 到 LDM 的建模，从 LDM 到 PDM 的建模、从 PDM 到 UoP 模型的建模，每个阶段的数据模型均采用 UML 类图来展示。图 6-5 所示为数据模型建模过程示意图。

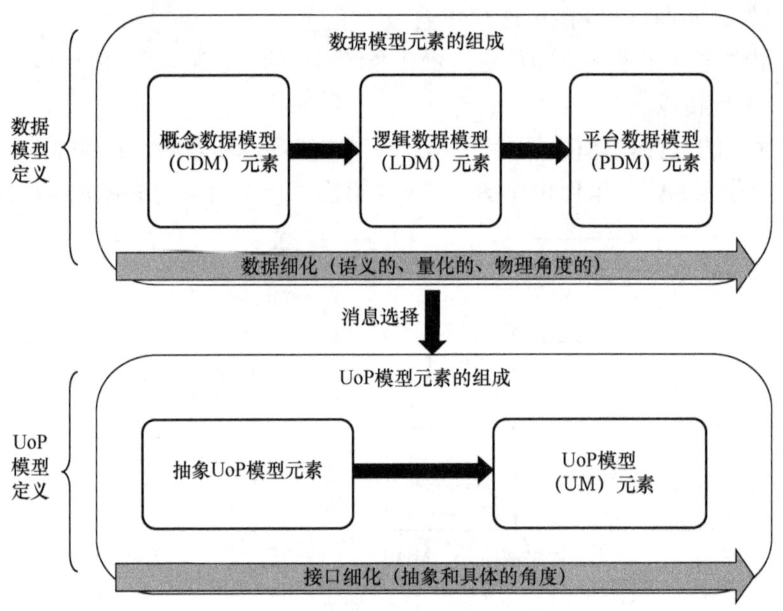

图 6-5　数据模型建模过程示意图

6.3.1　CDM

面向概念实体、概念联系、可观察量及概念视图等 CDM 元素，参考 FACE 组件协作图中组件间的数据交互信息，建立 CDM，建模结果用 UML 类图表示。

CDM 建模方法如下。

（1）创建概念实体。分析 FACE 组件协作图的实际应用场景，确定 CDM 实体个数并创建相应的 UML 类。一般实体个数为该组件与其他组件或该组件与外部设备交互的不同消息类型个数。将每个实体映射为 UML 类图中的一个类。

（2）创建可观察量。分析实体的可观察信息（如高度、方向），确定 CDM 的可观察量并创建相应的 UML 类。将每个可观察量映射为 UML 类图中的一个类。

（3）确定概念实体与可观察量之间的关系。根据实际应用场景，对可观察量进行组合，作为概念实体的属性，完善概念实体。在 UML 类图中，将可观察量的类作为概念实体的类的成员。

（4）确定概念实体间的关系。参考 FACE 组件协作图，分析面向组件的数据流向，并根据组件的输出对输入的依赖关系，确定概念实体之间的关联实体。例如，如果一个输出端口的消息类型 B 依赖输入端口的消息类型 A，则在 UML 类图中，将消息类型 B 对应的概念实体与消息类型 A 建立关联关系。最终，在 UML 类图中，为概念实体的类之间建立依赖关系，以清晰地表示各类之间的关联。

CDM 建模方法的案例分析详见 6.7 节。

6.3.2 LDM

面向逻辑实体、逻辑关联、逻辑测量、逻辑视图等 LDM 元素，通过引入物理平台相关细节来细化 CDM，建立 LDM，建模结果使用 UML 类图表示。LDM 建模方法如下。

（1）创建逻辑测量。根据实际应用中传输的数据信息，为 CDM 的每个可观察量创建一个能够表示它的逻辑测量。根据该逻辑测量的标准组成对每个逻辑测量进行细化。例如，一个表示空间位置信息的可观察量，用 WGS84 坐标系表示；WGS84 坐标系包含 x 轴、y 轴、z 轴，每个轴也需要表示。将每个逻辑测量映射为 UML 类图中的一个类。UML 类图中的逻辑测量类依赖可观察量类。

（2）创建逻辑实体。细化 CDM，为 CDM 中的每个概念实体创建相应的 LDM 实体，实体特征通过引用逻辑测量来表示。将每个逻辑实体映射为 UML 类图中的一个类。UML 类图中的逻辑实体类依赖概念实体类。

（3）创建逻辑视图。通过创建逻辑视图来定义由组件接收和发送的消息内容。将每个逻辑视图映射为 UML 类图的一个类，逻辑视图类依赖概念实体类。

LDM 建模方法的案例分析详见 6.7 节。

6.3.3 PDM

面向平台实体、平台关联、平台视图及与平台相关的物理数据类型等 PDM 元素，通过引入具体计算平台相关的物理细节来细化 LDM，建立 PDM，建模结果使用 UML 类图表示。PDM 建模方法如下。

（1）面向 IDL 数据类型的映射。在构建 LDM 时，需要将每个度量值与相应的物理（平台）测量系统相匹配，并为这些度量值指定明确的物理数据类型。这确保了 LDM 中的度量值都有对应的物理表示。PDM 支持的物理数据类型直接对应 IDL 数据类型（如布尔型、字符型、宽字符型等）。在 UML 类图中，每个平台表示映射为一个类，该类依赖 LDM 中对应逻辑测量表示的类。

（2）创建平台实体。细化 LDM 中的逻辑实体，创建与逻辑实体一一对应的平台实体，实现 LDM 中的相应实体元素，即将逻辑实体中对应的属性映射为度量表示属性。在 UML 类图中，每个平台实体映射为一个类，平台实体类依赖逻辑实体类。

（3）创建平台视图。在特定平台实现逻辑视图，即创建流入和流出组件的消息的平台视图；将平台实体的特征投影到视图中，以定义消息内容。在 UML 类图中，每个平台视图映射为一个 UML 类。平台视图类依赖逻辑视图类，并依赖平台实体类。

PDM 建模方法的案例分析详见 6.7 节。

6.3.4 UoP 模型

面向系统组件、平台视图及组件的输入/输出端口，设计组件的消息类型与消息传输接口，构建 UoP 模型，建模结果使用 UML 类图表示。UoP 模型建模方法如下。

（1）创建 UoP。将一个组件构建为一个 UoP 模型，UoP 模型的类型由组件类型确定。如果组件为 PSSS 组件，那么构建的 UoP 模型为特定平台可移植数据模型；如果组件为 PCS 组件，那么构建的 UoP 模型为与平台无关的可移植数据模型。将每个 UoP 模型映射为 UML 类图中的一个类。

（2）创建消息端口。根据组件的数据输入流与输出流，确定该 UoP 模型的端口数量，为 UoP 模型创建消息端口并建模每个端口的特征（传输速率、语言、配置文件、端口类型等）。在 UML 类图中，每个消息端口映射为一个类，端口特征映射为类中的附加信息；建立 UoP 类与端口类之间的依赖关系，表明 UoP 模型依赖其所有端口。

（3）设置消息类型。将 PDM 中的平台视图映射到消息端口，以描述使用该端口传递的消息。在 UML 类图中，建立端口类与平台视图类之间的依赖关系，反映端口对平台视图的依赖。

综上所述，对每个组件进行数据建模，从 CDM 到 LDM，再到 PDM 和 UoP 模型，逐层细化，完成组件所有端口及其消息类型对应的数据模型的构建，对系统的每个组件涉及的消息数据类型及端口进行数据建模，从而实现整个系统的数据建模。

6.4　组件与外部设备通信的 I/O 服务

IOSS 为 PSSS 组件与外部设备之间的传输提供了标准接口。在为航空电子系统架构建模时，应确定 PSSS 组件与外部设备之间的 I/O 信息，为实现阶段 I/O 接口提供数据传输信息。

FACE 架构利用 I/O 配置文件记录和保存组件间的 I/O 连接数据，I/O 配置文件是实现系统 I/O 接口数据传输的关键。I/O 配置文件应包含设备地址、数据流、接收方、发送方、数据速率/大小、源/目的地、权限及 I/O 类型等数据信息，并提供配置文件格式定义。I/O 配置文件数据信息具体参考 FACE 技术标准 2.1 版本的第 240～243 页，配置文件格式具体参考 FACE 参考实现标准的第 325 页。

6.4.1　I/O 配置文件建模方法

结合 FACE 组件协作图，分析 PSSS 组件与外部设备的 I/O 服务连接特性，面向 I/O 配置文件对 PSSS 组件与外部设备通信的 I/O 信息进行建模。具体步骤如下。

（1）从系统功能组件化建模阶段得到的 FACE 组件协作图中找出所有与外部设备直接进行数据交换的 PSSS 组件，并为每个 PSSS 组件创建一个 I/O 配置文件。

（2）从 FACE 组件协作图中确定一个 PSSS 组件与外部设备的 I/O 连接数量，I/O 连接数量就是 FACE 组件协作图中与该组件进行数据交互的外部设备的有向箭头的个数。根据连接名称、连接类型及端口等 I/O 连接属性，参照配置文件格式对该 PSSS 组件的每个 I/O 连接进行配置。每个 I/O 连接都需要对以下 19 项数据进行设置。

① ConnectionName：I/O 连接名称。命名最好体现连接的组件和外部设备的信息，便于理解。

② ConnectionType：I/O 连接类型。该元素值指定用于传输服务连接的基础传输机制。

③ ConnectionDirection：I/O 连接方向。该元素值可以为消息发送端（Source）、消息接收端（Destination）及双向传输（Bidirectional）。

④ CreateConnection：是否创建 I/O 连接。该元素值可以为创建连接（true）及不创建连接（false）。

⑤ PortName：端口名称。当 I/O 连接的传输类型为采样端口或队列端口时，设置端口名称；否则，端口名称为空。

⑥ MessageSize、MessageRange、RefreshPeriod：I/O 连接传输消息大小、允许传输的消息数量及消息保存有效时间。

⑦ Reliability：I/O 连接的可靠性，若为可靠性传输，则该元素值为 Reliable；若为非可靠传输，则该元素值为 No-Reliable。

⑧ ReadWriteBehavior：设置读/写行为的方式。若 I/O 连接的传输类型为队列端口或采样端口，那么将该元素值设置为 Queuing（表示队列读/写），MessageRange 设置为连接传输所需缓冲的消息最大数量；若 I/O 连接的传输类型选择采样端口，那么将该元素值设置为 Sampling（表示采样读/写）。

⑨ QueueDiscipline：设置队列方式。该元素值可为先进先出（FIFO）、优先次序方式（PRIORITY）。

⑩ ConnectionDomain：若连接选择 Socket 进行传输，则根据 Socket 支持的协议族及实际需求设置元素值；若传输协议选择本地通信，则将该元素值设置为 AF_UNIX 或 AF_LOCAL；若选择 IPv4 协议，则将该元素值设置为 AF_INET。

⑪ SocketType：若连接选择 Socket 进行传输，则根据实际需求，设置套接字的类型；否则，该元素值为空。

⑫ Stream：默认协议是 TCP，提供一个顺序确定的、可靠的、双向基于连接的传输，并支持带外数据。

⑬ DGram：数据报套接字，默认协议是 UDP，提供不可靠、非连接的传输。

⑭ SeqPacket：有序分组套接字，默认协议是 SCTP，提供一个顺序确定的、可靠的、双向基于连接的传输，并保留消息边界。（表明发送两个数据包，只能分两次读入。）

⑮ ReceiveFlag、SendFlag：POSIX 套接字的接收和发送标志。

⑯ SourceAddress、DestinationAddress、SourcePort、DestinationPort：I/O 连接的源 IP 地址、目标 IP 地址、源端口及目标端口。若 PSSS 组件为消息发送方，则源 IP 地址和源端口为空，设置目标 IP 地址和目标端口；若 PSSS 组件为消息接收方，则目标 IP 地址和目标端口为空，设置源 IP 地址和源端口。

⑰ IOType：I/O 设备类型。目前常用的 I/O 设备类型有串行（SERIAL）、ARINC_429 总线协议、MIL_STD_1553 总线协议、直接 I/O（DISCRETE）、模拟 I/O（ANALOG）等。

⑱ Thread：I/O 连接所属的线程对象。

⑲ ThreadName、Priority、SchedulingPolicy、ThreadRate、ThreadStackSize：每个线程的名称、优先级、调度策略、线程速率及堆栈大小。

6.4.2　I/O 配置文件实例分析

假设一个 TDL 组件通过 UDP 方式从 AVS（Air Vehicle Systems）设备获取数据信息，其 I/O 配置文件如图 6-6 所示。其中，连接名称为 AVS0_AVS_TO_TDL，连接类型为 Socket 套接字，TDL 组件为消息接收方，发送方 IP 地址为 10.15.90.20。

```xml
<IOSLConfig xmlns="http://www.example.org/IOServLibSchema" xmlns:xsi="http://www.w3.org/2001/XMI
    <Connection_Conf>
        <ConnectionName>AVS0_AVS_TO_TDL</ConnectionName>
        <!-- 使用套接字进行传输 -->
        <ConnectionType>Socket</ConnectionType>
        <!-- PSSS组件为消息接收方 -->
        <ConnectionDirection>Destination</ConnectionDirection>
        <!-- 默认为false值 -->
        <CreateConnection>false</CreateConnection>
        <PortName><!-- 未使用队列端口进行传输，该元素属性值为空 --></PortName>
        <!-- 一次传输消息大小为8000 -->
        <MessageSize>8000</MessageSize>
        <MessageRange>20</MessageRange>
        <RefreshPeriod>1000000000</RefreshPeriod>
        <!-- 保证可靠性传输 -->
        <Reliability>Reliable</Reliability>
        <ReadWriteBehavior>Queuing</ReadWriteBehavior>
        <QueueDiscipline>FIFO</QueueDiscipline>
        <!-- 采用AF_INET格式与数据报(非连接，不可靠)传输 -->
        <ConnectionDomain>AF_INET</ConnectionDomain>
        <SocketType>DGram</SocketType>
        <ReceiveFlag>0</ReceiveFlag>
        <SendFlag>0</SendFlag>
        <SourceAddress>10.15.90.20</SourceAddress>
        <DestinationAddress><!-- 对于接收方为空 --></DestinationAddress>
        <SourcePort>42567</SourcePort><!-- 传输的端口号 -->
        <DestinationPort><!-- 对于接收消息的组件，该值为空 --></DestinationPort>
        <IOType>GENERIC_BUS</IOType>
        <!-- 对于该连接在一个线程中，未定义Thread元素 -->
    </Connection_Conf>
</IOSLConfig>
```

图 6-6　I/O 配置文件

6.5　组件间的传输服务

TSS 为 PSSS 组件与 PCS 组件之间的传输提供了标准接口。在为航空电子系统架构建模时，应确定组件间的传输服务信息，为实现阶段 FACE 传输服务接口提供数据传输信息。

FACE 架构利用传输服务配置文件保存组件间的传输服务信息。传输服务配置文件的数据应包含传输连接名称、传输类型、传输方向及可靠性等数据信息，并提供配置文件格式定义。传输服务配置文件中的数据信息具体参考 FACE 技术标准 2.1 版本的第 264～265 页，配置文件格式具体参考 FACE 参考实现标准的第 325 页。

结合 FACE 组件协作图，面向传输服务配置文件，对系统组件间的传输服务连接进行建模，建模结果用 XML 格式的文件表示。具体步骤如下。

（1）参考系统功能组件化建模阶段得到的 FACE 组件协作图，为每个系统组件创建一个传输服务配置文件。

（2）从 FACE 组件协作图中确定系统组件的传输服务连接数量，传输服务连接数量就是 FACE 组件协作图中该组件使用 TS 进行数据传输的数据流数量（数据流包括输入流和输出流）。基于连接名称、连接类型及消息大小等传输服务连接属性，参照配置文件格式对该 PSSS 组件的每个传输服务连接进行配置。每个传输服务连接都需要对以下 16 项数据进行设置。

① ConnectionName：连接名称，传输服务通过该参数匹配到特定的请求连接。

② ConnectionType：连接类型，指定用于传输服务连接的基础传输机制。该参数可扩展，以便根据需求添加新的传输机制。

③ ConnectionDirection：连接方向，用于指定连接行为，有助于区分连接类型（如发布/订阅或客户端/服务器）。

④ ConnectionDomain、SocketType：连接域、套接字类型，属于 TSS 内部参数，特定于 POSIX 套接字传输机制。连接域用于区分 UNIX 或 Internet 套接字，套接字类型用于确定协议类型（TCP 或 UDP）。如果使用其他网络协议（如实时传输协议 RTP），则需要调整参数值。

⑤ ReceiveFlag、SendFlag：接收标志、发送标志，仅用于配置 POSIX 套接字连接。

⑥ SourceAddress、DestinationAddress、SourcePort、DestinationPort：源地址、目标地址、源端口、目标端口，是 POSIX 套接字特定的配置属性。它们用于确定连接的 IP 地址和端口号。每个源和目标都必须有一个 IP 地址和端口；一个源可以对应多个目标，多个源可以对应一个目标。这些属性不适用于 ARINC 连接的源端口和目标端口。

⑦ ReadWriteBehavior：读/写行为，用于指示连接是否应以与 ARINC 653 采样端口或队列端口类似的方式进行操作。使用此属性不需要使用 ARINC 653 传输机制。

⑧ MaxMessageSize：最大消息尺寸，用于指定连接发送数据的最大尺寸。该值由系统集成商在配置传输服务连接时确定，具体组成为数据的最大尺寸、TSS 标题尺寸。

⑨ MessageRange：消息范围，用于描述分发能力所需缓冲的最大消息数量。它仅在 ReadWriteBehavior 被配置为队列端口时使用。

⑩ MessagesAssociated：关联信息，实质为全局唯一标识符（GUIDs）列表，用于标识配置中的传输消息。

⑪ QueueDiscipline：队列管制，描述了连接的排队行为。该属性可以设置为先进先出（FIFO）或优先级次序。排队缓冲区的处理在 POSIX 和 ARINC 中是不同的。POSIX 是基于优先级次序的，ARINC 是基于 FIFO 的。对于 ARINC，这个属性会影响被阻塞的进程。优先级次序考虑一些数据可能比其他数据更重要的可能性。数据可以根据优先级放入队列。此属性仅在 ReadWriteBehavior 配置为队列端口时有效。

⑫ DataTransformRequired：数据循环需求，是一个布尔值，用于指示是否需要转换此连接上的数据类型，以便正确执行传输服务。

⑬ RefreshPeriod：刷新周期，用于指示消息的有效时间。

⑭ Reliability：可靠性，指示数据传输是否必须得到保证或尽力而为。提供本地保证传送的传输机制可以用于尽力而为的要求，无须进行进一步的配置或开发；如果需要保证交付，则必须使用基础保证交付传输机制。

⑮ FilterSpecification：过滤规范。该参数是一个可选的配置项目，并且只能用于生产者/发布者 TS 库。筛选规范值由结构化查询语言（SQL）字符串定义。如果使用对象管理组（OMG）DDS，则将过滤器内置到传输机制中；如果不使用 OMG DDS，并且需要过滤规范功能，那么 TSS 开发人员需要在 TS 库内部实现一个 SQL 解析器和过滤器。

⑯ ThreadList、Priority、SchedulingPolicy、ThreadRate、ThreadStackSize：线程列表、优先级、调度策略、线程速率、堆栈大小。这些属性与 TSS 可能需要的线程及其相关属性有关。

如果连接使用回调向组件提供数据以分离套接字的网络堆栈处理或提供不同的 QoS 管理功能时，这些属性可能是必需的。

具体的组件之间进行数据传输的建模实例详见 6.7 节。

6.6 ARINC 653 系统分区的自动化配置方法研究

本节研究符合 FACE 技术标准的 ARINC 653 系统模型，并使用自动化配置及合理性验证方法对其进行建模研究。

6.6.1 ARINC 653 系统资源配置建模及系统资源配置的定义

FACE 方法允许将系统软件的功能开发为组件，这些组件通过预定义的接口公开给其他软件组件。ARINC 653 系统允许在一个分区内运行一个或多个软件组件。在系统初始化时，系统将为分区和组件提供必要的运行时环境。软件在运行前，系统必须保证应用程序能够分配到所需的资源，以确保应用程序可以正确运行，实现完整的功能。因此，在进行系统开发前，首先需要对系统资源配置进行建模，提前发现资源分配中存在的问题，以确保资源分配的合理性。本节对系统资源配置进行建模，并使用 XML-schema 对系统资源配置模型中出现的元素进行具体的定义。

6.6.1.1 系统资源配置建模

ARINC 653 系统分区机制可以让多个具有不同安全级别的应用程序同时集成在一个模块上运行，并共享对整个系统有很大安全影响的资源。系统资源配置工具将应用程序对资源的需求以配置数据的形式记录在配置文件中。系统初始化时，配置文件转化成二进制版本，系统根据二进制配置信息对模块、分区、进程等进行资源分配和相应的初始化。因此，系统配置文件中的配置数据将直接决定系统运行时，系统资源是否能满足应用的运行需求。

在集成系统之前，对系统中的应用程序所需的资源进行建模，将有助于理解系统中的模块、组件和应用程序是如何交互的。预先建模可以识别最终系统集成时和预先设想系统的区别或能力的不足。

FACE 技术标准下的 ARINC 653 系统资源配置模型如图 6-7 所示。该模型将系统中的资源抽象成模型组成元素：一个 ARINC 653 操作系统元素由一个或多个分区元素、一个或多个处理器元素、一个连接表元素和一个健康监控表元素组成。分区元素包含一个或多个进程元素和一个或多个内存块元素。分区元素将泛化成 ARINC 653 接口或 POSIX 接口的分区。ARINC 653 分区间通常使用 ARINC 653 端口进行通信，包括采样端口和队列端口。POSIX 分区间使用 TCP 或 UDP 套接字、消息队列或共享内存进行通信。处理器元素上有一个或多个分区调度表元素，分区调度表有一个或多个时间窗口。健康监控表包含一张系统健康监控表、一张模块健康监控表及多张分区健康监控表。连接表包含多个 ARINC 653 通道和 POSIX 通道。图 6-7 中的空心三角形表示泛化关系，空心菱形表示聚合关系，实心菱形表示组合关系，箭头表示依赖关系。

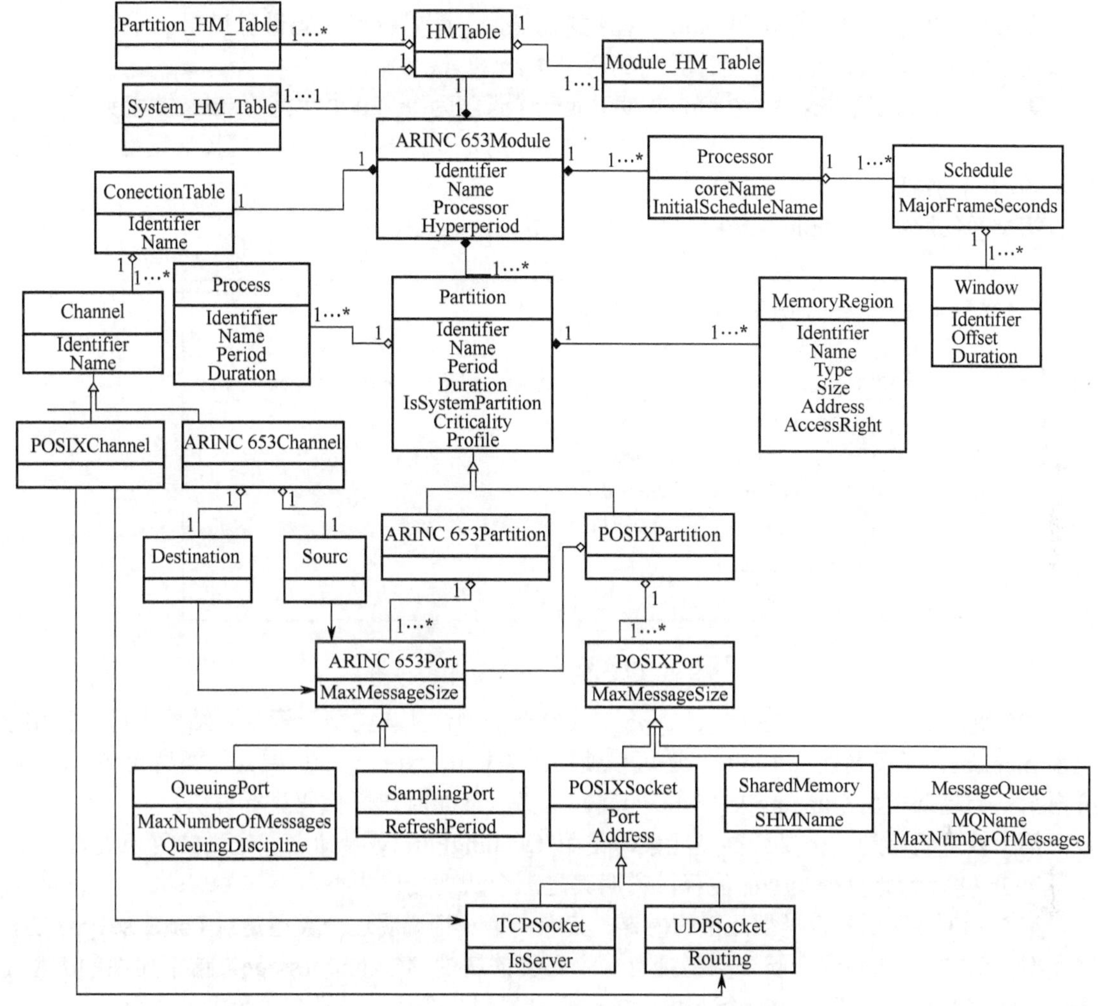

图 6-7　FACE 技术标准下的 ARINC 653 系统资源配置模型

6.6.1.2　系统资源配置的定义

航空电子系统的系统集成商通常要求将系统的所有需求集成到资源配置 XML 文件中。ARINC 653 中定义了描述资源配置的 XML-schema 文件。它对 XML 文档的结构、资源配置模型中出现的元素、元素的属性、元素的类型及限定条件都有具体的定义，使用 XML-schema 文件可以将一个 XML 模型描述得更清楚，并且更容易实现数据验证。本节使用 XML-schema 文件对 ARINC 653 系统资源配置模型进行定义。

XML-schema 文件通常使用简单类型和复合类型对模型中出现的元素进行限制。简单类型通常是原子类型或枚举类型，是 XML 文档中最基本的数据类型。复合类型包含其他元素或元素属性，可以定义模型中更复杂的数据类型。下面对 XML-schema 文件做具体介绍。

（1）使用简单类型元素 simpleType 定义系统资源配置模型中的简单类型，并规定与具有纯文本内容的元素或元素属性的值有关的信息，以及对它们的约束。简单类型元素使用 name 类型名称标识简单类型名称，其子节点为枚举类型或具有限制的其他基础类型。简单类型不包含其他子元素和任何元素属性。

图 6-8 给出了一个简单类型 NameType 的定义，下面对该段代码进行说明。

第 1 行是简单类型元素声明，并为其命名"NameType"。

第 2～4 行是此简单类型的注释，说明其是一个长度为 1～30 个字符的 string 类型元素。

第 5～8 行使用 restriction 元素对其进行约束，约定其内容是 string 类型，最短为 1 个字符，最长为 30 个字符。

第 9 行使用</xs:simpleType>标识此简单类型元素定义结束。

```
[1]<xs:simpleType name="NameType">
[2]  <xs:annotation>
[3]        <xs:documentation>A 1. . 30 character string.</xs:documentation>
[4]  </xs:annotation>
[5]  <xs:restriction base="xs:string">
[6]        <xs:minLength value="1" />
[7]        <xs:maxLength value="30" />
[8]  </xs:restriction>
[9]</xs:simpleType>
```

图 6-8　简单类型 NameType 的定义

（2）使用复合类型元素 complexType 定义复杂类型。复杂类型元素的子结构中可以使用子元素 element、元素属性 attribute，还可以使用扩展标识 extension 扩展其他类型元素。图 6-9 给出了一个复杂类型 QueuingPortType 的属性定义。下面对该段代码进行说明。

第 1 行声明这是一个复合类型元素，使用"QueuingPortType"命名其定义的复杂类型。

第 2～4 行为此复杂类型的注释，说明其是一个队列端口类型。

第 5～13 行展示复合类型元素的内容。其中，第 6 行说明这个类型是对 PortBaseType 的扩展类型；第 7 行指明这个复合类型拥有一个必要的属性 MaxNbMessage，这个属性的类型是 DecOrHexValueType；第 8～10 行是属性的注释，说明这个属性是端口的最大消息数。

第 14 行使用</xs:complexType>表明这个复杂类型定义结束。

（3）在 XML-schema 文件的根元素下按层次定义分区系统中模块 Module 的元素结构。图 6-10 展示了 Module 元素结构代码。该元素内部按顺序有 Partitions、Schedules、HealthMonitoring、Channels 等多个元素，分别代表模块内分区、分区调度、健康监控、分区间通道等。下面对该段代码进行说明。

第 1 行说明 Module 元素名称为"FACE_ARINC653_Module"。

第 4～11 行是对元素 Partitions 的定义，其包含元素 ARINC653Partition 和 POSIXPartition，minOccurs="0"表示每种分区最少有 0 个，maxOccurs="unbounded"表示每种分区数量均不受限制。

第 12～18 行是模块内分区调度的定义，其中，第 15 行说明调度对应 Processor 元素，Processor 元素为 ScheduleType 类型，表明每个 Processor 元素都是对该处理器上分区调度的说明。

第 19 行声明该模块内的健康监控元素。

第 20～26 行是对元素 Channels 的说明，Channels 是复合类型，由多个类型为 ChannelType 的 Channel 组成。

第 28～31 行的 attribute 元素指明模块元素拥有的属性：模块名称、模块标识符、超周期及此模块拥有的处理器数量。

```
<xs:complexType name="QueuingPortType">
  <xs:annotation>
    <xs:documentation>Queuing Port Type</xs:documentation>
  </xs:annotation>
    <xs:complexContent>
      <xs:extension base="PortBaseType">
        <xs:attribute name="MaxNbMessage" type="DecOrHexValueType" use="required">
          <xs:annotation>
            <xs:documentation>The maximum number of messages for the port. </xs:documentation>
          </xs:annotation>
        </xs:attribute>
      </xs:extension>
    </xs:complexContent>
</xs:complexType>
```

图 6-9　复杂类型 QueuingPortType 的属性定义

```
<xs:element name="FACE_ARINC653_Module">
  <xs:complexType>
    <xs:sequence>
      <xs:element name="Partitions">
        <xs:complexType>
          <xs:sequence>
            <xs:element name="ARINC653Partition" type="ARINC653PartitionType" minOccurs="0" maxOccurs="unbounded" />
            <xs:element name="POSIXPartition" type="POSIXPartitionType" minOccurs="0" maxOccurs="unbounded" />
          </xs:sequence>
        </xs:complexType>
      </xs:element>
      <xs:element name="Schedules">
        <xs:complexType>
          <xs:sequence>
            <xs:element name="Processor" type="ScheduleType" minOccurs="0" maxOccurs="unbounded" />
          </xs:sequence>
        </xs:complexType>
      </xs:element>
      <xs:element name="HealthMonitoring" type="HealthMonitoringType" />
      <xs:element name="Channels">
        <xs:complexType>
          <xs:sequence>
            <xs:element name="Channel" type="ChannelType" maxOccurs="unbounded" />
          </xs:sequence>
        </xs:complexType>
      </xs:element>
    </xs:sequence>
    <xs:attribute name="ModuleName" type="NameType" use="required" />
    <xs:attribute name="ModuleId" type="IdentifierValueType" />
    <xs:attribute name="Hyperperiod" type="IdentifierValueType" />
    <xs:attribute name="Processor" type="IdentifierValueType" />
  </xs:complexType>
</xs:element>
```

图 6-10　Module 元素结构代码

6.6.2 资源配置文件的自动化解析及验证

在系统资源配置模型建立的基础上，需要对系统功能和资源属性进行验证。正确的配置信息应能循序分区访问其需要的资源，并保证每个应用的可用性和集成需求得到满足。因此，在系统设计阶段，验证资源配置模型中配置信息的完整性和正确性十分必要。而且，在验证过程中，为集成者提供错误提示信息，及时修改系统设计，这不仅降低了开发成本，更提高了系统的安全性和可靠性。本节介绍资源配置文件的自动化解析及验证，该技术能解析 XML-schema 文件的资源配置描述文件和基于 XML-schema 文件的资源配置 XML 文件，并验证此资源配置 XML 文件中的语法错误和数据完整性。此技术减轻了开发人员编码和验证资源配置文件的工作负担，提高了系统开发效率，为代码自动生成做了铺垫。

6.6.2.1 资源配置文件的解析方法

提取 XML-schema 文件中属性的描述信息，以及存储和读取资源配置 XML 文件中的数据信息都离不开对 XML 文件的解析。目前行业内有多种 XML 文件解析技术：DOM、SAX、JDOM 及 Dom4j。其中，Dom4j 是一个应用 Java 平台的易用的、开源的库，集成了 DOM 和 SAX 的 XML 文件解析器，并支持 XPath 和流化文档的处理。由于其具有使用灵活、性能优异、功能强大等特点，因此广泛应用于 XML 文件的处理。本节介绍用于解析 XML 文件的 Dom4j 技术。

为界面自动生成指定元素类型的配置项，以及使用 XML-schema 文件中的描述信息验证配置数据，都需要对 XML-schema 文件进行解析。算法 1 描述了解析 XML-schema 文件获取相应类型元素属性算法。

算法 1：解析 XML-schema 文件获取相应类型元素属性算法

```
输入：Xschm 是一个 XML-schema 文件，eleType 是要获取的类型元素名称
输出：attrs 是一个二维字符串数组
inFile←FileInputStream(Xschm) //以文件字节输入流的方式读入 XML-schema 文件
inRead←InputStreamReader(inFile,"UTF-8") //使用桥接器将字节解码为字符流
reader←SAXReader.getinstance() //创建 SAX 解析器实例
document←reader.Reader(inRead) //将字符流获取为文档对象
root←document.getRootElement() //获取该文档的根节点
ele←(Element)root.selectSingleNode("//complexType[@name='eleType']") //使用 XPath 方法直接获取 XML-schema 文件中的元素，并将其强转为 Dom4j 中的 Element 类型
for (each i in ele.elementIterator("attribute")) do
  name←i.attributeValue("name")
  type←i.attributeValue("type")
   attrs.add([name, type])
end for
return attrs
```

6.6.2.2　自动化配置合理性验证方法

系统资源配置模型配置信息的验证方法分为空间资源验证和时间资源验证两种。空间资源验证主要是对模型文件中直接录入的各种配置信息的验证，其中包括数据格式语法验证和数据完整性验证。时间资源验证是对分区及分区内任务可调度性的验证。系统资源配置模型中的任何错误信息都有可能导致航空电子系统不能够正确初始化，配置信息合理性验证将帮助系统集成人员和软件开发人员提前发现配置信息中的错误。因此，验证配置信息具有非常重要的意义。本节介绍空间资源验证的相关内容。

空间资源的数据格式定义在 XML-schema 文件中，模型属性数据需要验证的内容主要包括数据格式是否正确、数据长度是否合法，以及某些不能缺失的属性值是否存在不完备的情况等。下面对具体的数据类型验证做说明。

（1）十进制或十六进制数据类型。此类型常用于类型为数值的属性，如标识符、周期、优先级、大小值、堆栈地址等。此类型的验证使用正则表达式“^[+-]{0,1}[0-9]+$|^[+-]{0,1}0[xX]([0-9a-zA-Z]+)$”即可达到验证效果。

（2）枚举数据类型。此类型常用于给定选项的数据，验证较为简单，只需将被验证字符串和其枚举类型中的枚举成员做比较，当两者完全匹配时，说明此数据正确；否则，说明数据错误。

（3）波尔数据类型。此类型与枚举数据类型的验证方式相似，只需将被验证字符串和"True"或"False"字符串做比较，即可得到结果。

（4）字符串类型。此类型常用于属性为名称的数据，验证方法为遍历字符串，查看字符是否合法，并验证字符串长度是否合法。

根据验证结果，设计错误返回类型，共有 5 种：返回 0 表示验证无误、返回 1 表示数据缺失、返回 2 表示枚举类型数据错误、返回 3 表示数值类型数据错误、返回 4 表示字符串类型数据错误。算法 2 描述了配置信息验证算法。

算法 2：配置信息验证算法

```
输入：widget 是界面组件对象
输出：error 是错误类型
使用算法 1，根据 widget 的名称从 XML-schema 文件中获取该配置属性的类型 type 及缺失性 use
str←widget.getText() //将组件中的文本信息存入 str
if (str.size()=0)then //判断组件中存入的数据信息长度是否为 0
   if (use=required) then //当 use 匹配 required 时，此属性必须存在
      return error=1 //返回 1，表示数据缺失
   end if
else //str 长度不为 0
   if (widget.getclass().getName()=CCOMBO) then //判断此组件是否为选择框
      for (each enum in widget.Items) do //遍历 widget 的枚举成员
         if (str.equals(enum)) then   //判断 str 是否匹配
            return error = 0 //返回 0，表示验证无误，即数据正确
         end if
```

```
        end for
        return error = 2 //返回 2，表示枚举类型数据错误
    else
        if (type=IdentifierValueType or DecOrHexValueType)then //属于十进制或十六进制数据类型
            if (numValidator(str)) then
                return error=0 //返回 0，表示数据正确
            else
                return error=3 //返回 3，表示数值类型数据错误
            end if
        else
            if (strValidator(str)) then
                return error=0 //返回 0，表示数据正确
            else
                return error=4 //返回 4，表示字符串类型数据错误
            end if
        end if
    end if
end if
```

6.6.3 分区间调度模型及分区内任务调度模型可调度性判定

ARINC 653 标准规定，为了实现系统高度容错的能力，操作系统采用分区的方式管理应用程序。系统调度往往采用 ARINC 653 标准中的两级调度机制，即处于模块之上的分区间调度和分区内的任务调度。传统的可调度性分析方法主要通过计算处理器占用率和响应时间来判断系统是否可调度，但是随着嵌入式实时系统的复杂化和基于 ARINC 653 标准的多级调度应用越来越广泛，传统分析方法的局限性和操作难度逐渐增大。相比较而言，通过建立系统调度模型来仿真验证其可调度性比传统分析方法更加直观和精确，对于小规模实时系统的可调度性分析具有一定的优势。本节分别对分区间调度模型和分区内任务调度模型进行研究，使用相应的调度策略生成系统主时间框架，并对基于任务调度模型的可调度性算法进行研究。

6.6.3.1 分区间调度模型及分区间调度算法

图 6-11 所示为一个安全模块中的分区间调度模型。该模型分为 3 层，即模块层、分区层、任务层。模块层使用分区调度器调度分区；分区层使用任务调度器调度分区内的任务，分区层根据预先定义的主时间框架对模块内的分区进行周期性的、固定顺序的调度；任务层中每个分区内的任务只能在当前分区处于激活状态时才有可能被执行。如此双层调度使得模块中各分区相互独立，各分区内的任务互不干扰。

1）分区间调度模型

分区间调度采用基于主时间框架的循环调度算法，其调度单元是分区。分区间不存在优先级关系，系统按照主时间框架中的时间窗口顺序为各个分区分派时间片。

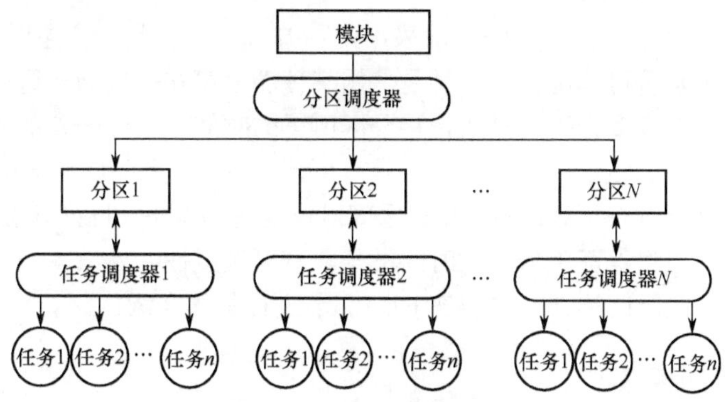

图 6-11　分区间调度模型

当一个主时间框架结束时，系统将再次按照主时间框架循环调用。图 6-12 描述了系统为分区首次分派时间片，以及后续周期性分派时间片的过程。

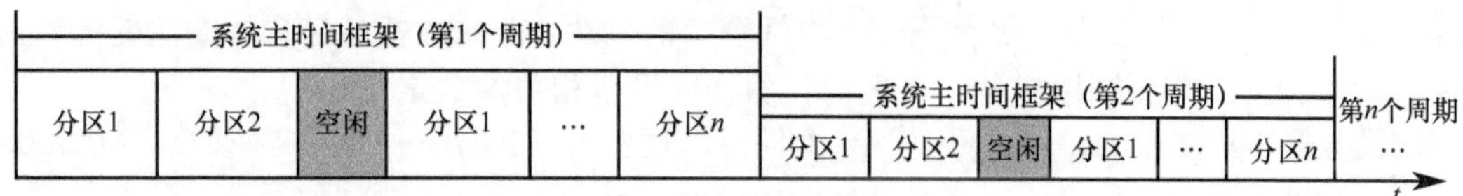

图 6-12　分区间调度过程

分区间调度模型中的相关概念如下。

定义 $M=\{P_1,P_2,P_3,\cdots,P_n\}$ 为一个含有 n 个分区的模块，分区的属性参数定义为<C,T>，T 表示分区的周期，C 表示分区在周期 T 内的最坏执行时间（WCET）。模块上的主时间框架为 $\mathrm{MTF}=\{W_{P_1 1},W_{P_2 1},W_{P_1 2},\cdots,W_{P_n j}\}$，表示此主时间框架有 n 个分区，且每个分区 P_n 有 j 个时间窗口 W，W 的参数为<E,O>，其中，E 表示时间窗口的持续时间，O 表示该时间窗口相对主时间框架的偏移时间（偏移时间指的是某个事件或任务相对某个参考时间点的时间偏移量。在 ARINC 653 的上下文中，偏移时间通常指任务在主时间框架中的启动时间）。这些时间窗口按照偏移的前后顺序组成了主时间框架。每个分区在其周期内可以有一个或多个时间窗口，这些时间窗口的持续时间之和大于或等于分区的最坏执行时间。

在如图 6-13 所示的主时间框架中，分区将周期性执行两次。在分区的每个周期内，分区拥有两个时间窗口，这些时间窗口将保证分区执行必要的时间，时间窗口不一定是连续的。

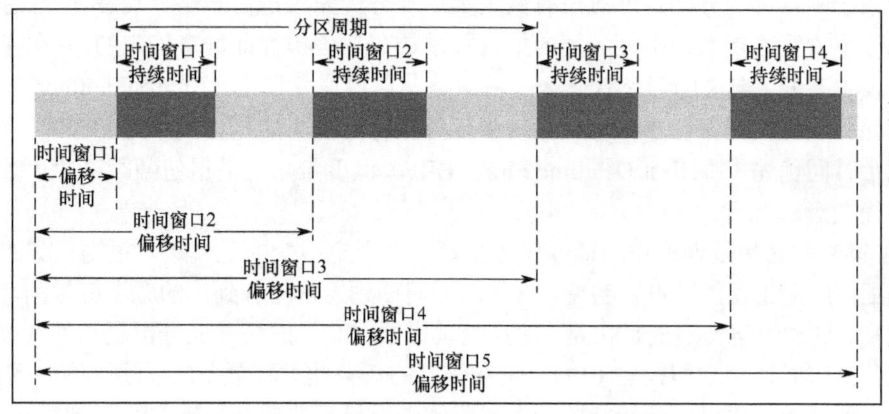

图 6-13　主时间框架中的分区执行情况

分区系统主时间框架的生成方法一般采用两种方式：一种是给定主时间框架，系统判定此主时间框架内分区是否可调度；另一种是使用某种调度算法先判断分区是否具有可调度性，再生成主时间框架。前者多为手动录入，将分区所需的时间片按照一定的顺序录入配置文件，这有可能因为人工带来的错误而使分区间不具有可调度性，并需要反复尝试。后者使用某种调度算法判断分区间是否具有可调度性，在分区间可调度的情况下，将该算法生成的调度结果保存到主时间框架中，这将保证生成的主时间框架具有可调度性。本书采用后者，并使用 RMS 固定优先级算法生成主时间框架，这将在 6.6.3.2 节进行具体介绍。

2）分区内任务调度模型

分区内任务调度是指在每个分区内，分区内任务调度器针对分区内任务进行调度的情况，往往采用基于优先级的调度。任务只有在其所在的分区被激活时，才能进行处理器的抢占。不同分区内的任务相互独立，将按照分区约定的调度策略进行调度。当分区的一个时间窗口用完时，分区内任务将暂停执行，等待下一个时间窗口的到达。分区内任务包含周期性任务和偶发性任务，本书仅研究周期性任务。分区内任务调度模型相关参数定义如下。

定义分区 $P=\{\tau_1,\tau_2,\tau_3,\cdots,\tau_n\}$ 包含 n 个任务，任务 τ_i（$1\leqslant i\leqslant n$）的属性参数为 $<C,T,D>$，其中，C 表示任务的执行时间，T 表示任务的周期，D 表示任务的截止时间。

图 6-14 所示为分区内任务的执行情况，在分区时间窗口 1 内，任务会按照分区调度策略进行 CPU 的抢占，当分区时间窗口结束时，任务将不再执行，直到下一个时间窗口到达。在分区时间窗口 2 内，当分区内任务执行结束而时间窗口还没结束时，CPU 将处于空闲状态。

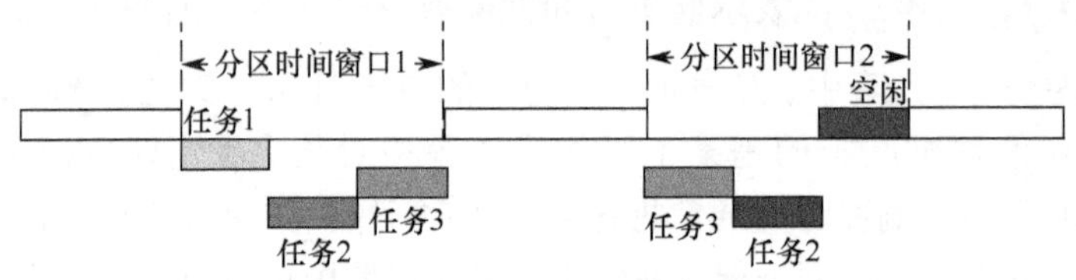

图 6-14　分区内任务的执行情况

3）分区间调度算法

实时系统中常用的分区调度算法有两大类：静态优先级抢占策略、动态优先级抢占策略。静态优先级抢占策略指系统中任务间的抢占关系是在任务执行前静态确定的，并在任务执行过程中不会发生改变，典型的静态优先级抢占策略是单调速率调度（Rate Monotonic Scheduling，RMS）策略；动态优先级抢占策略指系统中任务执行过程中的抢占关系是动态的、可变化的，如最早截止时间优先（Earliest Deadline First，EDF）调度策略，根据任务距离截止时间的长短定义任务优先级。

RMS 策略的思想是为每个周期性任务指定一个固定不变的优先级，根据任务的周期进行优先级分配，周期越短，优先级越高。这是因为周期越短，任务到达的频率就越高，所以优先级也就越高。这种策略背后的理由是，更频繁地需要 CPU 的任务应分配更高的优先级。当高优先级任务到来时，会立即抢占 CPU，正在执行的任务此时释放 CPU，回到等待队列；当执行的高优先级任务结束时，从等待队列中选取优先级最高的任务分配 CPU。此外，RMS 策略假定对于每次 CPU 执行，周期性任务的处理时间是相同的。

EDF 调度策略的思想是，根据当前时间到已就绪任务截止时间的区间长短进行优先级评定，距离截止时间越近的任务的优先级越高。该策略认为，距离截止时间最近的任务的迫切性最高，因此优先级最高，应先执行该任务。这是一种可抢占式算法，当新到来的任务的优先级高于当前正在执行的任务的优先级时，新到来的任务将会抢占 CPU，被抢占的任务会重新根据优先级加入就绪队列。

本书将根据这两种思想为分区间调度模型和分区内任务调度模型设计可调度性判定算法。

6.6.3.2　可调度性判定算法及案例分析

由于 ARINC 653 实时分区系统存在上述两层调度机制，即分区调度和分区内任务调度，因此在系统为各分区分派时间窗口正确的前提下，对分区内任务调度模型的可调度性判定才有意义。本节将可调度性判定算法分成两部分：分区间调度模型可调度性判定、分区内任务调度模型可调度性判定。

1）分区间调度模型可调度性判定

分区间调度模型可调度是指在一个模块的主时间框架内，各分区可以在各自的每个周期内获得足够的时间窗口以满足分区执行的要求。由于系统是按照主时间框架周期性分派时间窗口的（当一个主时间框架运行结束后，系统会立即开始下一个主时间框架），因此只要判断一个主时间框架内分区间可调度，即可判断在整个无穷系统时间内，分区间可调度。

由于分区间不提前设置优先级，因此分区间调度通常使用轮转调度或能够为分区产生优先级的其他调度策略。RMS 算法可根据分区的周期长短设定分区的优先级，进而根据分区的调度参数，在主时间框架内为分区分配时间片来判断其是否满足可调度性。因此，本书采用 RMS 算法来判断分区间是否可调度，当该算法能够产生合理的主时间框架时，说明为分区配置的调度信息合理，分区间可调度；如果某个分区无法在自己的周期内获得足够的执行时间，即系统为分区分派的时间片小于该分区的最坏执行时间，则判定该分区不可调度，说明分区配置的调度信息不合理，需要重新配置。如果算法判定分区可调度，则分区间调度使用此算法必然是可调度的；但如果算法判定分区不可调度，则分区间不一定是不可调度的，这是由于调度算法与系统实际运行存在差异，并且算法本身也不能模拟所有情况，因此，算法的判定结果仅作为参考，还应以实际情况为主。算法 3 描述了分区间调度模型可调度性判定算法。

算法 3：分区间调度模型可调度性判定算法

输入：分区列表 PartitionList<Partition>

输出：能否调度 isSchedule，主时间框架 MTF

1：**if** ($\sum_{i=1}^{n} C_i / T_i > 1$) **then** //判断所有分区的 CPU 利用率之和是否大于 1

2：　**return** isSchedule=false

3：**end if**

```
Length←MajorFrameTime(PartitionList) //计算主时间框架的长度
ParPriorityList←RmsSort(PartitionList) //根据分区的周期得到优先级队列
for (i=0 to length) do
  for (j=0 to ParPriorityList.size()) do
    n=i/Tj+1 //计算当前时间位于分区 j 的第几个周期
    if (Timej<(n−1)Cj) then //判断分区 j 在第 n 个周期之前是否获得了足够的时间片
      isSchedule=false //分区 j 在此周期前未获得足够的时间片
      ParPriorityList.get(j).falseTime=i //分区 j 在 i 时刻未能获得足够的时间片
      if (Timej<nCj) then //分区在当前周期还未获得足够的时间片
        ParPriorityList.get(j).addTimeWindow(i) //将此时间片分配给当前分区
          Timej ++
        Break //跳出分区循环，对下一时间片进行判断
      else //当前分区在此周期已获得足够的时间片
        continue //对优先级低一级的分区进行判断
      end if
    end if
  end for
end for
if (isSchedule) then //判断是否调度成功
  MTF(ParPriorityList) //将所有分区时间表按时间顺序加入 MTF
end if
return isSchedule
```

下面使用一个案例来说明此判定算法。在表 6-1 中，假设有 3 个分区，分区 1 的周期为 4s，持续时间为 1s；分区 2 的周期为 10s，持续时间为 3s；分区 3 的周期为 5s，持续时间为 2s。3 个分区首次激活时刻都是在系统启动时，因此其首次到达时刻都是 0。根据分区周期的最小公倍数，计算出主时间框架的长度应为 20s。3 个分区根据周期得出分区优先级：分区 1>分区 3>分区 2。因此当分区 3 就绪时，如果 CPU 空闲或分区 2 正在执行，则分区 3 将抢占 CPU；当分区 1 就绪时，无论有没有分区正在执行，分区 1 都将抢占 CPU。

表 6-1　RMS 算法举例　　　　单位：s

CPU 名	CPU A		
主时间框架长度	最小公倍数（4，10，5）为 20		
分 区 名 称	分区的周期	分区的持续时间	分区首次到达时刻
分区 1	4	1	0
分区 2	10	3	0
分区 3	5	2	0

根据上述思想得出的主时间框架内的分区调度序列图如图 6-15 所示。当系统启动时，3 个分区同时到达，这时分区 1 的优先级最高，分区 1 获得 CPU，等待队列按优先级排队有分

区 3、分区 2；分区 1 在 1s 后执行完成，释放 CPU，此时等待队列中优先级最高的分区是分区 3，分区 3 获得 CPU；分区 3 在 2s 后执行完成，释放 CPU，此时等待队列中只有分区 2，分区 2 获得 CPU；当 4 时刻来临时，分区 1 再次到达等待队列，由于分区 1 的优先级高于正在运行的分区 2 的优先级，因此分区 1 将抢占分区 2 的 CPU，分区 2 回到等待队列；分区 1 在 1s 后执行完成，这时分区 3 到达等待队列，由于分区 3 的优先级高于分区 2 的优先级，因此分区 3 获得 CPU，分区 2 继续等待；分区 3 在执行了 2s 后释放 CPU，此时等待队列只有分区 2，分区 2 获得 CPU；分区 2 执行 1s 后，时间来到 8 时刻，分区 1 再次到达等待队列，由于分区 1 的优先级高于分区 2 的优先级，因此分区 1 抢占 CPU，分区 2 再次回到等待队列；分区 1 执行 1s 后释放 CPU，等待队列中的分区 2 重新获得 CPU；分区 2 执行 1s 后释放 CPU，此时分区 3 到达，分区 3 获得 CPU。在后 10s 中，分区将依据此逻辑抢占 CPU。当一个主时间框架周期结束时，没有出现分区在自己的周期内无法执行完成的情况，即说明此主时间框架下分区间可调度，系统将依据此调度序列图生成主时间框架，为分区分配时间窗口。

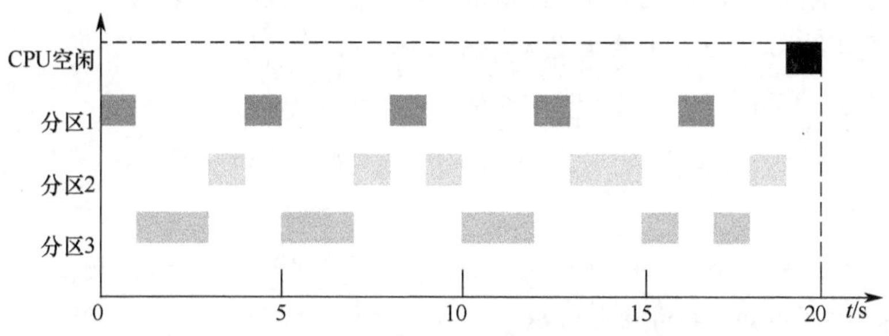

图 6-15　主时间框架内的分区调度序列图

上述算法生成的主时间框架如表 6-2 所示（主时间框架的长度为 20s）在表 6-2 中，窗口偏移量是指在一个主要时间框架内，特定分区或任务的时间窗口开始的时间偏移量。它是相对主时间框架开始时间的一个固定时间点。

表 6-2　主时间框架

窗口偏移量/s	持续时间/s	所属分区	窗口偏移量/s	持续时间/s	所属分区
0	1	分区 1	10	2	分区 3
1	2	分区 3	12	1	分区 1
3	1	分区 2	13	2	分区 2
4	1	分区 1	15	1	分区 3
5	2	分区 3	16	1	分区 1
7	1	分区 2	17	1	分区 3
8	1	分区 1	18	1	分区 2
9	1	分区 2	19	1	空闲

2）分区内任务调度模型可调度性判定

分区内任务调度模型可调度是指分区内任务在各自分区的时间窗口内，使用调度算法进行优先级抢占式调度，当所有任务都能在各自截止时间之前完成其预定的执行时，说明此分区内任务可调度。由于分区是按照主时间框架周期性地分派时间窗口的，因此只需判定在一个主时间框架内，所有分区内任务可调度，就能说明在系统运行的无穷时间内，分区内任务可调度。

分区内任务可调度性判定算法采用 6.6.3.1 节中分区调度算法的思想，既可以使用静态优先级抢占式的 RMS 策略，又可以使用动态优先级抢占式的 EDF 调度策略。相比较而言，动态优先级抢占策略具有更高的分区利用率，任务模型也相对复杂。本节使用这两种策略的思想设计分区内任务可调度性判定算法。

（1）RMS 可调度性判定算法。

对于分区内任务可调度性判定，RMS 算法将到达的任务按照任务周期长短加入优先级队列，根据优先级队列的顺序，判断分区内时间窗口的每一帧应属于哪个任务。当有任何一个任务未能在截止时间之前获得足够的 CPU 执行时间时，此任务将被判定为不可调度。当所有任务都能够顺利完成时，判定此分区内任务可调度。算法 4 描述了分区内任务可调度性判定 RMS 算法。

算法 4：分区内任务可调度性判定 RMS 算法

输入：分区时间窗口 ParWindowList<Window>，任务列表 TaskList<TASK>

输出：能否调度 isSchedule，任务调度 WindowList<Window>

```
if (∑_{i=1}^{n} C_i / T_I > 1) then //判断所有任务的 CPU 利用率之和是否大于 1
  return isSchedule←false
end if
TaskPriorityList←RmsSort(TaskList) //将分区内任务按照周期从小到大的顺序排列，得到优先级队列
for (each window in ParwindowList) do
  for (i←window.offset to window.offset+window.duration) do
    for (j←0 to TaskPriorityList.getSize()) do
      if (TaskPriorityList.get(j).ScheduleFalse) then //如果任务没有报错
      n←i/T_j+1 //则计算当前时间位于任务 j 的第几个周期
        if (Time_j<(n−1)C_j) then //判断任务 j 在第 n 个周期之前是否获得了足够的时间片
          isSchedule←false //分区 j 在此周期前未获得足够的时间片
          TaskPriortyList.get(j).ScheduleFalse←i //记录任务 j 在 i 时刻超时
          else
            if (Time_j<nC_j) then //任务未超时，任务在当前周期还未获得足够的时间片
                TaskPriorityList.get(j).addWindow(i) //将此时间片分配给当前任务
                Time_j++
                Break //跳出任务循环，对下一时间片进行判断
            else //当前任务在此周期已获得足够的时间片
              continue //对优先级低一级的任务进行判断
            end if
        end if
      else
          continue //当前任务已经报错，对低一级任务进行判断
      end if
```

```
        end for
    end for
end for
if (isSchedule) then //判断是否可调度
    return WindowList.addwindow(TaskPriorityList) //将所有任务的时间窗口加入元窗口
return isSchedule
```

分区内任务调度分析过程是对系统中所有分区内任务的调度执行过程的分析，即对所有分区的可调度性的判定。考虑 ARINC 653 系统各分区的独立性及分区划分规则的相似性，这里只对一个分区的可调度性分析进行详细的描述，以此来获得所有分区的共性。

例如，假定模块中包含两个分区 Part1、Part2，模块的主时间框架的长度为 30。分区 Part1 的属性参数及本分区内挂载的任务的属性参数如表 6-3 所示。

表 6-3 分区 Part1 的属性参数及本分区内挂载的任务的属性参数表

分区名	偏移时间	执行时间	周期	调度策略	分区内任务			
					任务名	周期	执行时间	截止时间
Part1	0	10	15	RMS	Task1	6	1	6
					Task2	10	3	10

由表 6-3 可知，分区 Part1 在 0 时刻到达，每隔 15 个时间单位将获取 10 个时间单位的系统时间片。分区 Part1 下挂载的两个周期任务从 0 时刻首次到达之后，按照各自的周期周期性触发到达。分区 Part1 内任务调度过程如图 6-16 所示。

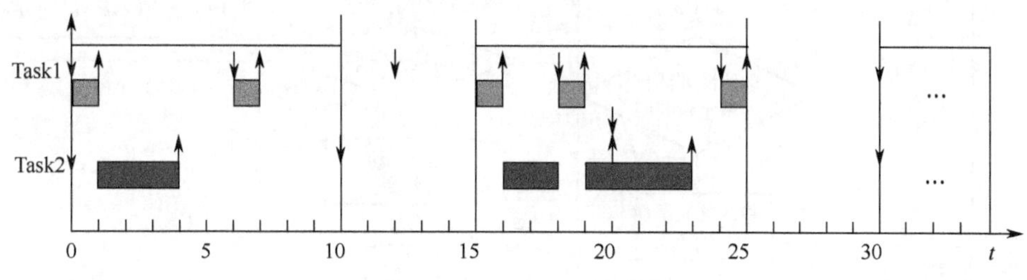

图 6-16 分区 Part1 内任务调度过程

在 0 时刻，分区 Part1 下的两个任务同时到达，此时依据优先级抢占式的 RMS 算法，Task1 的优先级始终高于 Task2 的优先级，Task1 优先执行，并在 1 时刻执行完成，此时 Task2 开始执行，直到 4 时刻执行完成。在 6 时刻，Task1 第二次到达，执行 1 个时间单位后在 7 时刻执行完成。在 10 时刻，Task2 第二次到达，此时任务所在分区 Part1 获得的系统时间片用完后暂未获得系统时间片，故 Task2 继续处于就绪状态，等待系统时间片的到达。同理，在 12 时刻，Task1 到达就绪，等待系统时间片到达。在 15 时刻，分区 Part1 第二次获得系统时间片，此时具有较高优先级的 Task1 开始执行，直到 16 时刻执行完成。在 16 时刻，Task2 开始执行，执行 2 个时间单位后，在 18 时刻，被再次到达的高优先级任务 Task1 抢占，转到就绪状态，等待执行时机到达。Task1 在 19 时刻执行完成，此时 Task2 继续执行 1 个时间单位后，在 20 时刻执行完成。此时，Task2 再次到达，执行 3 个时间单位后在 23 时刻执行完成。在 24 时刻，Task1 再次到达，执行 1 个时间单位后在 25 时刻执行完成。在 25～30 时刻间，分区 Part1 未获得系统时间片。在 30 时刻，分区 Part1 中的两个任务又同时到达，后续调度执行过程不再详述。

（2）EDF 可调度性判定算法。

对于分区内任务可调度性判定，EDF 调度算法将依据当前时间到分区内就绪任务的截止时间进行优先级判定，优先级高的任务将优先获得 CPU 执行权限，被抢占的任务将重新加入就绪队列。当有任何一个任务未能在截止时间之前获得足够的执行时间时，此任务将被判定为不可调度。当所有任务都能够顺利完成时，判定此分区内任务可调度。EDF 调度算法执行流程图如图 6-17 所示。

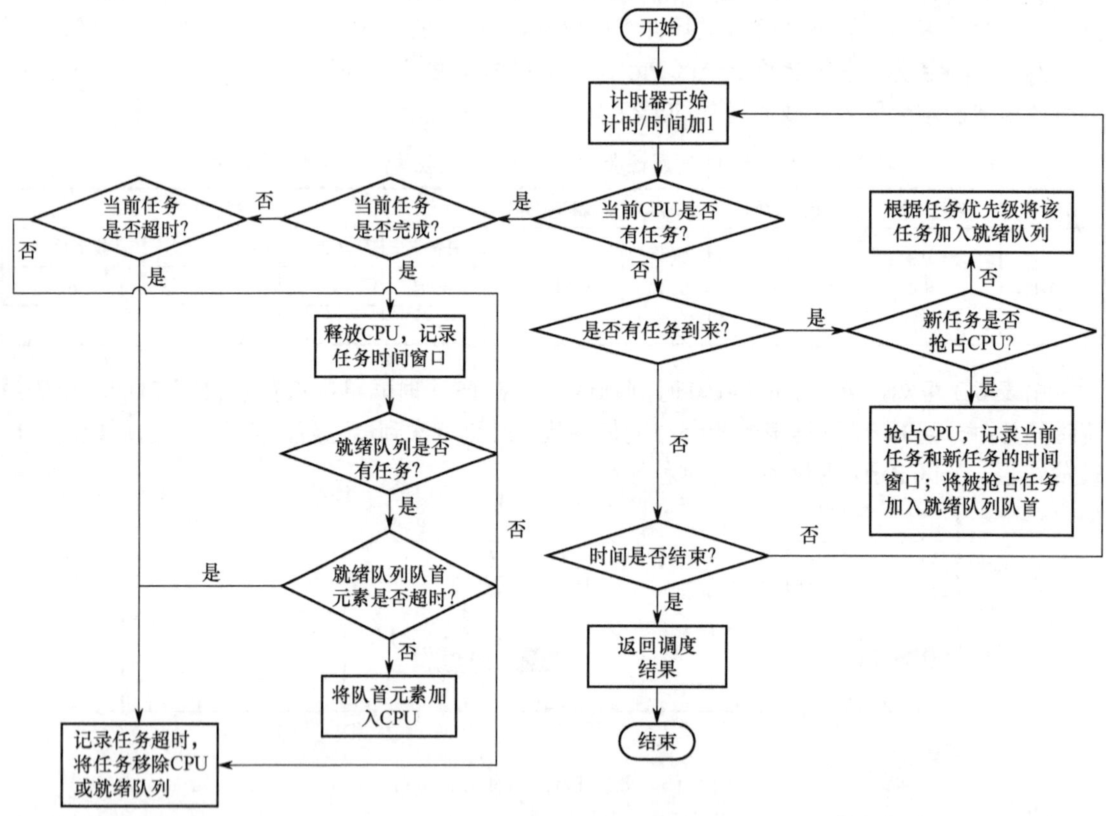

图 6-17　EDF 调度算法执行流程图

算法 5 描述了分区内任务可调度性判定 EDF 调度算法。由于 EDF 调度算法判定较为复杂，因此，为了避免重复的代码，将其分为 3 部分，并互相调用算法 6 和算法 7。

算法 5：分区内任务可调度性判定 EDF 调度算法

输入：分区时间窗口 ParWindowList<Window>，任务列表 TaskList<TASK>

输出：能否调度 isSchedule，任务调度 WindowList<Window>

if ($\sum_{i=1}^{n} C_i / T_I > 1$) **then** //判断所有任务的 CPU 利用率之和是否大于 1

　　return isSchedule←false

end if

```
for (window in ParWindowList) do //遍历分区内时间窗口
  for (i←window.offset to window.offset+window.duration) do //遍历时间窗口的每一帧
    if (CurrentTask==null) then //判断当前 CPU 是否有任务在执行
      跳转到算法 7
    else //当前有任务在执行
      if (CurrentTask.execuTime== CurrentTAsk.C) then //判断任务是否完成
        CurrentTask.addWindow() //任务完成，记录任务时间窗口
        CurrentTask←null //任务释放当前 CPU
        跳转到算法 6 //查看就绪队列是否有任务
      else //任务未完成
        if (i>CurrentTask.DeadLine) then //判断任务是否超时
          currentTask.Schedulefalse←i //任务超时，记录 currentTask 任务在 i 时刻超时
          isSchedule←false
          CurrentTask←null //将 CPU 任务置空
        else //任务没超时
          跳转到算法 7 //判断是否有任务到来
        end if
      end if
    end if
  end for
end for
if (isSchedule)
  return WindowList.addwindow(TaskList) //将所有任务的时间窗口加入窗口
end if
return isSchedule
```

算法 6 描述了判断就绪队列队首元素是否超时算法。

算法 6：判断就绪队列队首元素是否超时算法

输入：就绪队列 ReadyList

输出：isSchedule，结果表示是否可调度

```
if (ReadyList==null) then //判断就绪队列是否为空
  调用算法 6 //就绪队列为空，判断是否有任务到来
else //就绪队列中有任务
  if (ReadyList.front().DeadLine==i) then //判断队首任务是否超时
    ReadyList.front().Schefalse(i) //记录该任务在 i 时刻超时
    ReadyList.pop() //从队列中将其移除
    isSchedule=false
    递归调用算法 6 //再次判断就绪队列是否为空
  else //任务未超时，将任务加入 CPU
    CurrenTask=ReadyList.pop()
  end if
end if
```

算法 7 描述了判断新任务是否抢占 CPU 算法。

算法 7：判断新任务是否抢占 CPU 算法

输入：任务列表 TaskList<TASK>

输出：无

```
for (Task task:TaskList) do //遍历所有任务
  if ((i-task.offest)%task.T==0) then //判断是否有新任务到来
    if (currenTask==null) then //判断 CPU 是否有任务在执行
        CurrentTask=task //CPU 无任务，此任务抢占 CPU
    else //CPU 中有任务
      if (task.DeadLine＜CurrentTask.DeadLine) then //根据截止时间判断是否抢占 CPU
        {ReadyList.add(CurrentTask)} //将 CPU 中的任务加入就绪队列队首
        CurrenTask=task // 将当前任务加入 CPU
      else
        ReadyList.add(task) //将当前任务按照优先级加入就绪队列
      end if
    end if
  else //没有新任务到来
  continue
end if
```

根据 EDF 调度算法的描述，使用表 6-3 中的数据进行案例说明。图 6-18 所示为分区时间片约束下任务 EDF 调度算法的执行过程。

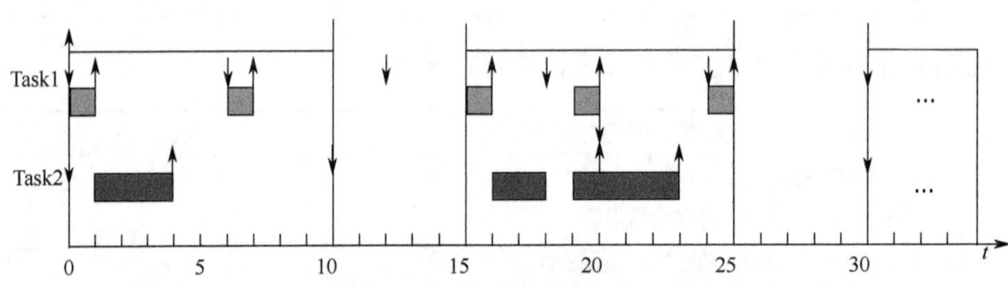

图 6-18　分区时间片约束下任务 EDF 调度算法的执行过程

案例在 EDF 调度算法下和 RMS 算法下，区别在 18～20 时刻之间，本例中，在 18 时刻，Task1 到达，其截止时间为下次任务到来时的 24 时刻，由于 Task2 的截止时间是 20 时刻，早于 Task1 的截止时间，因此 Task2 的优先级高于 Task1 的优先级。Task2 在 19 时刻继续执行，直至 20 时刻执行完成，释放 CPU。在 19 时刻，由于 CPU 空闲，因此就绪队列中的 Task1 获得 CPU 执行权限，直至 20 时刻执行完成。

6.7　飞机作战辅助系统案例建模方法

本案例通过飞机作战辅助系统（飞控系统）的实际建模过程展示如何将本章的系统建模

方法应用于具体的航空电子系统。本案例旨在阐明系统组件化和数据建模的具体步骤，以及如何在 FACE 架构下实现组件间的有效通信和数据交换。通过此案例，读者能够清晰地看到从概念设计到逻辑实现的转变，并理解每个建模阶段的具体应用和重要性。

飞机作战辅助系统通过外部惯性测量单元（IMU）、嵌入式全球定位设备、嵌入式惯性导航设备及机载雷达收集飞机飞行数据（高度、速度等信息），分析外部设备传递过来的信息，可视化显示相关战术，为飞行员在特定的环境中提供战术辅助。

6.7.1　功能组件化

对飞机作战辅助系统进行功能需求分析，得到如图 6-19 所示的飞机作战辅助系统功能树。飞机作战辅助系统包含一个信息收集子系统和一个战术展示子系统。信息收集子系统包含机载雷达通信功能和导航管理功能。战术展示子系统包含战术状态管理功能和战术显示功能。

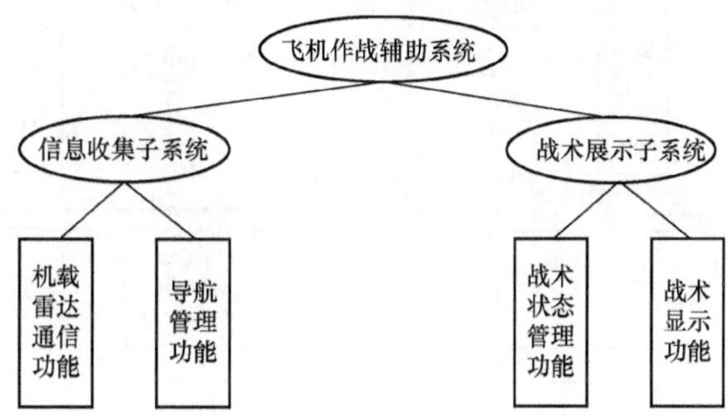

图 6-19　飞机作战辅助系统功能树

根据系统功能组件化建模方法，飞机作战辅助系统的功能组件化过程如下。

（1）将飞机作战辅助系统中的子节点功能映射为 4 个组件：与雷达进行交互的雷达组件、与导航相关外部设备进行交互的导航管理组件、存储战术信息的战术状态管理组件及战术显示组件。

（2）雷达组件与一个系统外部雷达进行数据交互，一个雷达组件足以完成与雷达的交互，可不用新增组件；导航管理组件从 3 个外部设备处获取数据信息，新增定位组件、导航组件及惯性测量组件。至此，系统组件共包括 7 个，分别是雷达组件（Radar Component）、导航管理组件（Navigation Management）、战术状态管理组件（Tactical Situation Management）、战术显示组件（Tactical Display）、定位组件（Navigation Sensor1）、导航组件（Navigation Sensor2）、惯性测量组件（Navigation Sensor3）。图 6-20 展示了飞机作战辅助系统功能、系统组件及外部设备的映射关系。其中，Radar 表示一个雷达设备，IMU 表示一个惯性测量单元设备，EGI1 与 EGI2 表示全球导航定位系统。

（3）将与外部设备直接进行交互的雷达组件、定位组件、导航组件、惯性测量组件，依赖外部设备导航信息的导航管理组件，以及提供图形服务的战术显示组件划分为 PSSS 组件；将存储战术信息的与平台无关的战术状态管理组件划分为 PCS 组件。

（4）根据用户需求，确定飞机作战辅助系统各组件间的数据流向；根据飞机作战辅助系统各组件的类型，确定组件间的传输方式。最终分析结果用组件协作图表示，如图 6-21 所示。其中，Radar Component（雷达组件）收集雷达数据，Tactical Situation（战术情况）分析并整合传感器信息，生成的战术图像数据通过 Tactical Display（PSSS 组件）展示给飞行员。控制数据和战术图像数据通过 Management 组件（PCS 组件，包括 Navigation Management 和 Tactical Situation Management）进行管理，而导航数据则通过 Navigation Management（PSSS 组件）进行处理，确保飞行路径的准确性。设备信息组件 Device Information/10 监控飞机的关键设备状态，如 ECI1 和 ECI2（电子航迹控制系统）及 IMU（惯性测量单元），这些组件都属于 PSSS 组件。整个系统通过数据/TS 和导航数据/TS 等数据传输方式，确保信息的实时更新和高效处理，从而支持飞行员在复杂战场环境中迅速做出反应。

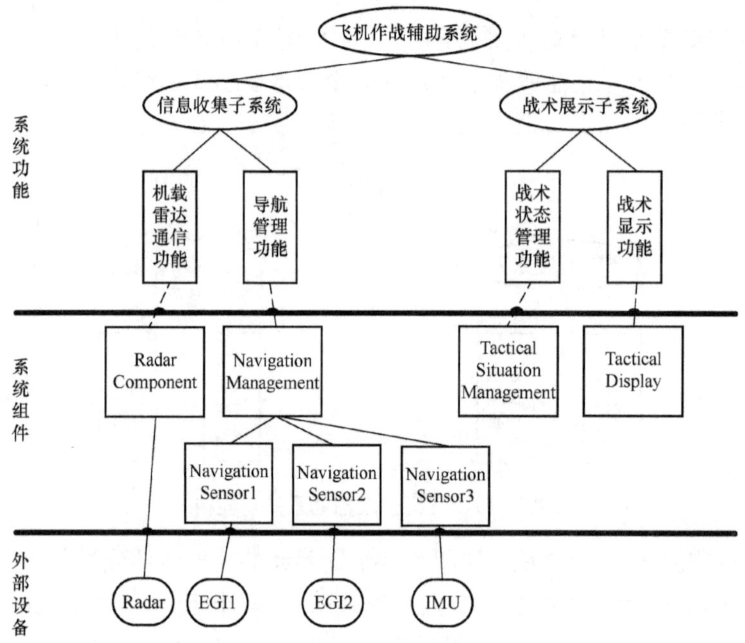

图 6-20　飞机作战辅助系统功能、系统组件及外部设备的映射关系

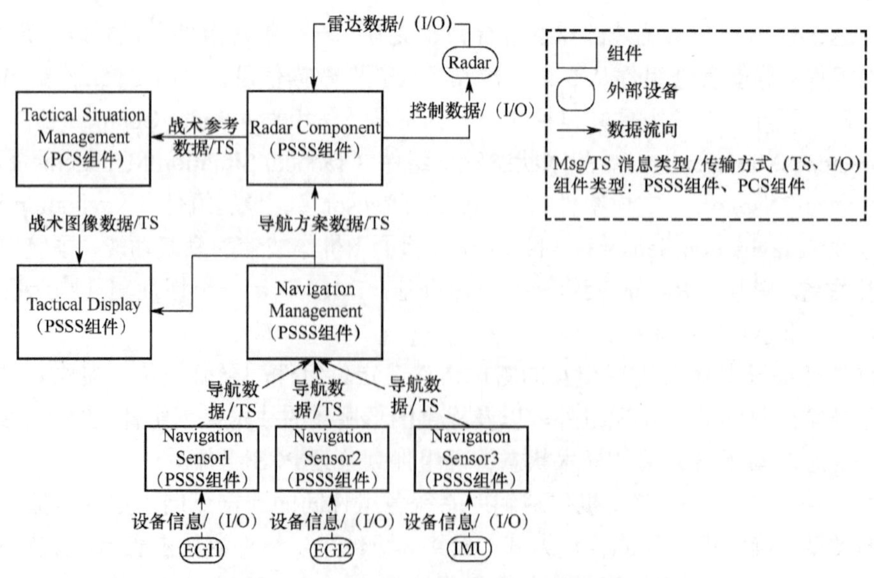

图 6-21　飞机作战辅助系统的组件协作图

6.7.2　操作系统选型及操作系统分区

选取 ARINC 653 操作系统，将操作系统划分为两个 POSIX 分区：一个分区包含系统所有的 PSSS 组件，提供平台相关功能；另一个分区包含 PCS 组件，提供可移植功能。由于两个分区间的传输就是 PSSS 组件与 PCS 组件间的传输，因此分区间采用 TS 进行数据传输。图 6-22 展示了飞机作战辅助系统的分区情况，这些分区通过 TS 和 I/O 服务进行交互，并由 ARINC 653 操作系统提供支持，确保系统各部分高效协调运作。

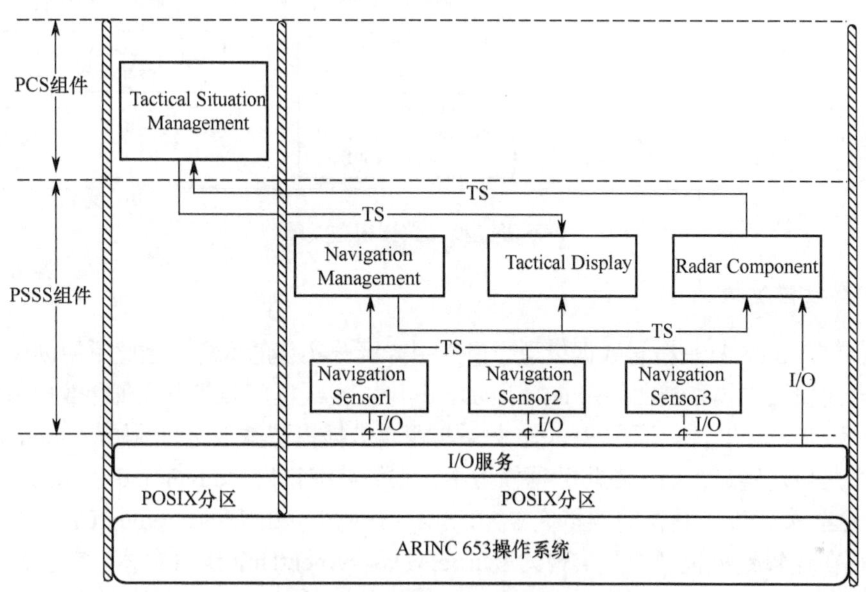

图 6-22　飞机作战辅助系统的分区情况

6.7.3　数据建模

前面提到，飞机作战辅助系统共包含 7 个系统组件，需要对每个组件进行数据建模。以下以导航管理组件的数据建模为例来详细介绍数据建模过程。

1）概念数据建模

（1）创建概念数据模型实体。

导航管理组件从多个来源获取位置、状态等信息参数，输出一个综合估计。从该功能场景可得到以下实体（Entity）：嵌入式全球定位系统/惯性导航系统（EGI）、惯性测量单元（IMU）、导航管理功能（NavManagementFunction）。

（2）建模每个实体元素的可观察量。

面向实体的唯一性创建 UniqueIdentifier 的可观察量（Observable），用于描述每个实体的 id；对于 EGI 实体，面向飞机的位置信息创建 Position、Orientation 两个可观察量，分别用于描述飞机的位置和方向；对于 IMU 实体，引用创建的 Position 可观察量描述飞机的位置信息；对于 NavManagement Function 实体，引用创建的 Position、Orientation 可观察量描述导航功能的输出信息。

（3）建模结果用 UML 类图表示，如图 6-23 所示。该类图包含 2 个 Entity（实体）类，1

个 Association（关联）类及 3 个 Observable（可观察量）类。

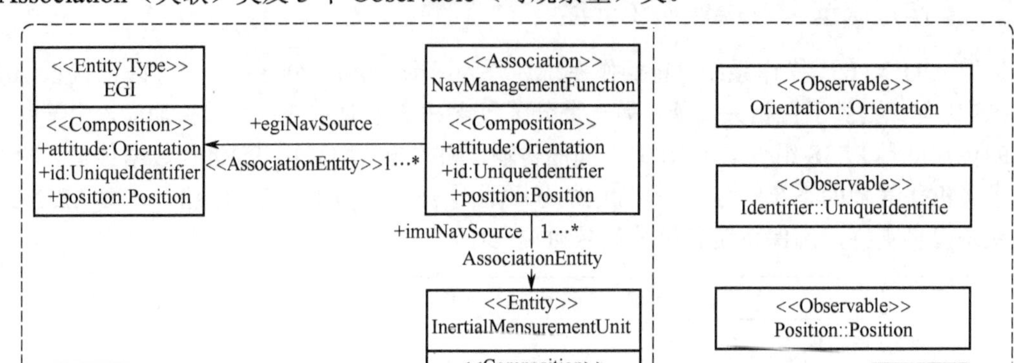

图 6-23　概念数据模型类图

2）逻辑数据建模

UniqueIdentifier 只是概念数据模型中引入用来区分实体的概念，因此不用创建平台逻辑的度量。部分逻辑数据模型类图如图 6-24 所示。其中，虚线框部分代表了概念数据模型类，包括 Observable 和 Entity Type，通过 Realize 关系与逻辑数据模型类相连。例如，Orientation 在概念数据模型中是可观察量；而在逻辑数据模型中，它们被细化为 BodyFrame AttitudeMeasurement Degrees，这些类代表了具体的测量度量。USM_LDM::InertialMeasurementUnit 作为一个概念实体元素，在逻辑数据模型中被实现为 InertialMeasurementUnit 逻辑实体，它包含了具体的测量单位，如 BodyFrameAttitude MeasurementDegree。此外，InertialMeasureUnit 被投影到 IMU_Data 上，定义了逻辑消息类型。这种投影关系表明了概念数据模型中的测量如何被映射到具体的数据结构中，以便在平台上进行通信和处理。

3）平台数据建模

参考平台数据建模步骤，进行平台数据建模，部分平台数据模型类图如图 6-25 所示，详细地反映了从逻辑数据模型到平台数据模型的转换过程。其中，虚线框中为逻辑数据模型组成元素，其他为平台数据模型组成元素，平台数据模型中的物理数据类型直接对应 IDL 的数据类型。例如，BodyFrameAttitudeMeasureDegress 被建模为 IDL 的原始数据类型。BodyFrameAttitudeMeasure 被建模为 IDL 中的结构体接口，它允许将多个原始数据类型组合成一个复杂的数据结构，以表示姿态测量的不同维度。InertialMeasurementUnit 这一逻辑实体元素在平台数据模型中进一步实现为 InertialMeasurementUnit 平台实体。此外，InertialMeasurementUnit 平台实体通过投影到 IMU_Data 定义了平台消息类型。这种映射关系说明了如何将平台实体的数据结构转换为适合系统组件间通信的消息格式。图 6-25 还展示了 WGS84Position 作为一个数据类型，可能用于表示地理位置，并与 EGI2 实体类型相关联。EGI2 通过组合关系与 USM PDM::EGI2 实现相关联，并通过视图类型与 EGI_Data 相关联，这表明数据模型支持对地理空间数据的访问和表示。

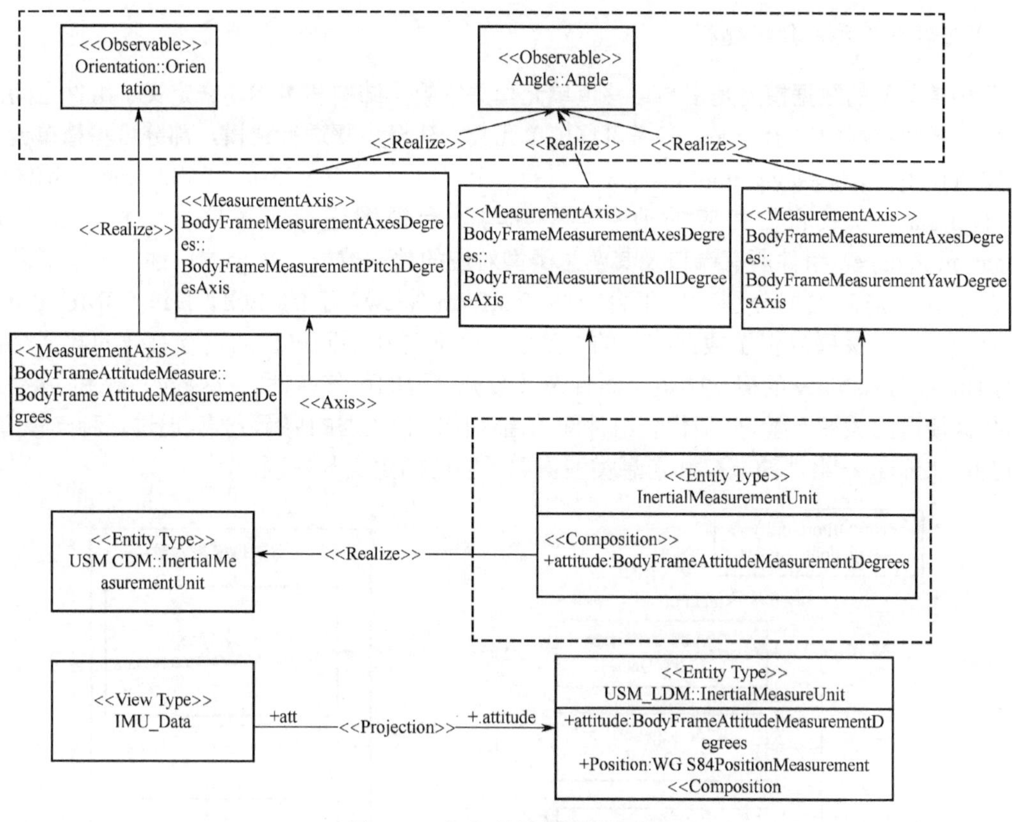

图 6-24　部分逻辑数据模型类图

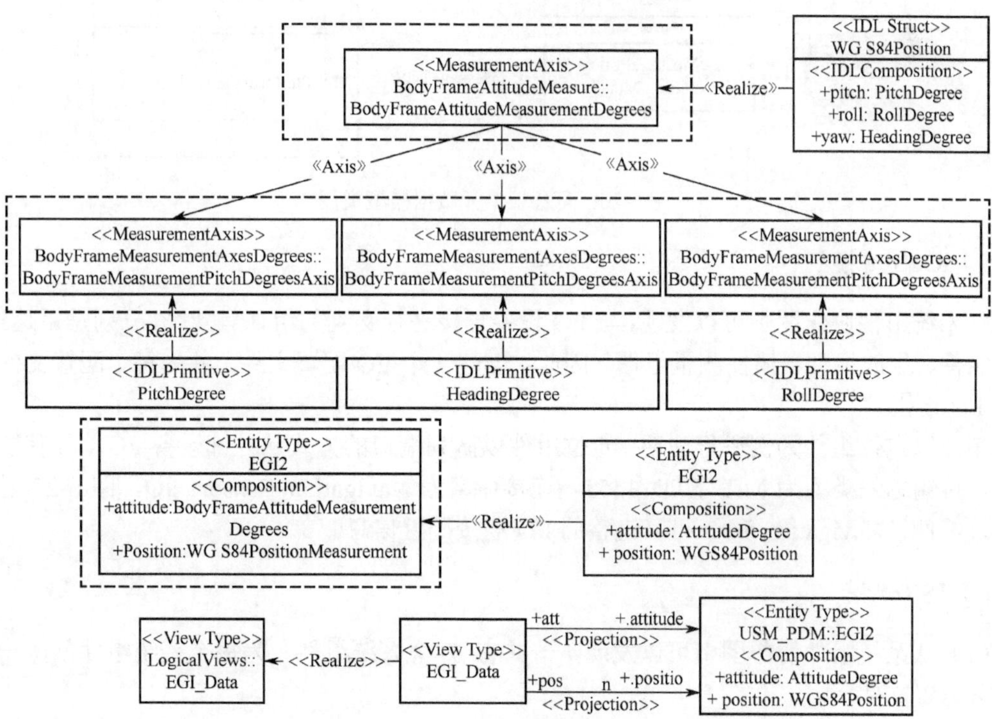

图 6-25　部分平台数据模型类图

4）可移植单元的数据建模

可移植单元的数据模型是指与可移植单元相关的数据结构和格式。它定义了组件之间的数据交换方式和数据的展示方式。参考可移植单元数据建模步骤进行建模，部分可移植单元数据模型如图 6-26 所示。NavigationManager 对应的 4 个端口——EGI1_Data、EGI2_Data、IMU_Data 和 Nav_Data，以及它们相应的消息类型都与平台视图进行了关联。这样，就完成了 NavigationManager 组件所有端口及其消息类型对应的数据建模。每个端口都与一个消息类型相关联，这些消息类型分别对应平台视图 Platform Views 下的 EGI1_Data、IMU_Data 和 Nav_Data。这种关联确保了数据模型的一致性，并允许在不同平台间进行有效的数据交换和展示。UnitOfPortability 的概念强调了组件及其数据模型的可移植性。MessagePort 和 ViewType 作为数据模型的关键元素，分别代表组件间的通信接口和数据的展示方式。通过这种建模方法，NavigationManager 组件的端口和消息类型得到了明确的定义与关联。

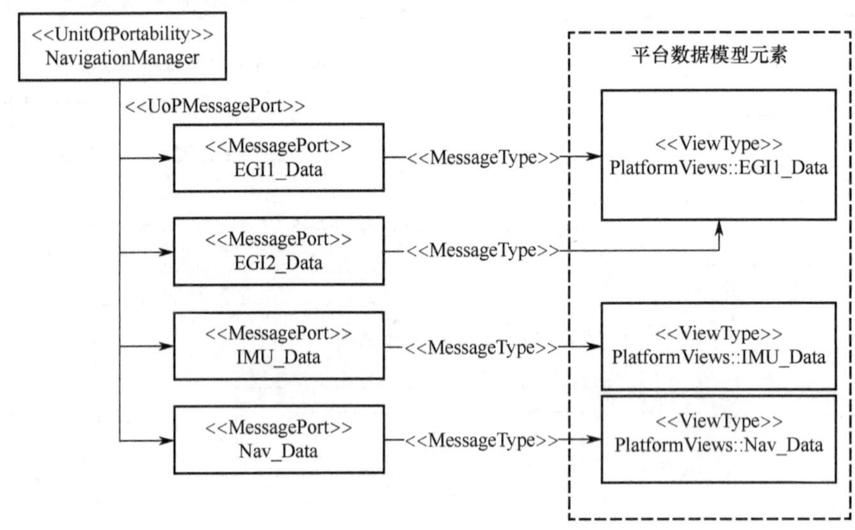

图 6-26 可移植单元数据模型类图

5）IOSS 建模

从系统组件协作图中可以发现，与 I/O 设备直接进行交互的组件有 4 个，分别是雷达组件、定位组件、导航组件、惯性测量组件。因此，创建 4 个 I/O 配置文件，并为每个配置文件配置一个 I/O 连接。

下面以定位组件为例进行说明。定位组件以队列端口的方式从外部设备 EGI1 处获取数据信息，传输总线类型为 MIL_STD_1553，连接命名为 Navigation_Sensor1_IO。图 6-27 显示了该定位组件（Navigation Sensor1）完整的 I/O 连接配置信息。

6）TSS 建模

（1）从系统组件协作图中可以发现，一共有 7 个系统组件，为每个系统组件创建一个传输服务配置文件。

（2）为定位组件（Navigation Sensor1）配置 1 个连接，导航组件（Navigation Sensor2）配

置 1 个连接，惯性测量组件（Navigation Sensor3）配置 1 个连接，导航管理组件（Navigation Management）配置 4 个连接，雷达组件配置 4 个连接，战术状态管理组件（Tactical Situation Management）配置 2 个连接，战术显示组件（Tactical Display）配置 2 个连接。

下面以定位组件为例进行说明。定位组件以 POSIX Socket 向导航管理组件传输数据信息，传输连接名称为 Navigation_sensor1_to_Nav，使用 IPv4 网络协议。图 6-28 显示了完整的定位组件（Navigation Sensor1）的传输服务配置信息。

```xml
<IOSLConfig xmlns="http://www.example.org/IOServLibSchema" xmlns:xsi="http://www.w3.org/2
    <Connection_Conf>
        <ConnectionName>Navigation_Sensor1_IO</ConnectionName>   <!-- 连接的名称 -->
        <ConnectionType>QueuingPort</ConnectionType>  <!-- 队列端口的连接方式 -->
        <ConnectionDirection>EGI1_Destinarion</ConnectionDirection>  <!-- 接收数据方 -->
        <CreateConnection>false</CreateConnection>  <!-- 不创建连接 -->
        <PortName>EGI_IOML_QP_DST_MIL1553</PortName>   <!-- 端口名称 -->
        <MessageSize>28</MessageSize>  <!-- 消息的大小 -->
        <MessageRange>20</MessageRange>  <!-- 连接中消息个数 -->
        <RefreshPeriod>1000000000</RefreshPeriod>  <!-- 消息保存时间 -->
        <Reliability>Reliable</Reliability> <!-- 可靠连接 -->
        <ReadWriteBehavior>Queuing</ReadWriteBehavior> <!-- 队列读写方式 -->
        <QueueDiscipline>FIFO</QueueDiscipline> <!-- 队列机制为先进先出 -->
        <ConnectionDomain><!-- 对于非Socket传输为空 --></ConnectionDomain>
        <SocketType><!-- 对于非Socket传输为空 --></SocketType>
        <ReceiveFlag><!-- 对于非Socket传输为空 --></ReceiveFlag>
        <SendFlag><!-- 对于非Socket传输为空 --></SendFlag>
        <SourceAddress><!-- 对于非Socket传输为空 --></SourceAddress>
        <DestinationAddress><!-- 对于非Socket传输为空 --></DestinationAddress>
        <SourcePort><!-- 对于非Socket传输为空 --></SourcePort>
        <DestinationPort>46420</DestinationPort> <!-- 目的端口 -->
        <IOType>MIL_STD_1553</IOType> <!--采用M总线标准IL_STD_1553 -->
        <ThreadList><!-- 所有的连接都在一个线程中，值为空 --></ThreadList>
    </Connection_Conf>
</IOSLConfig>
```

图 6-27　定位组件（Navigation Sensor1）的 I/O 连接配置信息

```xml
<IOSLConfig xmlns="http://www.example.org/IOServLibSchema" xmlns:xsi="http://www.w3.org/2001/X
<connection_list>
   <connection>
      <ConnectionName>Navigation_seneor1_to_Nav</ConnectionName>  <!-- 连接名称 -->
      <ConnectionType>SOCKET</ConnectionType>    <!-- 使用套接字进行传输 -->
      <ConnectionDirection>SOURCE</ConnectionDirection>   <!-- 组件为消息发送方 -->
      <MaxMessageSize>100</MaxMessageSize>   <!-- 传输的最大消息值 -->
      <MessageRange></MessageRange>  <!-- 采用缓冲方式读写不需要设置该属性 -->
      <AssociatedMessages>   <!-- 消息表示列表 -->
         <Messagedefinitionguid>12</Messagedefinitionguid>   <!-- 某个消息的全局唯一标识符
      </AssociatedMessages>
      <DataTransformRequired>false</DataTransformRequired>  <!-- 不需要进行数据格式转换 -->
      <RefreshPeriod>1000000000</RefreshPeriod>   <!-- 设置刷新周期 -->
      <Reliability>UNRELIABLE</Reliability>     <!-- 提供不可靠传输 -->
      <ReadWriteBehavior>BUFFERING</ReadWriteBehavior>      !-- 使用缓冲方式读写 -->
      <QueueDiscipline>FIFO</QueueDiscipline>   <!-- 队列方式为先进先出 -->
      <ConnectionDomain>INET</ConnectionDomain>   <!-- IPv4网络协议 -->
      <SocketType>DGRAM</SocketType>   <!-- 使用数据报格式 -->
      <ReceiveFlag><!--可选属性 --></ReceiveFlag>
      <SendDlag><!--可选属性--></SendFlag>
      <SourceAddress><!--组件为消息发送方，该属性值为空--></SourceAddress>
      <DestinationAddress>192.168.1.30</DestinationAddress>   <!-- 目的IP地址 -->
      <SourcePort></SourcePort>     <!-- 组件为消息发送方，该属性为空 -->
      <DestinationPort>31000</DestinationPort>     <!-- 目的端口 -->
      <threadlist><!--所有的连接都建立在一个线程中 --> </threadlist>
      <FilterSpecification><!--可选配置参数，这里不需要对过滤 --></FilterSpecification>
   </connection>
</connection_list>
```

图 6-28　定位组件（Navigation Sensor1）的传输服务配置信息

第 7 章　开放架构下模型与代码的映射关系研究

7.1　目标代码结构定义

7.1.1　系统代码设计

系统代码主要包含系统集成代码、TSS 库和配置文件等。要求系统集成文件与组件或子系统模型匹配且完整。手动构建系统可能会错过构建过程中的步骤，从而导致使用不完整的编译文件或旧的目标文件。为避免此类问题，实现系统的自动化编译、集成和配置至关重要。系统代码拓扑结构如图 7-1 所示。

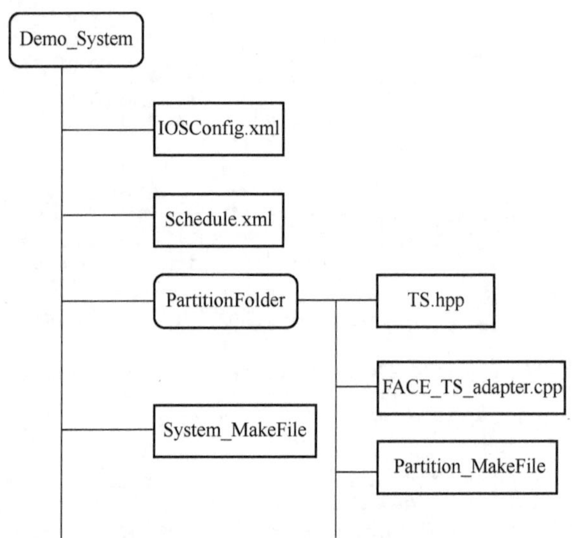

图 7-1　系统代码拓扑结构

本书基于航空电子领域常用的 ARINC 653 系统，在其架构之上，支持 ARINC 653 和 POSIX 两种常用操作系统分区，结合实际系统开发过程中的需求，分析并总结系统 I/O 和 TS 配置常用配置项，并对系统的目标代码做出以下设计。

（1）系统 I/O 配置文件——IOSConfig.xml：以 XML 格式存储，主要提供系统的 I/O 配置信息，包括系统连接名称、连接类型、确定是消息发送方还是接收方、消息的大小限制、消息的有效时间及队列方式等配置项。

（2）系统调度文件——Schedule.xml：以 XML 格式存储，主要提供系统分区之间的调度信息，包括每个分区的类型、周期、持续时间和端口类型；除此之外，还包括分区间通信采用的管道的描述，管道的源端及目标端的描述，并定义所有分区间的调度顺序。

（3）系统 MakeFile 文件：系统编译文件，主要功能是完成整个系统，即所有分区的编译及代码文件之间依赖关系的设定。

（4）每个分区的文件夹 PartitionFolder：包括 TS（传输服务）操作接口 TS.hpp。该文件定义了组件传输接口，包括常用的传输服务方法及其参数设置，主要功能有初始化、创建连接、销毁连接、接收消息、发送消息、获取连接参数和回滚等。

（5）负责 TS 的适配器 FACE_TS_adapter.cpp：完成传输服务接口文件 TS.hpp 中所有方法的实现，实现组件端口的定义及初始化。

（6）分区 MakeFile 文件：分区中组件编译文件，主要功能是完成分区中组件的编译，确保组件编译正确且与系统其他部分兼容。

7.1.2　数据模型代码设计

在数据模型生成代码的过程中，只需将 PDM（平台数据模型）映射为相应的代码即可。PDM 的模型组成元素包括实体模型、平台视图模型、结构类型模型、固定类型模型、枚举类型模型和基本数据类型模型。

与 UoP 模型不同的是，PDM 在生成代码的过程中，每个模型组成元素都会生成独立的代码文件。其中的模型组成元素（除固定类型和基本数据类型之外的所有类型元素）也可以引用其他模型组成元素或原子元素，只需在预处理文件中标注出引用即可，无须单独生成文件。数据模型生成的代码定义为数据类型，这些数据类型为组件之间、组件与系统之间的消息传输提供数据类型支持。消息传输端口的消息类型由数据模型详细定义，因此这些由数据模型生成的消息类型可以是简单的基本数据类型（如 string、int 等），也可以是用结构体表示的复杂数据结构。

数据模型生成的代码比较简单，平台视图中的实体、视图和 IDL 数据类型的每个数据模型都对应一个.hpp 文件。在每个.hpp 文件中，采用结构体定义其接口数据格式，如果用到其他已定义的数据结构，则在头部加入引用即可。

7.1.3　组件代码设计

组件代码（数据结构、TSS、配置等）都是由公共源（模型或系统模板）生成的，因此所有细节实现都是一致的。手动方法存在部分更新或一致性错误的风险，其中不同组件可能配置不同或接口不一致，或者由于文档解释不当而导致软件出现问题。

组件代码提供符合 FACE 技术标准的组件所需的基本代码（如 TSS 连接、配置等）。生成的组件代码预留有供开发人员填充其自定义业务逻辑的接口。

如图 7-2 所示，组件代码主要包括以下几项。

（1）TS 接口文件 TS.hpp：组件传输接口声明文件，声明常用传输服务方法及其参数设置。

（2）进程主函数文件 process_main.cpp：包含配置 ARINC 653 进程属性、分区组件的初始化、分区组件的启动、设置分区操作模式（空闲、正常、冷启动、热启动），以及进程终止等方法。

（3）进程行为逻辑声明文件 process_behav.hpp：自定义行为入口点，是软件编码人员自定义行为逻辑的声明文件，包括初始化、启动、终止等方法。

（4）进程行为逻辑定义文件 process_behav.cpp：自定义行为入口点，是软件编码人员自定义行为逻辑的定义文件，包括初始化、启动、终止等方法的设计实现。在此文件中完成手写代码的添加。

（5）进程声明文件 process.hpp：定义 FACE 应用入口点，声明进程初始化、开始、结束等方法。

（6）进程定义文件 process.cpp：对进程声明文件中声明的进程初始化、ARINC 653 进程的启动、进程结束释放连接等方法进行定义，同时在这些方法中调用自定义行为逻辑的方法。

（7）端口文件夹 Ports：为每个端口提供端口声明文件 port.hpp 和端口定义文件 port.cpp。

（8）端口声明文件 port.hpp：实现构造函数/析构函数、创建连接、销毁连接、发送等方法的声明。

（9）端口定义文件 port.cpp：实现构造函数/析构函数、创建连接、销毁连接、发送等方法的定义。

（10）组件 Make File 文件 Component_MakeFile：组件编译文件，主要功能是完成组件的编译。

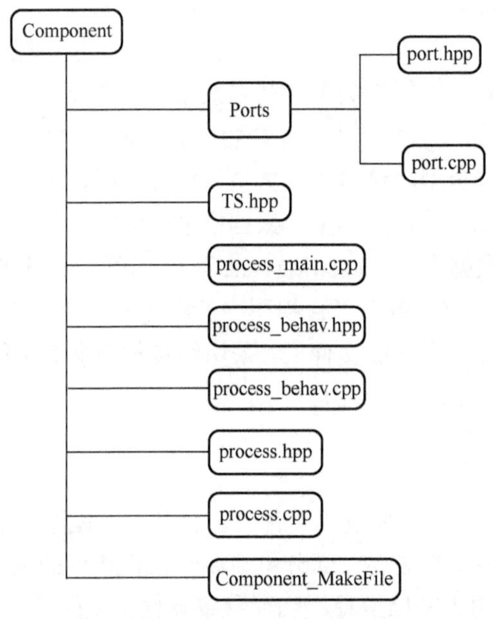

图 7-2　组件代码结构图

7.2　FACE 模型与代码的映射规则

在代码生成之前，需要设计C++语言代码模板，并在设计这些代码模板的过程中遵循相应的规则。本节对设计C++语言代码模板遵循的相关规则做简单介绍。数据模型语言绑定被指定为两部分映射：第一部分指定从 PDM 到 IDL 的映射，第二部分将 IDL 映射到 FACE 数据模型支持的编程语言。

7.2.1　PDM 到 IDL 的映射

PDM 到 IDL 的映射描述了如何将给定的 PDM 转换为 IDL。表 7-1 描述了 PDM 元素如何映射到 IDL 结构。

表 7-1　PDM 到 IDL 的语法映射规则

PDM 类型	IDL 类型	PDM 类型	IDL 类型
face::platform::Entity	struct	face::PlatformDataModel	module
face::platform::View	struct	variable length multiplicity	sequence
face::platform::Composition	struct member	fixed length multiplicity	array
face::platform::CharacteristicProjection	struct member	face::platform::IDLType	typedef

表 7-2 描述了 PDM 中的物理数据类型如何映射到 IDL 原始数据类型。

表 7-2　PDM 到 IDL 原始数据类型的映射

PDM 物理类型	IDL 类型	PDM 物理类型	IDL 类型
Boolean	boolean	Float	float
Char	char	Short	short
WChar	wchar	Long	long
Octet	octet	LongLong	long long
String	string	UShort	unsigned short
WString	wstring	ULong	unsigned long
Enum	enumeration	ULongLong	unsigned long long
Double	double	Fixed	fixed
LongDouble	long double	—	—

face::platform::IDLStruct 元素映射到 IDL 结构体。face::platform::IDLStruct 的名称映射到 IDL 结构体的名称。face::platform::IDLComposition 元素映射到 IDL 结构体成员。

face::platform::Entity 元素映射到 IDL 结构体。face::platform::Entity 的名称映射到 IDL 结构体名称。face::platform::Composition 元素映射到 IDL 结构体成员。face::platform::Composition 上的 upperBound 和 lowerBound 确定结构体成员是数组、序列还是两者都不是：如果 lowerBound 等于 upperBound 且大于或等于 2，则 face::platform::Composition 映射到 IDL 数组；如果 lowerBound 小于 upperBound，则 face::platform::Composition 映射到 IDL 序列；如果 lowerBound 和 upperBound 均等于 1，则 face::platform::Composition 映射到 IDL 成员。

face::platform::IDLType 元素及其子元素映射到 IDL typedef。typedef 的类型由表 7-2 中指定的元素确定。face::platform::IDLType 元素的名称是 IDL typedef 的名称。

7.2.2　IDL 到程序语言（C++）的映射

1）命名规则

为防止模型中的合法名称与 C++语言的保留关键字冲突，在将模型中的合法名称映射为代码时，全部加上前缀 FACE_，主体名称部分与数据模型中的保持一致。

2）文件命名

IDL 源文件映射到与之具有相同基本名称和.hpp 扩展名的 C++头文件。如果在此技术标准中定义了 IDL 源文件，则头文件位于 FACE 目录中。例如，模型组成元素 BSOList 生成的 C++语言代码会存放在 BSOList.hpp 文件中。

3）预处理指令

当在模型中调用其他元素时，代码中生成#include "<name>.h"。其中，<name>为调用的元素名称，一个模型代码中可以含有多个#include "<name>.h"。对于不能调用其他元素的原子元素（固定类型和基本数据类型），在代码文件中添加预处理指令#include <FACE/types.h>。

在每个平台数据模型组成元素生成的代码文件中均加入#ifndef/#define/#endif 语句，防止在其他模型代码中引用数据模型代码的这些头文件时重复引用。因此，# ifndef include guard 始终存在于从 IDL 生成的 C++源文件中，其中，“guard”中使用的标识符是生成的 C++头文件的基本名称，全部大写，前缀为下画线，并附加 HPP。

4）模块

模块映射到C++名称空间。在解析来自其他模块的定义时，使用的范围解析运算符映射到C++中相同的位置。

5）类型定义

IDL typedef 用于定义类型，它直接映射到 C++ typedef。C++ typedef 的名称是 IDL typedef 的名称，IDL 中的多个声明符在 C++中映射到相同的声明符。对于每种模型组成元素，在将其映射成为 C++语言程序代码时，都需要使用 typedef 给元素起别名，进而提高程序的可移植性。别名格式为元素的作用域名称，如元素 BSOList 的别名为 FACE_DM_BSOList（FACE 模型架构数据模型下的 BSOList 模型组成元素）。

6）常量

常量映射到 C++中的#define。

7）基本类型

IDL 基本类型根据表 7-3 映射到 C++语言类型，其中包括符合给定大小和范围要求的相应 C++语言类型的定义，包含这些定义的文件是 FACE / types.hpp。

表 7-3　IDL 基本类型到 C++语言类型的映射

IDL 基本类型	C++语言类型	大小/字节	取值范围	默认值
short	FACE_short	2	$-2^{15}\sim(2^{15}-1)$	0
long	FACE_long	4	$-2^{31}\sim(2^{31}-1)$	0
long long	FACE_long_long	8	$-2^{63}\sim(2^{63}-1)$	0
unsigned short	FACE_unsigned_short	2	$0\sim(2^{16}-1)$	0
unsigned long	FACE_unsigned_long	4	$0\sim(2^{32}-1)$	0
unsigned long long	FACE_unsigned_long_long	8	$0\sim(2^{64}-1)$	0
float	FACE_float	4	IEEE 754-2008 单精度浮点数	0.0
double	FACE_double	8	IEEE 754-2008 双精度浮点数	0.0
long double	FACE_long_double	10	IEEE 754-2008 扩展的双精度浮点数	0.0
Char	FACE_char	1	$-2^{7}\sim(2^{7}-1)$	0
boolean	FACE_boolean	1	$0\sim1$	0
octet	FACE_octet	1	$0\sim(2^{8}-1)$	0

8）序列

有界和无界序列分别映射到具有适当元素类型的 typedef FACE::Sequence 与 C++中的#define，其中，#define 标识符是序列的完全范围名称，附加_bound_value。为了指示序列是无界的，将使用标记值 FACE::Sequence <T>::UNBOUNDED_SENTINEL 作为替换值。

9）字符串

有界和无界字符串分别映射到 typedef FACE::String 与 C++中的#define，其中，#define 标识符是字符串的完整范围名称，附加_bound。为了表明字符串是无界的，将使用 sentinel 值 FACE::String::UNBOUNDED_SENTINEL 作为替换值。

10）固定类型

固定类型映射到 typedef FACE::Fixed 和表示数字及标度类型的两个#defines。对于数字类型的#define，标识符是数字类型的完全范围名称，并附加_digits。对于标度类型的#define，标识符是标度类型的完全范围名称，并附加_scale。实现使用这些常量初始化固定类型。

11）构造类型

结构体：IDL 结构映射到与之具有相同名称的 C++结构。结构成员顺序与 IDL 中的顺序相同；每个成员的类型和标识符都按照其他地方的规则进行映射。IDL 中结构的前向声明映射到 C++中与之具有相同名称的结构的前向声明。

枚举：IDL 枚举映射到 C++枚举，其文字以与 IDL 中相同的名称和顺序指定。为了避免枚举文字出现在全局范围内，C++枚举名为 Value，并包含在与 IDL 枚举同名的结构中。该结构仅用于限定范围枚举，因此它具有声明的私有构造函数，且没有实现，以限制其实例化。

联合体：IDL 联合体映射到与之同名的 C++类。实现负责提供此类的定义，并允许定义超出此处指定的类成员。

12）数组

IDL 中的数组映射到与之具有相同名称和维度的 typedef C 样式数组。数组类型的映射在 IDL 类型的相关部分指定。生成另一个名为<array name>_slice（别名）的数组类型，其中删除了最重要的维度。

根据对系统模型、数据模型组成元素的设计，结合需要生成的目标代码，分别建立系统模型、数据模型和可移植单元到代码的映射关系。

7.2.3　系统模型与系统代码的映射关系

如图 7-3 所示，在系统模型中，根据每个分区模型的属性设置，生成对应的分区 TSS 配置库及分区编译文件。根据系统的配置和分区的分配情况，以及分区间通信管道的使用和配置信息，生成系统分区调度文件 Schedule.xml。在生成系统代码的同时，还会生成系统编译文件 MakeFile。

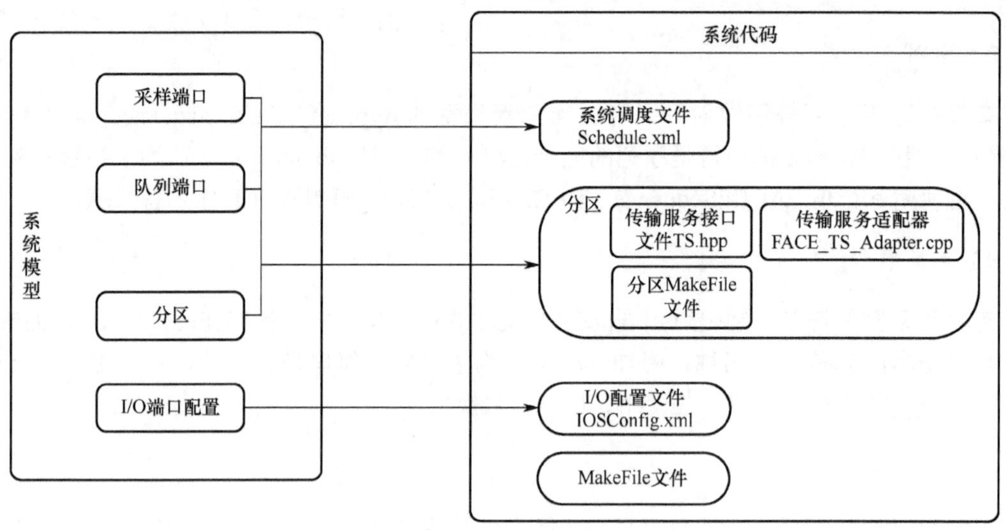

图 7-3　系统模型到系统代码的映射关系

7.2.4　数据模型与数据类型代码的映射关系

在生成数据模型代码时，程序会根据 PDM 中的具体元素类型，从 ST 模板引擎中调用相应的模板。

如图 7-4 所示，PDM 的模型组成元素包括平台视图模型、结构类型模型、实体类型模型、固定类型模型、枚举类型模型和基本数据类型模型。当然，一个 PDM 的模型组成元素也可以是另一个 PDM 中的元素。但是，在映射为代码的过程中，PDM 并不会直接映射为代码，而是把其中的基本模型组成元素映射为相应的代码。对于这些可以直接生成代码的模型组成元素，每个模型组成元素都会映射为C++语言中不同的数据类型，以描述组件之间的数据交换。当然，不同的模型组成元素也有可能映射为相同的数据类型。

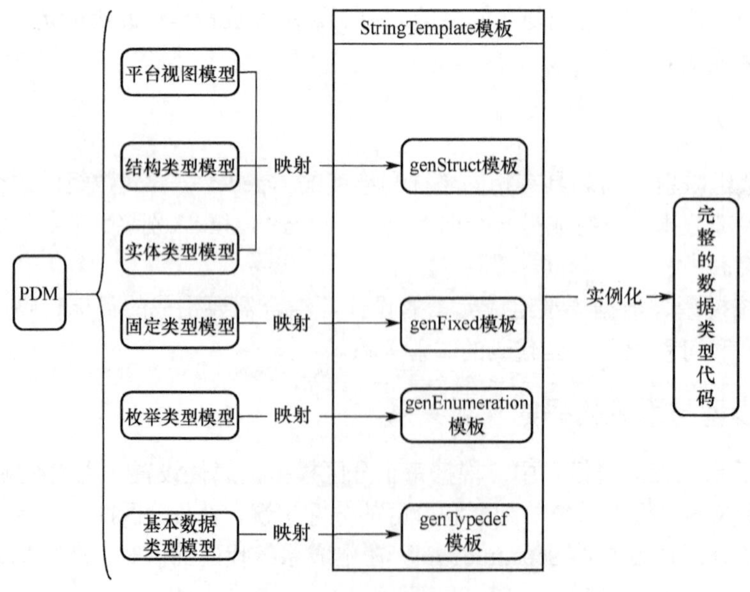

图 7-4　数据模型与数据类型代码关系映射图

7.2.5　UoP 与组件代码的映射关系

UoP 中主要涉及进程及输入/输出消息绑定。输入/输出消息绑定都是采用 PDM 中的平台视图来完成定义的，进程主要是 ARINC 653 进程。如图 7-5 所示，输入/输出消息绑定被映射为组件端口的定义，包括端口声明文件 port.hpp 和端口定义文件 port.cpp；将整个组件模型映射为进程方法的声明及定义文件；一个内部进程映射为进程主函数文件 process_main.cpp；除此之外，组件代码在生成时，还应生成组件常用的 TS 接口声明文件 TS.hpp，并提供开发人员自定义行为逻辑的接口，包括用户自定义行为逻辑声明文件 process_behav.hpp 和用户自定义行为逻辑定义文件 process_behav.cpp，以及组件编译文件 MakeFile。

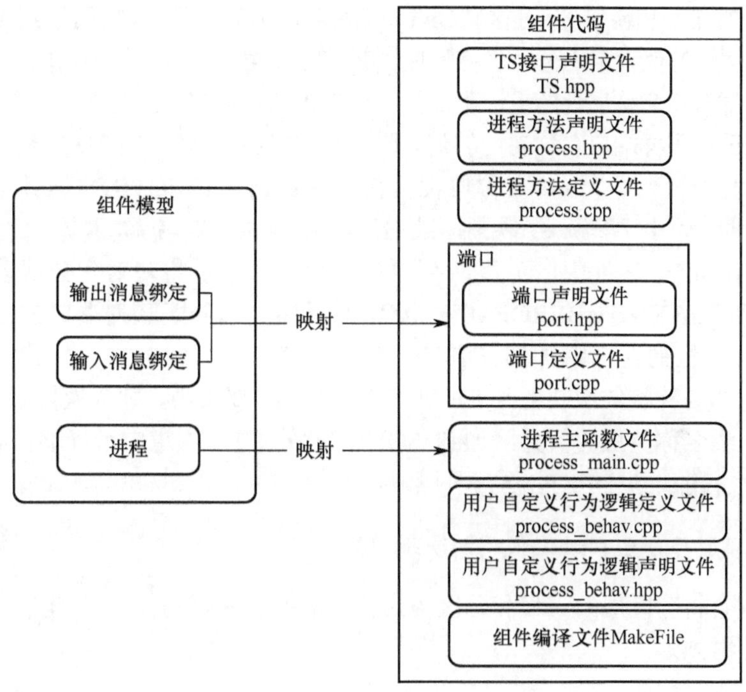

图 7-5　UoP 与组件代码的映射关系

7.2.6　ARINC 653 系统配置模型与代码的映射规则

1）模块层映射规则

模块层映射主要是将模型中的配置信息映射到配置文件。建模时仅为分区添加了周期和持续时间属性，未添加分区调度的任何信息，因此分区调度信息将由分区调度分析工具生成并映射到模块配置文件的调度时间表。下面讨论模块层模型与模块配置文件的映射规则。

（1）模块属性映射规则。

模块关联 CPU 将映射到配置项 CPU，如果模型中未指定 CPU 的值，则默认为#0；模块超周期属性将映射为 HYPERPERIOD 配置项的值，未指定此值时，其将被配置为所有分区周期的最小公倍数；模块迭代次数的值将映射为 MAXITERATIONS 的值，未指定此值时，该模块将永久迭代。分区初始化超时时间将映射为 PARTITION_INIT_TIMEOUT 的值，未指定该值时，其将默认为 60。

（2）分区属性映射规则。

分区名称将依次映射到 PARTITION_NAME 的值中；生成的分区初始化文件路径将映射到分区名称属性的值，附加到_EXECUTABLE 属性中。

（3）分区间调度映射规则。

分区间调度模型将映射到配置文件，其中每个时间窗口的偏移时间和持续时间将依次映射到分区名称属性的值，附加到_SCHEDULE 属性中。

（4）分区间通信映射规则。

分区采样端口名称将映射到分区名称，附加到_SAMPLINGPORT 属性中，并将该属性的值设定为分区名称附加_SP_和端口号。分区队列端口名称将映射为分区名称，附加到_QUEUINGPORT 属性中，并将该属性的值设定为分区名称附加_QP_和端口号。分区采样端口的最大消息大小配额将映射到分区采样端口名称属性的值，附加到_MAXMESSAGESIZE 属性中。分区采样端口的刷新周期将映射到分区采样端口名称属性的值，附加到_REFRESHPERIOD 属性中。分区采样端口的方向将映射到分区采样端口名称属性的值，附加到_DIRECTION 属性中。分区队列端口的最大消息大小配额将映射到分区队列端口名称属性的值，附加到_MAXMESSAGESIZE 属性中。分区队列端口最大消息数量将映射到分区队列端口名称属性的值，附加到_MAXNUMBEROFMESSAGES 属性中。分区队列端口的方向将映射为分区队列端口名称属性的值，附加到_DIRECTION 属性中。

分区间通道的名称将依次映射到 CHANNEL_NAME 属性中，并依次排序。通道的源端口名称将映射为通道名称属性的值并附加到_SOURCE 属性中，通道的目标端口名称将映射为通道名称属性的值并附加到_DESTINATION 属性中。

2）分区层模型与分区初始化代码的映射规则

分区层模型会将分区层的进程和分区内进程间的通信映射到使用 C 语言编写的代码中，以下是此代码映射规则。

（1）命名规则及代码路径。

分区初始化代码将存储在配置文件目录下名为分区名称的文件夹中。分区初始化代码将使用分区名称作为文件名称，并生成分区名称附加.c 扩展名的 C 语言文件和分区名称附加.h 扩展名的 C 语言头文件。

（2）头文件。

每个分区初始化文件的头文件中都将添加命令行#ifndef/#define/#endif，防止该头文件被重复引用。当 ARINC 653 分区模型中关联了组件时，生成的分区初始化头文件中将生成#include<name>_impl.h，其中<name>为组件名称。使用分区名称定义全局变量 PARTITION_NAME。在全局使用配置文件中定义的分区端口名称定义通信。

（3）源文件。

在每个分区初始化文件的源文件中都应添加命令行#include<name.h>，其中<name>为分区名称。声明全局进程的 MAP 集合和全局分区内错误代码字典的 MAP 集合。将健康监控中定义的分区级错误代码映射到 set_global_error_code_dict()函数中。实现组件头文件中定义的分区内通信方法并重写设置和报告的方法，将组件中的事件映射到此文件的进程定义中。

（4）分区内通信映射规则。

分区内进程会映射为全局进程 MAP 集合。对于分区内的任务通信实例，在进行分区初始化时，应初始化这些通信资源。在分区运行过程中，调用操作系统提供的函数进行分区内通信。下面是分区内通信初始化时的映射规则。

① 缓冲区初始化映射规则。

当分区模型内进程间使用缓冲区进行通信时，在生成的分区初始化文件中，将缓冲区的名称映射为全局变量 BUFFER_NAME，将缓冲区 ID 映射到全局变量 BUFFER_ID，并声明全局变量 RETURN_CODE，用于标识返回码。在分区初始化文件的主函数中，使用 APEX 提供的 CREATE_BUFFER()服务，并使用如下参数进行缓冲区初始化：BUFFER_NAME、MAX_MESSAGE_SIZE、MAX_NB_MESSAGE、BUFFER_ID、QUEUING_DISCIPLINE、RETURN_CODE。其中，最大消息大小（MAX_MESSAGE_SIZE）、最大消息数量（MAX_NB_MESSAGE）、消息排队规则（QUEUING_DISCIPLINE）变量具有系统默认值。

② 黑板初始化映射规则。

当分区模型内进程间使用黑板进行通信时，允许多个进程通过共享的内存区域（缓冲区）进行数据交换。在生成的分区初始化文件中，将黑板的名称映射到全局变量 BLACKBOARD_NAME，将黑板 ID 映射到全局变量 BLACKBOARD_ID，并声明全局变量 RETURN_CODE，用于标识返回码。在分区初始化文件的主函数中，使用 APEX 提供的 CREATE_BLACKBOARD()服务，并使用如下参数进行缓冲区初始化：BLACKBOARD_NAME、MAX_MESSAGE_SIZE、BLACKBOARD_ID、RETURN_CODE。其中，最大消息大小（MAX_MESSAGE_SIZE）变量具有系统默认值。

③ 信号量初始化映射规则。

当分区模型内进程间使用信号量进行通信时，在生成的分区初始化文件中，将信号量的名称映射到全局变量 SEAMPHORE_NAME，并声明全局变量 SEAMPHORE_ID（信号量标识符）。在分区初始化文件的主函数当中，声明变量初始化返回码 RETURN_CODE，用于返回初始化结果；使用 APEX 接口信号量初始化服务 CREATE_SEAMPHORE()进行信号量初始化，使用参数如下：SEAMPHORE_NAME、CURRENT_VALUE、MAXIMUM_VALUE、QUEUING_DISCIPLINE、SEAMPHORE_ID、RETURN_CODE、MAX_MESSAGE_SIZE。其中，最大消息大小（MAX_MESSAGE_SIZE）变量具有系统默认值。初始化成功后，系统将为信号量标识符分配当前分区唯一标识符，返回初始化返回码。

④ 事件初始化映射规则。

当分区模型内进程间使用事件进行通信时，在生成的分区初始化文件中，将事件的名称映射到全局变量 EVENT_NAME，并声明全局变量 APERIODIC_EVENT_ID（非周期事件标识符）。在分区初始化文件的主函数中，声明变量初始化返回码 RETURN_CODE，用于返回初始化结果；并使用 APEX 接口服务 CREATE_EVENT()初始化事件通信，此服务将使用如下参数：EVENT_NAME、EVENT_ID、RETURN_CODE。初始化成功后，系统将为事件标识符分配当前分区唯一标识符，并返回初始化返回码。

第 8 章　开放架构下模型的代码生成技术

8.1　模型到代码自动生成方法概述

在系统模型映射为代码的过程中，会生成系统配置文件、I/O 文件和传输服务文件。同时，系统模型会根据用户选择的生成语言，对预先编写好的模板进行实例化。因为系统模型在建模中的模型组成元素相同，所以每个系统调用的模板相同，只是对模板中变量的值进行改变。

8.2　系统代码生成模板设计

系统代码生成模板的设计主要涉及系统调度文件生成模板、系统 I/O 配置文件生成模板、系统 MakeFile 文件，同时，支持生成分区及分区内文件，包括 TS 接口、负责 TS 的适配器、分区 MakeFile 文件。

1）系统 I/O 配置文件生成模板

遍历每个 I/O 连接，为每个 I/O 连接生成对应的 I/O 配置，配置项包括连接名称、连接类型、连接方向、是否创建连接、端口名称、消息大小、消息范围、刷新周期、连接是否可靠、读/写行为、队列原则、连接域、Socket 类型、接收标志、发送标志、源地址、目标地址、源端口、目标端口、I/O 类型。它们都可直接从模型组成元素配置的属性中获取，系统 I/O 配置文件生成的部分模板如下：

```
<ConnectionName>${io_config.connectionname}</ConnectionName>
<ConnectionType>${io_config.connectiontype}</ConnectionType>
<ConnectionDirection>${io_config.connectiondirection}</ConnectionDirection>
```

根据不同的 I/O 类型，生成不同的配置项。例如，当 I/O 类型为 Serial 时，需要设置的 I/O 配置属性如下：

```
<SerialIO>
    <ChannelNumber>${io_config.iotype_config.chan_num}</ChannelNumber>
    <Mode>${io_config.iotype_config.mode}</Mode>
    <BaudRate>${io_config.iotype_config.baud_rate}</BaudRate>
    <DataBits>${io_config.iotype_config.data_bits}</DataBits>
    <StopBits>${io_config.iotype_config.stop_bits}</StopBits>
    <Parity>${io_config.iotype_config.parity}</Parity>
</SerialIO>
```

2）系统调度文件生成模板

由于系统 I/O 配置文件的格式为 XML，因此在进行模板定义时，需要考虑生成的配置文件是否符合 XML 语法规范。在模板头部加入如下代码：

```
<?xml version="1.0" encoding="UTF-8"?>
<OSModule xmlns:ar="ARINC653"
 xmlns:xi="http://www.w3.org/2001/XInclude"
 xmlns:xsi="http://www.w3.org/2001/XMLSchema-instance"
 xsi:noNamespaceSchemaLocation="OS.xsd">
```

定义配置文件的基本语言格式并遍历所有分区，生成每个分区的属性信息，包括 id、名称、分区类型、周期等，模板如下：

```
<Partition Identifier="${partition.id}" Name="${partition.name}">
<Kind>POSIX</Kind>
<System>false</System>
<Periodicity Period="${toNanoSeconds(partition.period)}" Duration="${toNanoSeconds(partition.duration)}"/>
 <ImageName>/opt/bin/${partition.name}_master</ImageName>
 <StackSize>3145728</StackSize>
```

遍历分区中的端口，端口需要填充的属性包括端口名称、最大消息大小、消息流向、最大消息数量等，模板如下：

```
<QueuingPort Name="${queuing_port}"
  MaxMessageSize="${queuing_port.max_message_size}"
  Direction="${queuing_port.direction}"
  MaxNbMessage="${queuing_port.max_number_of_messages}"/>
```

遍历所有的分区，生成分区调度顺序表。

遍历所有的管道，每个管道生成的属性有目标端地址和源端地址，模板如下：

```
<Source>
  <Partition Identifier="${src.partition.id}" Name="${src.partition}"/>
  <Port>${src}</Port>
</Source>
<Destination>
  <Partition Identifier="${dst.partition.id}" Name="${dst.partition}"/>
  <Port>${dst}</Port>
</Destination>
```

3）TS 接口声明文件生成模板

根据模型分区中具体的端口类型，声明系统 TS 常用方法，包括读回滚、初始化、创建连接、释放连接、接收消息、发送消息、注册回滚、非注册回滚、获取连接参数。

4）TS 接口定义文件生成模板

根据模型分区中具体的端口类型，定义系统 TS 常用方法，包括读回滚、初始化、创建连接、释放连接、接收消息、发送消息、注册回滚、非注册回滚、获取连接参数。

5）系统及分区 MakeFile 文件生成模板

系统及分区 MakeFile 文件生成模板负责系统编译及分区编译文件的生成。

8.3 ARINC 653 系统代码自动生成方法研究

8.3.1 ARINC 653 系统模块配置文件生成模板设计

ARINC 653 系统模块配置文件指导系统如何初始化模块及模块使用的资源。系统模块配置文件专注于模块内的配置信息，而不是所有分区内资源的配置，用于为分区内资源的初始化提供运行时环境。系统模块配置文件包含模块关联的 CPU 编号、模块运行的超周期、最大迭代次数、分区初始化超时时间、分区名称、分区映像文件路径、分区调度信息表、分区端口及其属性、分区间通道及其属性、模块错误表等配置信息。图 8-1 所示为系统模块配置文件实例。

```
[1]CPU=1
[2]HYPERPERIOD=2
[3]PARTITION_NAME = PART1
[4]PARTITION_NAME = PART2
[5]PART1_EXECUTABLE = ./
[6]PART2_EXECUTABLE = ./
[7]PART1_SCHEDULE = 0,1
[8]PART2_SCHEDULE = 1,1
[9]PART1_SAMPLINGPORT = SENSOR_SAMPLING_PORT
[10]PART2_SAMPLINGPORT = GPS_SAMPLING_PORT
[11]SENSOR_SAMPLING_PORT_MAXMESSAGESIZE = 1024
[12]SENSOR_SAMPLING_PORT_REFRESHPERIOD = 4
[13]SENSOR_SAMPLING_PORT_DIRECTION = SOURCE
[14]GPS_SAMPLING_PORT_MAXMESSAGESIZE = 1024
[15]GPS_SAMPLING_PORT_REFRESHPERIOD = 4
[16]GPS_SAMPLING_PORT_DIRECTION = DESTINATION
[17]CHANNEL_NAME = channel1
[18]channel1_SOURCE = SENSOR_SAMPLING_PORT
[19]channel1_DESTINATION = GPS_SAMPLING_PORT
```

图 8-1　系统模块配置文件实例

该实例是一个具有两个分区的系统模块配置文件样例。此系统关联的 CPU 编号为 1，模块运行的超周期为 2s，两个分区的名称分别为 PART1 和 PART2，这两个分区的可执行文件分别是./part1 和./part2。PART1 的偏移时间和持续时间分别为 0 与 1s。PART2 的偏移时间和持续时间均为 1s。需要注意的是，两个分区的有效周期都是 2s。PART1 有一个被称为 SENSOR 采样端口的源采样端口，其最大消息大小为 1024 字节，刷新周期为 4s。PART2 有一个目标端口，是 GPS 采样端口，其最大消息大小为 1024 字节，刷新周期为 4s。分区间有一个名为 channel1 的通道，其连接 SENSOR 采样端口和 GPS 采样端口。

8.3.2　分区初始化代码生成模板设计

分区代码文件将对分区进行初始化，包括创建分区内进程、分区内的通信资源，以及分区错误配置表。分区代码会定义进程的通信代码，此代码的接收参数代表进程的数据接收行为，输出结果代表进程的数据发送行为。数据的源和目标为相对应的端口。FACE 技术标准中定义了 ARINC 分区内进程的通信方式，包括黑板、缓冲区、信号量、事件、互斥锁；FACE 技术标准同样定义了 POSIX 分区内进程的通信方式，包括消息队列、信号量、互斥锁。进程的通信代码的输入为接收数据行为，此行为接收的数据是从相应的端口接收的数据；进程的通信代码的输出是发送数据行为，此行为将把数据发送到对应的端口。分区代码中的分区错误配置表将设置分区运行中出现错误时启动的处理方案。

8.3.3　自动化编译模板文件设计

在 Linux 环境下，需要使用 GNU 的 make 工具完成编译、连接和执行任务，构建一个工程。make 是一个命令工具，它解释 MakeFile 文件中的指令。MakeFile 文件描述了整个工程的编译顺序、连接等规则，其中包括工程中的哪些源文件需要编译及如何编译、需要创建哪些库文件及如何创建、如何最后产生可执行文件。

8.4　数据模型代码生成方法研究

8.4.1　数据模型代码生成方法概述

通过研究代码生成相关技术，对比各种代码生成方法的优劣，可以发现大多数生成源代码或其他文本的程序都是遍布打印语句的非结构化逻辑块。这种情况的出现主要是因为缺乏有效的工具和规范的形式。正确的输出形式应当遵循输出语言的语法规范，确保生成的代码语句语法正确。程序员通常不用手工构建解析器，而是依赖解析器生成器来完成。同样，为了生成文本，也需要依赖逆语法分析器生成器。输出语法最方便的表现形式是模板引擎，如 String Template。String Template 区别于其他模板引擎的主要特点在于其严格执行模型与视图的分离原则，特别适用于多种语言的目标代码生成、网站风格管理，以及多语言版本的网站生成。模板文件可以在相似的工程开发中重用，清晰的模板文件不仅可以作为工程开发的说明文档，还可以独立修改。这里采用 Java 提供的 String Template 模板引擎，针对不同类型的模型，分别给出其代码生成原理。

首先，设计 String Template 模板组；利用 Dom4j 和 XPath 技术解析 FACE 标准模型文件，根据建模过程中的模型组成元素属性及类型设计节点路径表达式，获取 FACE 架构模型中模型组成元素的类型，根据获取的模型组成元素的类型，从预设计的 String Template 模板组中选取相应的模板类型；然后，根据模板中定义的变量需求，提取相应模型组成元素的属性，并将这些属性存储在自定义的数据结构中（这里的存储结构根据 String Template 模板中属性的需求确定）；接着，将存储好的元素信息添加到所选模板中，完成模板的实例化；最后，调用 String Template 模板引擎将实例化的模板转换为 C++源代码文件并存储，如图 8-2 所示。考虑到数据模型、组件模型和系统模型之间及其生成的代码存在显著差异，对这 3 部分模型到代码的生成过程分别展开研究。

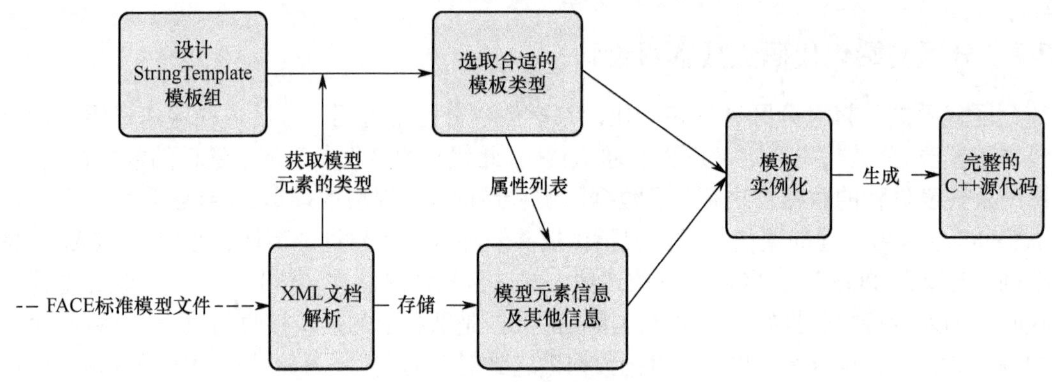

图 8-2　代码生成方法

8.4.2　不同数据类型的 String Template 模板设计

数据模型生成的代码定义为数据类型。这些数据类型构成了组件之间及组件与系统之间消息传输的基础，消息传输端口的消息类型由数据模型详细定义。针对数据模型中的平台数据模型，研究平台视图及平台实体之间的关系。建立由数据模型到具体数据类型（String、Double、Int、各种数据结构等）的映射关系。利用这些映射关系，构建 String Template 模板，实现代码的自动生成。

不同的元素会映射为不同的代码模板；即使是同种元素，不同的属性也会生成不同的代码结构，String Template 模板引擎可以对代码模板进行精确的解析，确保生成的代码符合预期的结构和格式。下面详细讲解平台数据模型具体的映射关系。

1）实体类型、结构类型、平台视图映射的 C++语言代码模板 genStruct

对于平台视图模型、结构类型模型与实体类型模型组成元素，在将其映射为 C++语言代码的过程中，程序会调用 genStruct 模板，其内容如图 8-3 所示。

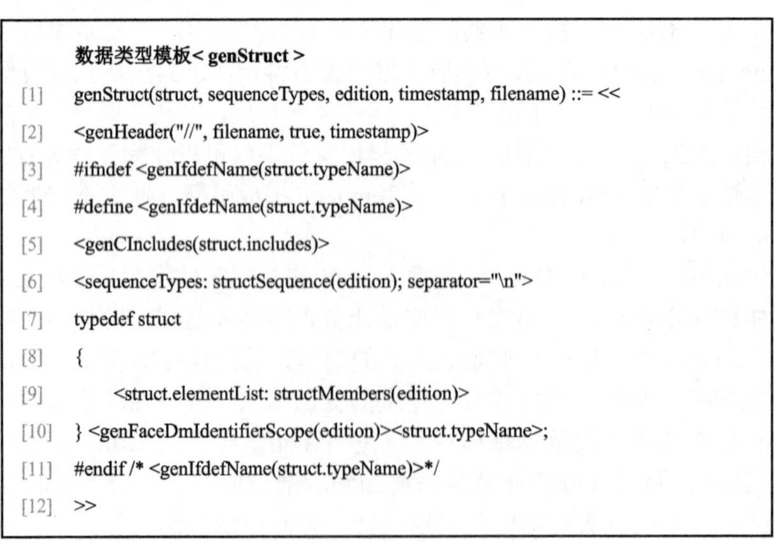

数据类型模板< genStruct >

```
genStruct(struct, sequenceTypes, edition, timestamp, filename) ::= <<
<genHeader("//", filename, true, timestamp)>
#ifndef <genIfdefName(struct.typeName)>
#define <genIfdefName(struct.typeName)>
<genCIncludes(struct.includes)>
<sequenceTypes: structSequence(edition); separator="\n">
typedef struct
{
    <struct.elementList: structMembers(edition)>
} <genFaceDmIdentifierScope(edition)><struct.typeName>;
#endif /* <genIfdefName(struct.typeName)>*/
>>
```

图 8-3　genStruct 模板的内容

第 1 行是模板名称和属性列表，该模板的名称为 genStruct，属性分别为：①struct，模板元素，其中包含模型组成元素调用的其他元素列表及模型组成元素的名称；②sequenceTypes，序列类型，分别为有限序列、无限序列或数组，若调用的其他元素不为这 3 种类型，则代码没有<sequenceTypes: structSequence(edition); separator="\n">模块，当属性值为 NULL 时，可以实现在 String Template 模板引擎中不执行与该属性相关的属性表达式；③edition，FACE 版本，不同的 FACE 版本对应的元素命名空间不同；④timestamp，生成代码文件时的系统时间；⑤filename，生成的代码文件名。

第 2 行是调用模板 genHeader 生成程序的解释部分，属性"//"指明解释部分的注释符，属性 filename 是文件名，属性 true 表示该程序是自动生成的，属性 timestamp 是系统时间。

第 3、4 行是条件编译结构部分，防止重复引用，标识符部分会调用模板 genIfdefName 来生成，属性 struct.typeName 是 struct 的名称。

第 5 行是调用模板 genCIncludes 生成引用文件列表，属性 struct.includes 是 struct 包含的元素名称列表。

第 6 行是模板元素的状态属性。

第 7～10 行是将模型组成元素中的元素放在结构体中进行定义并起别名，别名符合别名映射规则，<struct.elementList: structMembers(edition)>用于对 struct 属性的元素列表参数中的每个元素调用模板 structMembers，并生成成员类型和标识符。

第 11 行还是条件编译结构部分。

第 12 行的“>>”是模板结束标志。

2）基本数据类型映射的 C++语言代码模板 genTypedef

对于基本数据类型原子元素，在将其映射为 C++语言代码的过程中，程序会调用 genTypedef 模板，其内容如图 8-4 所示。

```
    数据类型模板< genTypedef >
[1] genTypedef(name, type, edition, timestamp, filename) ::= <<
[2] <genHeader("//", filename, true, timestamp)>
[3] #ifndef <genIfdefName(name)>
[4] #define <genIfdefName(name)>
[5] #include \<FACE/types.h>
[6] typedef <cTypeMap.(type)> <genFaceDmIdentifierScope(edition)><name>;
[7] #endif
[8] >>
```

图 8-4　genTypedef 模板的内容

第 1 行是模板名称和属性列表。模板名称为 genTypedef，属性分别为：①name，原子元素名称，因为原子元素没有调用其他元素，所以直接使用元素名称即可；②type，原子元素类型，主要标识元素具体是哪种基本数据类型；③edition，FACE 版本，不同的 FACE 版本对应的元素命名空间不同；④timestamp，生成代码文件时的系统时间；⑤filename，生成的代码文件名。

第 2 行是调用模板 genHeader 生成程序的解释部分，属性"//"指明解释部分的注释符，属性 filename 是文件名，属性 true 表示该程序是自动生成的，属性 timestamp 是系统时间。

第 3、4 行是条件编译结构部分，防止重复引用，标识符部分会调用模板 genIfdefName 来生成。

第 5 行是根据映射规则的文件引用，该行内容作为文本直接输出为 C++语言代码。

第 6 行是对原子元素的别名的定义，<cTypeMap.(type)>用于进行类型名称转化；<genFaceDmIdentifierScope(edition)>用于调用模板 genFaceDmIdentifierScope 生成别名的前缀；<name>是别名的主体部分，就是原子元素的名称。

第 7 行还是条件编译结构部分。

第 8 行的“>>”是模板结束标志。

3）枚举数据模型映射的 C++语言代码模板 genEnumeration

对于枚举数据模型组成元素，在将其映射为 C++语言代码的过程中，代码会调用 genEnumeration 模板，其内容如图 8-5 所示。

```
数据类型模板< genEnumeration >
[1] genEnumeration(enum, edition, timestamp, filename) ::= <<
[2] <genHeader("//", filename, true, timestamp)>
[3] #ifndef <genIfdefName(enum.typeName)>
[4] #define <genIfdefName(enum.typeName)>
[5] <enum.stringData: { literal |#define <genFaceDmIdentifierScope(edition)><enum.typeName>_<literal> <i0><\n>}>
[6] typedef unsigned int <genFaceDmIdentifierScope(edition)><enum.typeName>;
[7] #endif
[8] >>
```

图 8-5　genEnumeration 模板的内容

第 1 行是模板名称和属性列表。模板名称为 genEnumeration，属性分别为：①enum，模型组成元素，包括模型组成元素的名称和模型包含的数据；②edition，FACE 版本，不同的 FACE 版本对应的元素命名空间不同；③timestamp，生成代码文件时的系统时间；④filename，生成的代码文件名。

第 2 行是调用模板 genHeader 生成程序的解释部分，属性"//"指明解释部分的注释符，属性 filename 是文件名，属性 true 表示该程序是自动生成的，属性 timestamp 是系统时间。

第 3、4 行是条件编译结构部分，防止重复引用，标识符部分会调用模板 genIfdefName 来生成。

第 5 行是枚举模型中的成员，分别列举 enum.stringData 中的每个元素，其中，literal 指代循环中每次选中的元素；而其后的#define <genFaceDmIdentifierScope(edition)><enum.typeName>_<literal>则是枚举的格式，包括调用模板 genFaceDmIdentifierScope 生成名称前缀，enum.typeName 是模型名称，literal 是枚举的元素。

第 6 行是对枚举类型模型的别名的定义。

第 7 行还是条件编译结构部分。

第 8 行的“>>”是模板结束标志。

4）固定类型元素映射的 C++语言程序模板 genFixed

对于固定类型原子元素，在将其映射为 C++语言代码的过程中，程序会调用 genFixed 模板。虽然固定类型也是原子元素，但它不属于基本数据类型，故需要与基本数据类型分开构造模板代码。genFixed 模板的内容如图 8-6 所示。

```
     数据类型模板< genFixed >
[1]  genFixed(primitive, edition, timestamp, filename) ::= <<
[2]  <genHeader("//", filename, true, timestamp)>
[3]  #ifndef _FACE_FIXED_<primitive.digits>_<primitive.scale>_TYPEINCLUDE
[4]  #define _FACE_FIXED_<primitive.digits>_<primitive.scale>_TYPEINCLUDE
[5]  #include \<FACE/types.h>
[6]  typedef struct
[7]  {
[8]      FACE_unsigned_short _digits;
[9]      FACE_short    _scale;
[10]     FACE_char     _value[(<primitive.digits>+2)/2];
[11] } FACE_fixed_<primitive.digits>_<primitive.scale>;
[12] #endif
[13] #ifndef <genIfdefName(primitive.typeName)>
[14] #define <genIfdefName(primitive.typeName)>
[15] typedef FACE_fixed_<primitive.digits>_<primitive.scale> <genFaceDmIdentifierScope(edition)><primitive.typeName>;
[16] #endif
[17] >>
```

图 8-6　genFixed 模板的内容

第 1 行是模板名称和属性列表。模板名称为 genFixed，属性分别如下：①primitive，固定类型元素，包括元素名称、数字及规模；②edition，FACE 版本，不同的 FACE 版本对应的元素命名空间不同；③timestamp，生成代码文件时的系统时间；④filename，生成的代码文件名。

第 2 行是调用模板 genHeader 生成程序的解释部分，属性"//"指明解释部分的注释符，属性 filename 是文件名，属性 true 表示该程序是自动生成的，属性 timestamp 是系统时间。

第 3、4 行是条件编译结构部分，防止在引用时重复定义，标识符部分包括固定类型元素的数字和规模。

第 5 行是根据映射规则的文件引用，该行内容作为文本直接输出为 C 语言代码。

第 6～11 行是将固定类型中的数字和规模存放在结构体中，并给该结构体起别名。

第 12 行是条件编译结构的后一部分。

第 13、14 行是条件编译结构部分，防止重复引用，标识符部分会调用模板 genIfdefName 来生成。

第 15 行是固定类型元素的别名的定义，其中，FACE_fixed_<primitive.digits>_<primitive.

scale>是前面定义的结构体别名，<genFaceDmIdentifierScope(edition)>用于调用模板 genFace DmIdentifierScope 生成别名的前缀，primitive.typeName 是该原子元素的名称。

第 16 行还是条件编译结构部分。

第 17 行的“>>”是模板结束标志。

5）文件列表对应的 C 语言程序模板 genALLInclude

在每次数据模型映射为 C 语言代码的过程中，程序都会调用 genEnumeration 模板生成一个文件列表文件。genALLInclude 模板的内容如图 8-7 所示。

```
数据类型模板< genAllInclude >
[1] genAllInclude(primitives, structs, edition, timestamp, filename) ::= <<
[2] <genHeader("//", filename, true, timestamp)>
[3] <primitives: { primitive | <cInclude(primitive.typeName)>} ; separator="\n">
[4] <structs: { struct | <cInclude(struct.typeName)>} ; separator="\n">
[5] >>
```

图 8-7　genALLInclude 模板的内容

第 1 行是模板名称和属性列表。模板名称为 genAllInclude，属性分别如下：①primitives，原子元素的列表，primitive.typeName 是其中一个原子元素的名称；②structs，模型组成元素的列表，struct.typeName 是其中一个模型组成元素的名称；③edition，FACE 版本，不同的 FACE 版本对应的元素命名空间不同；④timestamp，生成代码文件时的系统时间；⑤filename，生成的代码文件名。

第 2 行是调用模板 genHeader 生成程序的解释部分，属性"//"指明解释部分的注释符，属性 filename 是文件名，属性 true 表示该程序是自动生成的，属性 timestamp 是系统时间。

第 3 行是对原子元素列表 primitives 中的每个元素都调用模板 cInclude，其中，primitive 指代循环调用中被选中的元素；primitive.typeName 是每个被选中元素的名称；separator="\n" 表示在循环调用中，两次调用生成的语句间的分隔为换行。

第 4 行是对模型组成元素列表 structs 中的每个元素都调用模板 cInclude，其中，struct 指代循环调用中被选中的元素；struct.typeName 是每个被选中元素的名称；separator="\n"表示在循环调用中，两次调用生成的语句间的分隔为换行。

第 5 行的“>>”是模板结束标志。

该代码模板没有条件编译结构，因为该模板对应的 C++语言代码文件不会被其他文件引用。

8.4.3　生成数据类型代码

在完成 XML 文档的解析之后，需要根据节点信息选择并应用相应的 String Template（ST）模板。以下是模板实例化的具体步骤。

（1）加载预先构建的 ST 模板集合文件，以获取 STGroup 对象，该对象包含了所有可用的模板定义。

（2）根据从 XML 文档中解析出的模型组成元素类型，选择 STGroup 中的一个特定模板，从而获得 ST 对象，该对象代表了一个具体的模板实例。

（3）使用从 XML 文件中提取的元素信息，对选定的 ST 对象中的属性进行赋值。这一步是模板实例化的核心，确保模板中的占位符被实际的数据替代。

（4）完成属性赋值后，将 ST 对象转换成字符串形式。这一转换过程使得模板的内容变为最终的可输出文本。

第 9 章　FACE 架构建模平台研制

9.1　FACE 架构建模平台设计方案

本章对 FACE 架构下的建模工具进行详细设计。首先从建模工具的总体架构、功能和界面等方面出发，对工具进行设计；其次对 FACE 建模特性及模型组成要素（元素）进行抽象概括，针对 FACE 架构中具体的模型组成元素、元素之间的关系及相关约束等，给出 FACE 架构下建模工具的类图设计方案；最后采用 XML Schema 对模型文件的格式进行定义。

9.1.1　工具总体架构设计

工具总体架构采用常用的 3 层结构，主要包括表示层、逻辑层和数据层。表示层主要展示项目模型信息及用户绘制模型，逻辑层主要实现业务逻辑，数据层主要采用本地文件系统的方式保存模型文件的格式定义文件及用户创建的模型文件。图 9-1 显示了系统总体架构。

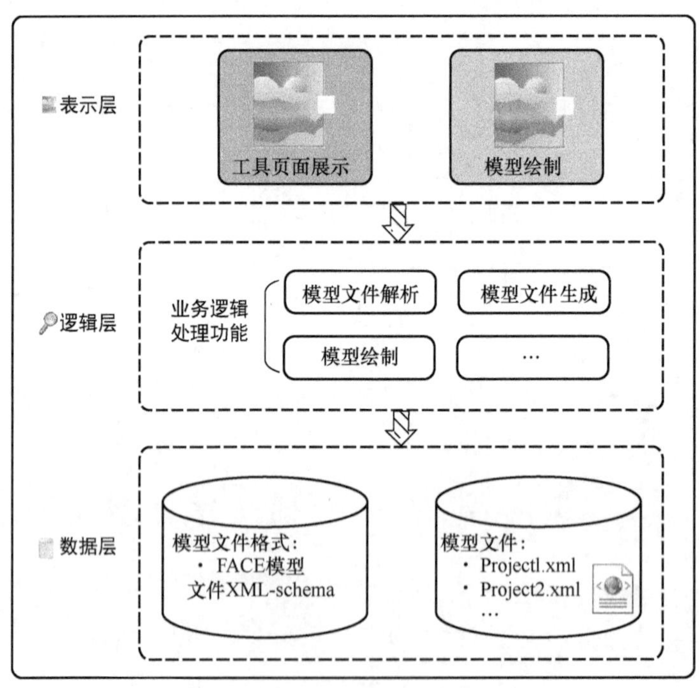

图 9-1　系统总体架构

9.1.2　FACE 模型组成元素的类图设计

通过对 FACE 建模特性及模型组成元素进行抽象概括，定义抽象类（1 个）、类（8 个）及其之间的继承和关联关系。其中，抽象类和类的定义如下。

（1）原子（Atom）：最小的单元，不能包含其他类对象，该类的属性主要包括唯一标识 id

和类型 kind，用来建模不同的 FACE 架构组成的原子元素。

（2）模型（Model）：可以包含原子、模型、连接和引用等类对象，该类的属性主要包括唯一标识 id、类型 kind 及其包含的其他类对象，用于建模不同的 FACE 架构组成的复杂元素。

（3）引用（Reference）：用于描述模型与模型之间引用和被引用的关系引用类，该类的属性主要包括唯一标识 id、类型 kind 及其引用的类对象。

（4）连接（Connection）：表明两个可视化图形单元之间的连接关系。一个连接类包含了源连接和目标连接对象、连接方式、连接数等信息。

（5）通用抽象基类（First Common Object，FCO）：原子单元、模型单元、连接单元等类继承的抽象基类。该抽象基类与其子类除继承关系外，还建模有关联关系，这种设计方案会给不同模型组成元素的层层嵌套及某个元素自嵌套的构建带来很大的方便。该抽象基类包含了多个属性（Attributes）、多个文件夹（Folder）、多个约束（Constraint）、多个视图（Aspect）等属性对象。

（6）属性（Attributes）：有布尔属性、枚举属性和域属性三大类，分别用于为各个类建立相关属性信息。

（7）约束（Constraint）：在模型的构建中引入对象约束语言（Object Constraint Language，OCL），通过 OCL 约束来定义限制模型组成元素的使用及其完整性的规则，进行各类包含关系和数据类型取值等语义条件的约束。

（8）视图（Aspect）：为了从不同角度分析和设计模型，通过引入视图的概念，可以在不同的显示窗口下显示所要建立的应用模型。

（9）文件夹（Folder）：一个文件夹相当于一个容器，包含所有的文件夹、FCO 对象和约束等。

图 9-2 给出了上述抽象类和类之间的继承与关联关系。

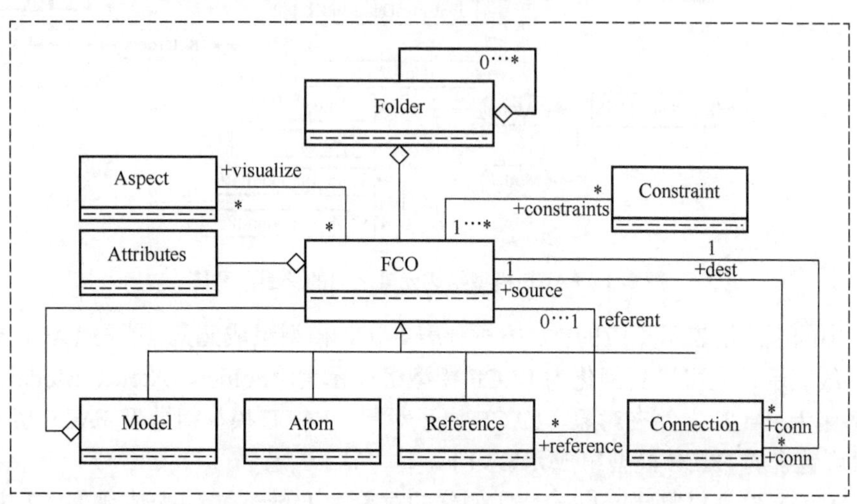

图 9-2　FACE 模型组成元素的类图设计方案

从图 9-2 中可以看出，FCO 是抽象类，作为类 Model、Atom、Reference 及 Connection 的基类，一个 FCO 对象可以分为 Atom、Model、Reference 及 Connection 四种类型；一个 Folder 可以包含其本身、FCO、Constraint 及 Aspect 等对象；每个 FCO 对象都可以有相应的 Constraint、

Aspect 及 Attributes 属性；Reference 引用可以是 Model 或 Atom 对象；Model 对象可以包含其本身、Atom、Reference 及 Connection 四种对象；Connection 可以表示 FCO 对象之间建立的连接关系。

图 9-2 中的 9 个类及类之间的关系构成了 FACE 模型组成元素的类图，FACE 模型组成元素是 Atom、Model、Reference、Aspect、Folder 五个类的实例化对象。图 9-3 在 FACE 系统架构组成方面，从架构搭建顺序的角度，对上述 5 个类与部分 FACE 模型组成元素的对应关系，以及 FACE 模型组成元素之间的层次关系进行表示。

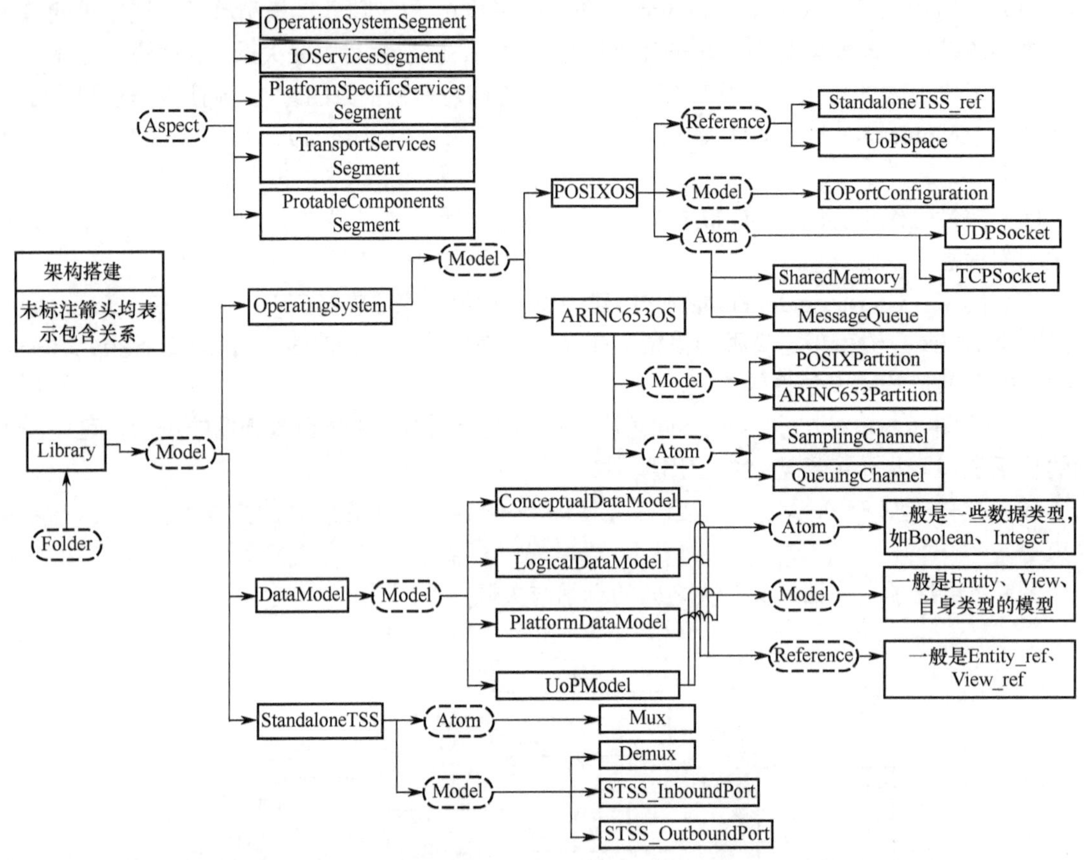

图 9-3　FACE 模型组成元素之间的关系示意图

图 9-3 中的虚线框表示相应的类，方框代表 FACE 模型组成元素，类与 FACE 模型组成元素之间的连线表示该类可以实例化为 FACE 模型组成元素。Folder、Atom、Model、Reference 类分别实例化为 FACE 文件夹对象、FACE 原子对象、FACE 模型对象及 FACE 引用对象。各 FACE 对象可包含的 FACE 模型组成元素如下。

（1）FACE 文件夹对象（Folder）：实例化的对象为 Library，用来体现 FACE 模型组成元素层次结构组织关系。

（2）FACE 原子对象（Atom）：图 9-3 中的组件之间传输服务的消息通信方式都是原子对象，如 UDPSocket（UDP 套接字）、TCPSocket（TCP 套接字）、SharedMemory（共享内存）、MessageQueue（消息队列）、SamplingChannel（采样通道）、QueuingChannel（队列通道），另

外部分数据类型也是原子对象。

（3）FACE 模型对象（Model）：包括 OperatingSystem（操作系统）、DataModel（数据模型）、StandaloneTSS（标准传输服务）、POSIXOS（POSIX 操作系统）、ARINC653OS（ARINC653 操作系统）、IOPortConfiguration（I/O 配置）、POSIXPartiton（POSIX 分区）、ARINC653Partion（ARINC653 分区）、ConceptualDataModel（概念数据模型）、LogicalDataModel（逻辑数据模型）、PlatformDataModel（平台数据模型）、UopModel（可移植单元模型）、Demux（多路分解）、STSS_InboundPort（传输服务输入接口）、STSS_OutboundPort（传输服务输出接口）、Entity（实体）及 View（视图）等。

（4）FACE 引用对象（Reference）：包括 StandaloneTSS_ref（标准传输服务引用）、UopSpace（可移植单元引用）、Entity_ref（实体）及 View_ref（视图）等。

（5）FACE 视图对象（Aspect）：包括 OperationSystemSegment（操作系统层）、IOServicesSegment（I/O 服务层）、PlatformSpecificServicesSegment)（特定平台服务层）、TransportServicesSegment（传输服务层）及 PortableComponentsSegment（可移植组件层）。

9.1.3　模型文件设计

模型文件是对 FACE 模型组成元素，以及元素之间嵌套关系的文本描述。根据抽象单元及 FACE 架构基本组成元素的特性，确定架构模型文件元素之间的嵌套关系，如图 9-4 所示。

（1）project 元素：用于表示整个架构文件，是根元素，包含 version（版本号）、guid（唯一标识符）、cdate（工程创建时间）、mdate（工程修改时间）等属性。

（2）name 元素：用于表示名称。

（3）comment 元素：用于表示注释信息。

（4）author 元素：用于表示工程作者。

（5）value 元素：用于表示一个值。

（6）constraint 元素：用于表示一个约束，包含一个 name 元素和一个 value 元素。

（7）regnode 元素：包含 name（名称）、status（状态）及 isopaque（是否可以见）属性，还包含一个 value 元素并可以嵌套零个或多个自身元素，用于控制图形外观。

（8）folder 元素：包含 id（编号）、kind（类型）、relid、childrelidcntr、libref、perm、guid 属性，必须有一个 name 元素和 regnode、constraint、attribute、folder、model、atom、reference、set、connection 中的零个或多个。

（9）model 元素：包含 id、kind、role（角色）、derivedfrom、isinstance（是否是实例）、isprimary（是否是主要的）、relid、childrelidcntr、perm、guid 属性，必须有一个 name 元素和 regnode、constraint、attribute、model、atom、reference、set、connection 中的零个或多个。

（10）atom 元素：包含 id、kind、role、derivedfrom、isinstance、isprimary、relid、perm、guid 属性，必须有一个 name 元素和 regnode、constraint、attribute 中的零个或多个。

（11）reference 元素：包含 id、kind、role、derivedfrom、isinstance、isprimary、referred、isbound（是否是边界）、relid、perm、guid 属性，必须有一个 name 元素和 regnode、constraint、attribute 中的零个或多个。

（12）set 元素：包含 id、kind、role、derivedfrom、isinstance、isprimary、members、isbound、relid、perm、guid 属性，必须有一个 name 元素和 regnode、constraint、attribute 中的零个

或多个。

（13）connection 元素：包含 id、kind、role、derivedfrom、isinstance、isprimary、isbound、relid、perm、guid 属性，不一定有 name 元素，包括 regnode、constraint、connpoint、attribute 中的零个或多个。

（14）connpoint 元素：包含 role、target（目标）、refs（依赖）、isbound 属性。

（15）attribute 元素：包含 kind、status 属性，必须包含 value 和 regnode 元素。

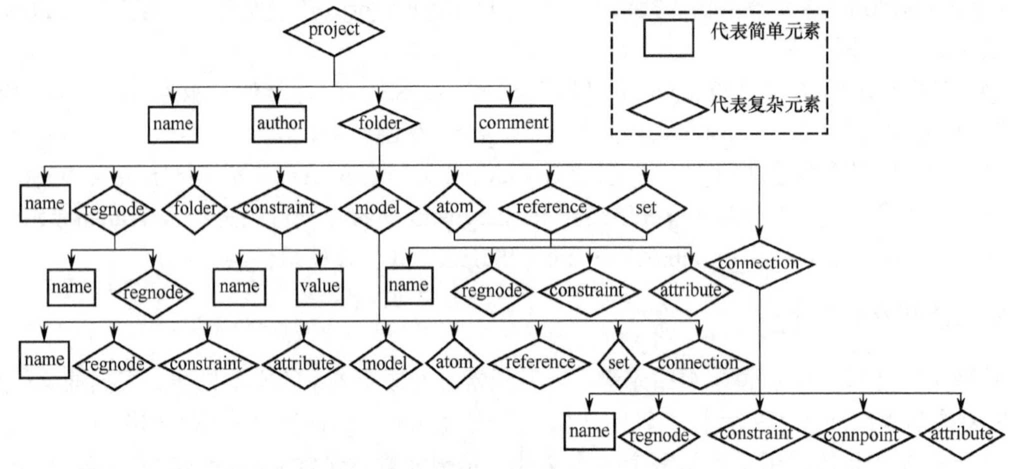

图 9-4　模型文件元素之间的嵌套关系

以采用 XML Schema 对模型文件进行定义为例，图 9-5 显示了该模型文件的部分定义。

```
<xs:element name="project">
    <xs:complexType>
        <xs:sequence>
            <xs:element ref="name"/>
            <xs:element ref="comment" minOccurs="0"/>
            <xs:element ref="author" minOccurs="0"/>
            <xs:element ref="folder"/>
        </xs:sequence>
        <xs:attribute name="version" type="xs:anySimpleType"/>
        <xs:attribute name="guid" type="xs:anySimpleType"/>
        <xs:attribute name="cdate" type="xs:anySimpleType"/>
        <xs:attribute name="mdate" type="xs:anySimpleType"/>
        <xs:attribute name="metaversion" type="xs:anySimpleType"
        <xs:attribute name="metaguid" type="xs:anySimpleType"/>
        <xs:attribute name="metaname" use="required" type="xs:an
    </xs:complexType>
</xs:element>
```

图 9-5　模型文件的部分定义

9.2　FACE 架构建模平台的开发

基于建模工具的设计方案，本节采用 Eclipse 集成开发环境、Java 编程语言和 Eclipse 插件技术等，对建模工具进行实现，并使用开源项目管理工具 Maven 对项目进行管理和整合；在此基础上，通过案例分析对部分工具界面进行展示，并对建模工具进行单元测试。

9.2.1　工具功能设计

FACE 架构下的建模工具支持用户通过图形化方式为航空电子软件系统建立满足 FACE 架构的模型。为达到该效果，FACE 架构下的建模工具的功能应包括项目管理功能、模型绘制功能、视图管理功能等；建模工具的界面主要包括主界面、模型编辑界面、项目管理界面等。图 9-6 所示为 FACE 架构下的建模工具的功能结构示意图。

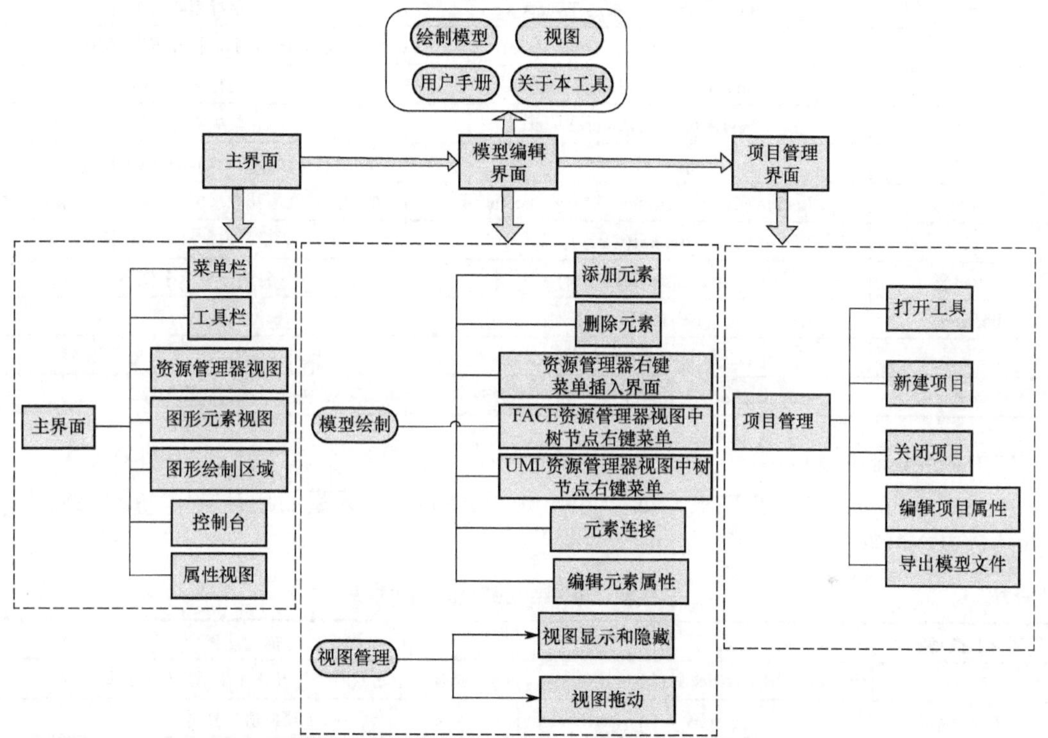

图 9-6　FACE 架构下的建模工具的功能结构示意图

9.2.1.1　模型编辑

1）代码设计

模型由 3 个类组成，分别为 UMLClassFigure、ModelFigure、ReferenceFigure。

（1）UMLClassFigure

UMLClassFigure 包含 atom、model、reference 三个组成元素在模型绘制时的基本操作。UMLClassFigure 的方法如表 9-1 所示。

表 9-1　UMLClassFigure 的方法

返回类型	方　法	描　述
void	mouseDragged(MouseEvent)	鼠标拖动监听
void	mouseExited(MouseEvent)	鼠标焦点移除模型监听
void	mousePressed(MouseEvent)	鼠标按下监听
void	mouseReleased(MouseEvent)	鼠标松开监听
Information	copy()	模型信息复制
void	centerLayout(GridLayout,MyImageFigure,Label)	使模型图片与文字居中

（2）ModelFigure

ModelFigure 继承了 UMLClassFigure，包含 model 元素的特有操作。ModelFigure 上展示内部与外部交流端口。ModelFigure 的方法如表 9-2 所示。

表 9-2 ModelFigure 的方法

返回类型	方　法	描　述
void	mouseDragged(MouseEvent)	鼠标拖动监听
void	mouseDoubleClicked (MouseEvent)	鼠标双击监听，打开该模型编辑区域
void	mousePressed(MouseEvent)	鼠标按下监听
void	mouseReleased(MouseEvent)	鼠标松开监听
void	getLocInfo()	获得模型内部端口并展示在模型上
int	getLocInfo(Element element, String type, int sum)	根据元素类型获取模型内部端口并计算端口数
void	sortGate(Gate)	对模型内部端口进行排序
void	put(List<Gate> , int)	将端口展示在模型上
boolean	isExist(IFigure)	模型内部是否存在元素
boolean	match(String pattern, String kind)	模型内部的某个元素是否要展示
void	changGateLoc (int moveRight, int moveDown)	端口随模型移动

（3）ReferenceFigure

ReferenceFigure 继承了 UMLClassFigure，包含 reference 元素的特有操作。ReferenceFigure 的方法如表 9-3 所示。

表 9-3 ReferenceFigure 的方法

返回类型	方　法	描　述
void	mouseDoubleClicked (MouseEvent)	鼠标双击监听，打开该模型引用模型的编辑区域
Information	copy()	模型信息复制

2）功能设计

模型编辑功能主要支持模型绘制与视图管理，为用户提供图形化的 FACE 模型绘制方式。模型绘制功能主要包括添加元素功能、删除元素功能、右键菜单添加元素功能、元素连接功能及元素属性编辑功能。视图管理功能主要包含视图显示和隐藏功能及视图拖动功能。

（1）添加元素功能实现将元素选择区的模型组成元素拖动至模型绘制区域，从而实现元素的添加。添加元素功能描述如表 9-4 所示。

表 9-4 添加元素功能描述

名　称	描　述
功能	允许用户拖动元素选择区中的模型组成元素到模型绘制区域，实现模型组成元素的添加
操作流程	（1）在元素选择区中，将待添加的模型组成元素选中； （2）用鼠标将该模型组成元素拖动到模型绘制区域，松开鼠标，实现元素的添加
输入	用户鼠标事件
输出	（1）在模型绘制区域显示绘制好的模型，图 9-7 所示为添加元素后的示意图； （2）刷新资源管理器中的项目树

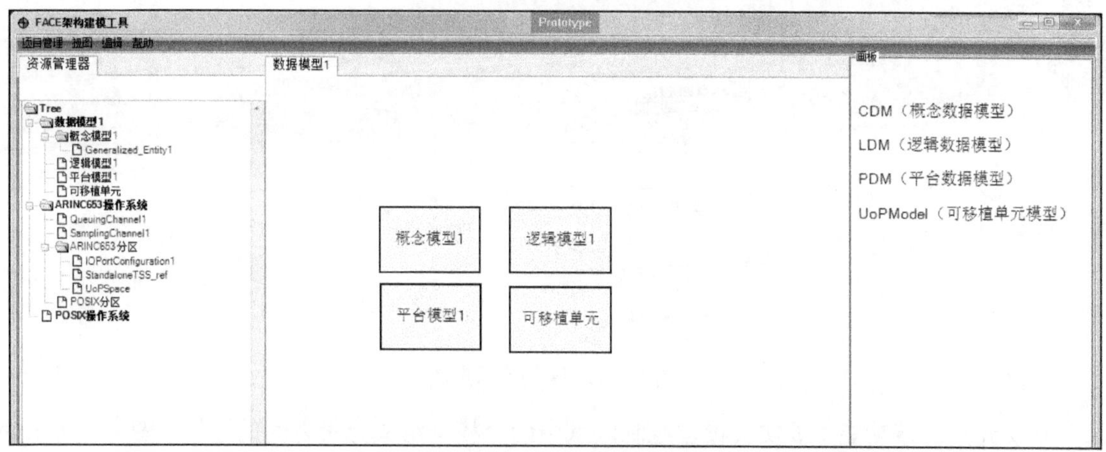

图 9-7　添加元素后的示意图

（2）删除元素功能：实现将模型绘制区域中的特定模型组成元素移除。删除元素功能描述如表 9-5 所示。

表 9-5　删除元素功能描述

名　　称	描　　述
描述	将模型组成元素从模型绘制区域移除
操作流程	（1）选中模型绘制区域中待删除的元素，单击鼠标右键，在弹出的右键菜单中选择“删除”选项，实现元素的删除； （2）选中待删除的元素，按 Delete 键，实现元素的删除； （3）在资源管理器视图的项目树中，选中待删除的元素，单击鼠标右键，在弹出的右键菜单中选择“删除”选项，实现元素的删除
输入	点击事件或键盘按键事件
输出	元素从模型绘制区域移除，刷新模型绘制区域显示内容

（3）右键菜单添加元素功能与添加元素功能的目的相同，都是将模型组成元素添加到模型绘制区域。右键菜单添加元素功能描述如表 9-6 所示。

表 9-6　右键菜单添加元素功能描述

名　　称	描　　述
描述	通过右键菜单的方式实现将模型组成元素添加到模型绘制区域
操作流程	在资源管理器视图的项目树中，选中想要为其添加子元素的节点，单击鼠标右键，在弹出的右键菜单中选择需要添加的元素，实现元素的添加。图 9-8 所示为一个右键菜单示意图
输入	用户右击事件
输出	将模型组成元素从模型绘制区域移除，刷新模型绘制区域显示内容，以及资源管理器视图中的项目树
注意	右键菜单的层次结构参照 9.1.3 节中类与 FACE 模型组或元素之间的关系

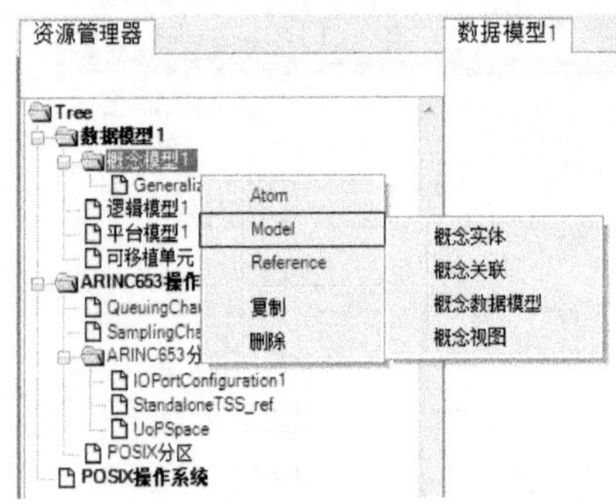

图 9-8　右键菜单示意图

（4）元素连接功能主要实现模型绘制区域中两个模型组成元素之间的连线。图 9-9 所示为模型组成元素之间连线的示意图。

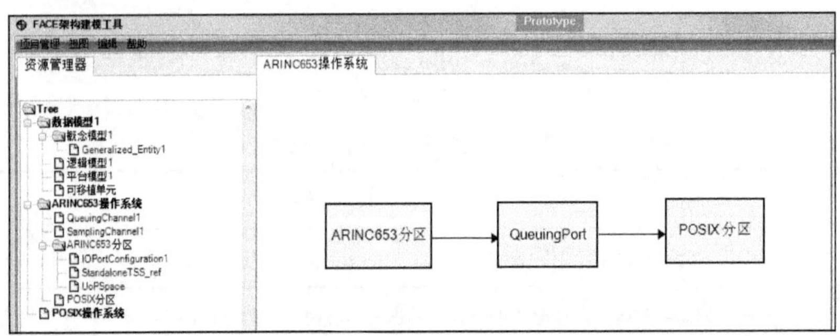

图 9-9　模型组成元素之间连线的示意图

（5）元素属性编辑功能主要实现对每个模型组成元素的名称、类型等基本属性的查看与修改。一个模型组成元素的基本属性在主界面的属性视图中用一个表格来显示，如图 9-10 所示。

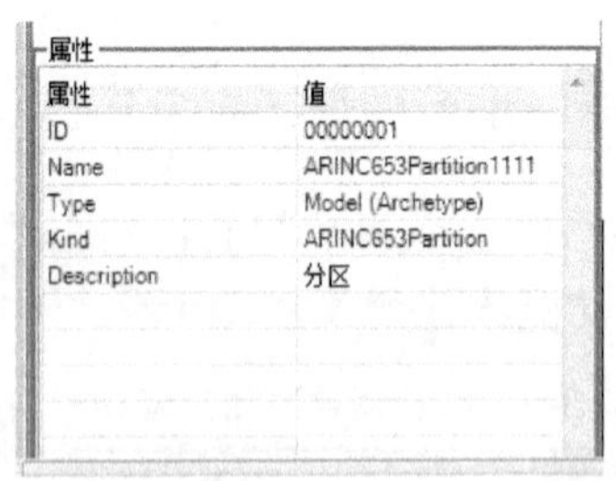

属性

属性	值
ID	00000001
Name	ARINC653Partition1111
Type	Model (Archetype)
Kind	ARINC653Partition
Description	分区

图 9-10　模型组成元素的基本属性

（6）视图管理功能包含视图的打开功能、关闭功能及拖动功能，主要让用户能够根据自己的需要控制主界面中各个视图区域的打开与关闭，以及使用户能够通过拖动的方式实现主界面中各个视图区域的重新布局。

9.2.1.2　项目管理

1）代码设计

项目管理模块主要由 3 个类组成，分别为 GNCNavigation、NavigatorContentProvider、NavigatorLableProvider。

（1）GNCNavigation。

GNCNavigation 继承了 ViewPart，因此这个类是一个视图。该类中含有一个属性 TreeViewer，用来存储项目树结构。GNCNavigation 的方法如表 9-7 所示。

表 9-7　GNCNavigation 的方法

返回类型	方　法	描　述
void	createPartControl(Composite)	用于设置视图内部行为控制
void	createContextMenu(IStructuredSelection)	用于控制右键菜单
void	reBuildTree()	重建项目树结构
void	addMenuListen(MenuManager addMenu,IStructuredSelection selection, String type)	右键菜单中的“添加元素”选项动态改变可添加的元素
SelectionFigure	copyToSelection(EntityElement entityElement)	复制选中的项目树的节点

（2）NavigatorContentProvider。

NavigatorContentProvider 用于设置项目树结构。NavigatorContentProvider 的方法如表 9-8 所示。

表 9-8　NavigatorContentProvider 的方法

返回类型	方　法	描　述
void	inputChanged(Viewer viewer, Object oldInput, Object newInput)	用于控制项目树结构的改变
Object[]	getElements(Object inputElement)	用于得到项目树各个节点处的元素
Object[]	getChildren(Object parentElement)	用于得到项目树节点的子节点
Object	getParent(Object element)	用于得到项目树节点的父亲节点
boolean	hasChildren(Object element)	用于判断项目树节点是否含有子节点

（3）NavigatorLableProvider。

NavigatorLableProvider 用于设置项目树的显示。NavigatorContentProvider 的方法如表 9-9 所示。

表 9-9　NavigatorContentProvider 的方法

返回类型	方　法	描　述
Image	getImage(Object object)	用于显示项目树节点的图片
String	getText(Object object)	用于显示项目树节点的名字

2）功能设计

项目管理功能主要包括打开工具、新建项目、打开项目、关闭项目、项目属性编辑、导出模型文件等，方便用户对在该工具下的项目进行操作。

（1）打开工具功能主要实现建模工具的打开，为用户提供一个使用该建模工具的入口。

打开工具功能描述如表 9-10 所示，其界面设计如图 9-11 所示。

表 9-10　打开工具功能描述

名　称	描　述
描述	支持最近项目的打开，以及新建 FACE 模型工程
操作流程	（1）双击建模工具应用程序，显示图 9-11； （2）选择一个最近打开项目，根据路径快速加载相关项目文件，打开主界面并显示项目相关信息，如在资源管理器视图中显示打开项目的树形组织结构； （3）单击“打开其他项目”文件夹，弹出“项目选择”对话框，选择并打开相应的项目； （4）单击界面中的“项目类别”按钮，弹出“新建 FACE 工程”对话框（见图 9-12）； （5）单击“跳过”按钮，关闭当前界面，显示工具主界面，其主界面内容为空
输入	用户点击事件
输出	工具打开的界面

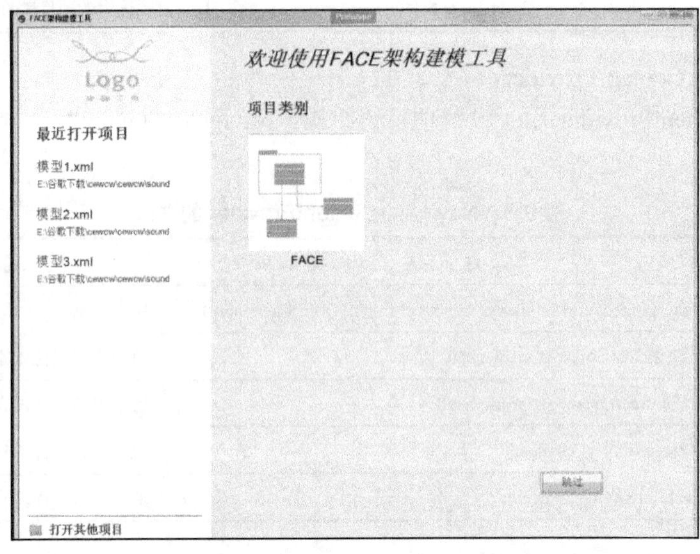

图 9-11　打开工具界面设计

（2）新建项目功能主要实现项目的新建，其功能描述如表 9-11 所示，其界面设计如图 9-12 所示。

表 9-11　新建项目功能描述

名　称	描　述
描述	主要完成 FACE 项目存储路径和项目名称的设置
操作流程	（1）输入项目名称，该名称由数字、字母和汉字组成且长度不超过 50 个字符； （2）单击“选择”按钮，选择项目路径； （3）单击“确定”按钮，新建项目
输入	项目名称与项目路径
输出	关闭“新建 FACE 工程”对话框，打开主界面，在项目资源管理器视图中显示出项目名称

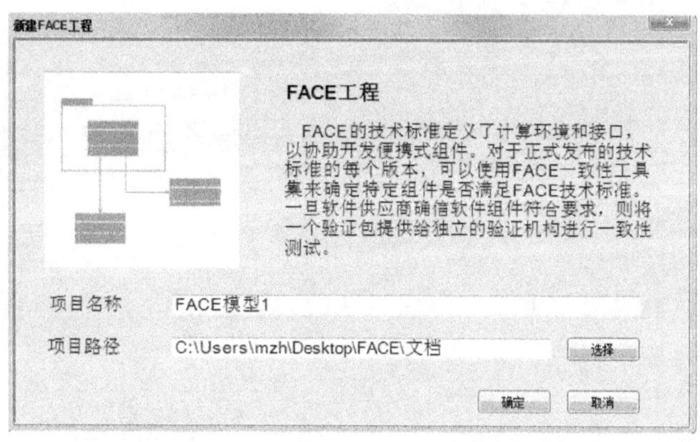

图 9-12 “新建 FACE 工程”对话框

（3）打开项目功能支持用户在使用该建模工具时，根据需求打开特定的项目。打开项目功能描述如表 9-12 所示。

表 9-12　打开项目功能描述

名　称	描　述
描述	选择项目模型文件，实现项目导入
操作流程	（1）选择“项目管理文件→打开项目”选项，打开“项目选择”对话框； （2）在“项目选择”对话框中浏览本地文件，选中要打开的项目模型文件，单击“确定”按钮，实现项目的打开
输入	用户操作、项目模型文件
输出	（1）刷新资源管理器视图，显示以项目名称为根的项目树形结构； （2）在控制台中显示导入的项目信息，如导入时间、项目名称及项目路径等信息
注意	打开“项目选择”对话框的默认路径为上一次打开项目的路径

（4）关闭项目功能描述如表 9-13 所示。

表 9-13　关闭项目功能描述

名　称	描　述
描述	实现当前工作空间项目的关闭
操作流程	选择“项目管理→关闭项目”选项，关闭当前打开的项目
输入	用户点击事件
输出	清空各个视图中的项目相关信息并关闭当前项目

（5）项目属性编辑功能主要实现项目名称、版本、创建时间等基本属性的查看与修改。图 9-13 显示了项目属性编辑界面。

（6）导出模型文件功能支持用户将建模工具当前工作空间下的项目导出到指定位置，其具体功能描述如表 9-14 所示。

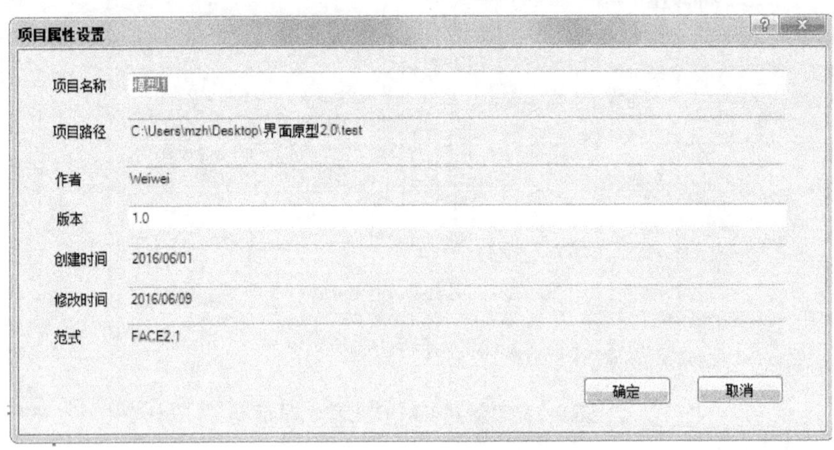

图 9-13　项目属性编辑界面

表 9-14　导出模型文件功能描述

名　称	描　述
描述	导出当前工作空间下的项目
操作流程	选择“项目管理”→“导出模型文件”选项，选择项目导出路径并导出
输入	已构建好的模型（项目）
输出	（1）控制台显示项目加载信息； （2）XML 项目文件（包含模型结构的所有信息）

9.2.1.3　主界面

工具主界面主要包含菜单栏、资源管理器视图、元素选择区、图形绘制区域、属性视图、控制台及缩影视图等。

1）代码设计

这部分代码主要由 RCP 自带的类和方法完成，主要由 5 个类来完成，分别为 Application、ApplicationActionBarAdvisor、ApplicationWorkbenchAdvisor、ApplicationWorkbenchWindowAdvisor、Perspective。

（1）Application。

Application 是 RCP 应用的主程序。Application 的方法如表 9-15 所示。

表 9-15　Application 的方法

返回类型	方　法	描　述
Object	start(IApplicationContext context)	程序入口
void	stop()	程序终止

（2）ApplicationActionBarAdvisor。

ApplicationActionBarAdvisor 用于配置程序的菜单栏和工具栏。ApplicationActionBarAdvisor 方法如表 9-16 所示。

表 9-16　ApplicationActionBarAdvisor 的方法

返回类型	方　法	描　述
void	makeActions(IWorkbenchWindow window)	初始化菜单栏中的各个菜单
void	fillMenuBar(IMenuManager menu)	填充窗口的主菜单
void	fillCoolBar(ICoolBarManager)	填充窗口的主工具栏

（3）ApplicationWorkbenchAdvisor。

ApplicationWorkbenchAdvisor 负责对工作台（Workbench）外观进行配置。ApplicationWorkbench Advisor 的方法如表 9-17 所示。

表 9-17　ApplicationWorkbenchAdvisor 的方法

返回类型	方　法	描　述
void	initialize(IWorkbenchConfigurer)	初始化工作台
void	postStartup()	在所有窗口打开或恢复以后开始进行事件循环前调用

（4）ApplicationWorkbenchWindowAdvisor。

ApplicationWorkbenchAdvisor 负责对工作台和窗口（Window）进行控制，如状态栏、工具条、标题、窗口尺寸等。ApplicationWorkbenchWindowAdvisor 的方法如表 9-18 所示。

表 9-18　ApplicationWorkbenchWindowAdvisor 的方法

返回类型	方　法	描　述
void	preWindowOpen()	窗口打开前的操作
void	postWindowOpen()	窗口打开后的操作
void	preWindowShellClose()	窗口关闭前的操作

（5）Perspective。

Perspective 负责设置 RCP 的默认视图布局。Perspective 的方法如表 9-19 所示。

表 9-19　Perspective 的方法

返回类型	方　法	描　述
void	createInitialLayout(IPageLayout)	设置视图布局

2）功能设计

工具主界面如图 9-14 所示。其中，菜单栏包含“项目管理”“编辑”“视图”“帮助”4 个菜单项。资源管理器视图用于显示项目组织结构，并用树形图展示。元素选择区域为用户展示当前模型可选择的模型组成元素，并允许用户选择其中的模型组成元素，通过拖动进行模型绘制。模型绘制区域为开发设计人员提供模型图形的显示与模型图形的编辑功能。属性视图对图形的编辑起到辅助作用，元素的部分较详细的属性信息能够在属性视图中进行显示或更改。控制台为用户提供操作提示信息及错误提示信息。缩影视图为整个架构模型的显示提供了缩略图，方便用户查看模型的整体布局。

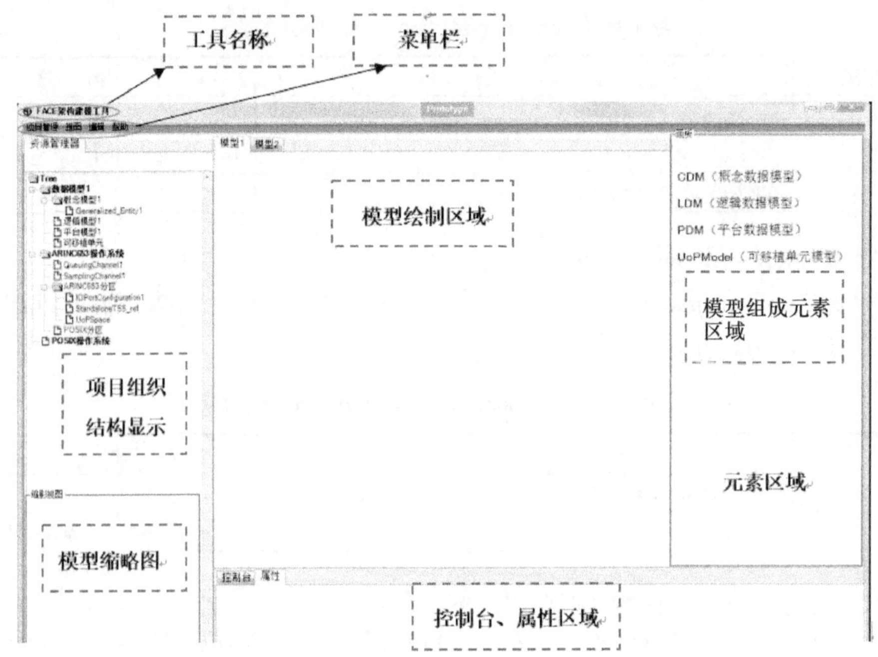

图 9-14　工具主界面

9.2.2　数据模型解析

代码自动生成的第一步是解析 FACE 模型生成的 XML 文档，该文档中除了包含 FACE 建模的相关信息，还包含模型组成元素的属性及元素之间的关联关系等信息。故本书通过解析 FACE 模型生成的 XML 文档获取系统及组件的相关信息，以此来完善 String Template 模板，进而实现代码的自动生成。

工具开发使用 Java 语言。在 Java 语言中，Dom4j 库因其便捷性、灵活性及强大的功能而成为解析 XML 文档的优选工具。Dom4j 是一个便捷、灵活的开放源代码库，具有性能突出、功能强大和使用方便的特点。因此在解析 XML 文档时，本书选择使用 Dom4j 技术，它通过构建 XML 文档的树形结构来实现文档的解析。为了简化程序结构，本书在获取节点路径信息时采用 XPath 语言，使程序结构更加简洁、明了。具体解析 XML 文档的过程如下。

（1）选择并读取由建模完成的某个 FACE 模型导出的系统 XML 文档，获取 Document 对象。

（2）根据节点信息构造 XPath 路径表达式。XPath 路径表达式指向满足条件的节点或节点集。例如，数据模型下的 PDM 的所有原子元素的 XPath 路径表达式均为/model[@kind='DataModel']/model[@role='PlatformDataModel']//atom。

（3）根据构造好的 XPath 路径表达式，使用 Dom4j 方法获取节点或节点集，如果 XPath 路径表达式指向一个节点，则使用函数 selectSingleNode()获取节点；如果 XPath 路径表达式指向节点集，则使用函数 selectNodes()获取节点集。

（4）对节点或节点集进行操作，将该节点或节点集指向的元素的相关信息存储在相应的数据结构中。

9.2.3　工具开发框架

建模工具的表示层使用 SWT（Standard Widget Toolkit）、一组图形界面 API（JFace），以及 Swing（Java 应用程序用户界面的开发工具包）实现界面布局绘制；建模工具的逻辑层使用 Java 语言实现业务逻辑；数据层采用本地文件系统实现架构模型文件的存储。工具开发框架如图 9-15 所示，开发环境及运行环境分别如表 9-20、表 9-21 所示。

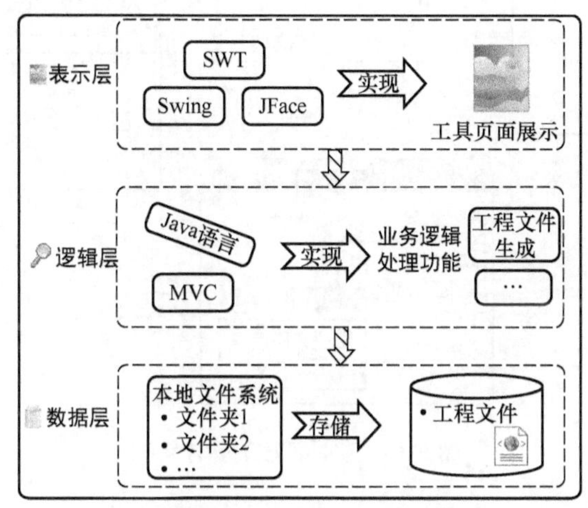

图 9-15　工具开发框架

表 9-20　开发环境

操 作 系 统	集成开发平台	辅 助 平 台
Windows 7	平台：Eclipse RCP/jdk1.7 主要框架：Eclipse 插件	Notepd++/XMLspy 等

表 9-21　运行环境

名　　称	描　　述
操作系统	Windows 7 及以上操作系统、Linux 操作系统

建模工具使用 Eclipse RCP 插件技术将其实现为一个桌面应用程序。项目工程主要分为 5 部分，包括程序启动加载部分、图形界面部分、业务逻辑核心实现部分、通用工具部分及数据库（这里的数据库为本地文件系统）文件访问部分，其整体结构如图 9-16 所示。其中，程序启动加载部分为 Eclipse RCP 插件应用工程，其余为 Eclipse RCP 插件工程。程序启动包用于实现整个程序的启动、加载配置，以及工具欢迎界面功能，是整个项目程序的入口。界面包包含整个工程涉及的所有绘制界面，以及界面相关异常处理部分。业务处理包主要包含 FACE 架构类图包、界面绘制包和项目管理包。数据库访问包主要包含对架构模型文件进行解析和生成的实体包与接口包。

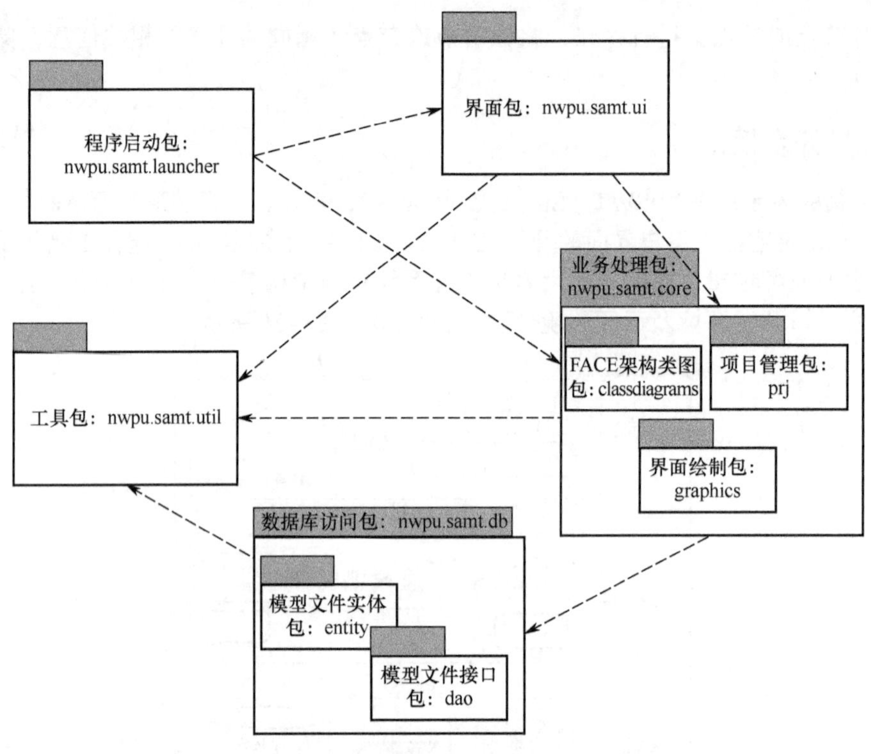

图 9-16　项目工程的整体结构

9.3　组件代码生成方法研究

9.3.1　组件 String Template 模板设计

组件模板设计主要涉及 TS 接口模板文件、进程主函数模板文件、进程行为逻辑声明和定义模板文件、进程声明和定义模板文件、组件读/写端口声明模板文件和定义模板文件五大类模板组的定义。其中，TS 接口模板文件主要负责常用消息传输方法；进程主函数模板文件生成的是组件执行的入口点，包含对进程方法的调用；进程声明和定义模板文件负责自动生成的业务逻辑的定义及进程行为逻辑的调用；进程行为逻辑声明和定义文件提供开发人员自定义行为逻辑的接口，实现自定义功能。

1）TS 接口模板文件 TS_hpp.stg

TS_hpp.stg 用于自动生成组件 TS 接口的声明部分。首先定义 FACE 命名空间，其次在其中分别定义 TS 和 Read_Callback 子命名空间。TS 子命名空间包含以下方法。

- 连接初始化方法 Initialize()。
- 根据连接名称、连接模式、连接 ID、连接方向、最大消息大小等参数声明创建连接，方法为 Create_Connection()。
- 根据连接 ID 可以销毁连接，方法为 Destroy_Connection()。
- 根据连接 ID、超时限制、符合端口类型的消息、消息大小等声明接收消息的方法为 Receive_Message()、发送消息的方法为 Send_Message()。

- 根据连接 ID、等待集合、符合端口类型的回滚数据、最大消息数声明注册回滚的方法为 Register_Callback()。
- 根据连接 ID 声明非注册回滚的方法为 Unregister_Callback()。
- 根据连接 ID、连接名称、连接状态获取连接参数的方法为 Get_Connection_Parameters()。Read_Callback 子命名空间提供端口基本参数的类型定义。

2）进程主函数模板文件 main.stg

main.stg 生成的代码包含配置 ARINC 653 进程属性，分区组件的初始化、启动，设置分区操作模式（空闲、正常、冷启动、热启动），以及进程终止等方法。首先，以组件名称定义命名空间，在命名空间中定义该组件的所有属性；其次，定义该组件主函数的生成模块，根据组件模型中元素的属性对生成的组件代码属性进行初始化；然后，执行初始化 INITIALIZE()、启动 STARTUP()、设置分区操作模式 SET_PARTITION_MODE(NORMAL,&RETURN_CODE) 和终止 FINALIZE()方法。

3)进程行为逻辑声明模板文件 behav_hpp.stg 和进程行为逻辑定义模板文件 behav_cpp.stg

进程行为逻辑声明模板文件只进行相关方法的声明，这里主要对进程行为逻辑定义模板文件进行设计，定义命名组件空间，声明端口消息类型变量，提供自定义行为逻辑接口，包括初始化 void BEHAV_INITIALIZE(void)、启动 void BEHAV_STARTUP(void)、终止 void BEHAV_FINALIZE(void)等方法，都由编码人员来设计实现。

4）进程声明模板文件 hpp.stg 和进程定义模板文件 cpp.stg

进程声明文件中声明进程初始化，包含用于 ARINC 653 进程启动、进程结束、释放连接等方法。进程定义文件中声明 ARINC 653 进程变量（进程 ID 和进程属性），在初始化方法中，根据进程属性、ID 创建进程；在进程启动方法中，根据进程 ID 和返回值启动进程；在终止方法中，需要销毁进程的读/写连接；同时会在以上方法中调用自定义行为逻辑方法，将自定义行为逻辑文件的初始化、启动、终止等方法分别在进程定义模板文件的对应方法中调用。

5）组件读/写端口声明模板文件 reader_writer_hpp.stg 和组件读/写端口定义模板文件 reader_writer_cpp.stg

组件读/写端口声明模板文件生成变量及方法的声明，其内容在此不做解释。在组件读/写端口定义模板文件中，首先定义组件命名空间，在该命名空间中，根据端口的消息类型，生成符合该端口消息类型的构造函数和析构函数；然后生成端口的创建连接方法，在此方法中，可以调用之前 TS 库中生成的常用创建连接的方法 Create_Connection()，同样，根据端口的消息类型生成端口销毁连接的方法 Destroy_Connection()，其中可以调用 TS 库定义的 TS 连接的销毁方法；最后，条件判断绑定端口的类型（输入绑定还是输出绑定），生成对应的消息接收方法和发送方法，在这两类方法中，除关于端口基本属性的声明外，还可以调用 TS 库中定义的方法。

9.3.2　解析组件模型文件和生成组件代码

结合 9.3.1 节中生成的 String Template 模板，按照 9.2.2 节中描述的步骤解析组件模型文件，并按照 8.4.3 节中描述的步骤生成组件代码。

9.4　飞机作战辅助系统案例分析

在 6.7 节中，对飞机作战辅助系统的建模过程进行了全面阐述，为读者提供了一个坚实的基础，以便更好地理解 FACE 架构建模平台的实际应用。本节在此基础上，通过展示工具的界面截图，进一步揭示平台的操作流程和用户交互体验，使理论与实践相结合，更直观地展示建模过程的每个环节。

对飞机作战辅助系统进行建模，图 9-17 显示了整个系统的组织结构及该系统的分区情况，图 9-18 显示了该系统 POSIX 分区 2 中的组件数据交互情况，图 9-19 显示了该系统概念数据模型中的可观察量。

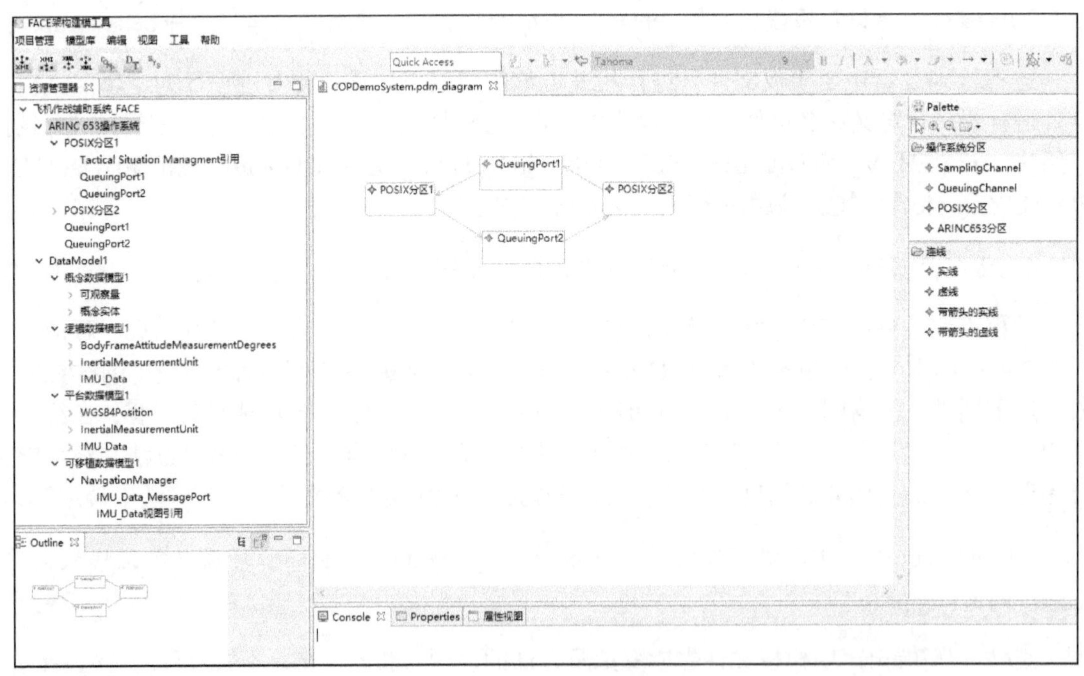

图 9-17　飞机作战辅助系统分区

图 9-17 中的资源管理器视图显示了该系统的组织结构，左下角显示了该模型绘制的缩略图，中间区域为模型绘制区域，右部区域为元素选择区域。一个飞机作战辅助系统模型包含 ARINC 653 操作系统和 DataModel1 两大部分。ARINC 653 操作系统分为两个分区（POXIS 分区 1、POSIX 分区 2），分区间通过队列端口（QueuingPort1、QueuingPort2）进行通信。DataModel 包含概念数据模型 1、逻辑数据模型 1、平台数据模型 1 及可移植数据模型 1。概念数据模型 1 包含可观察量（Angle、Position、UniqueIdentifier 及 Orientation）及概念实体（EGI、Intertial-MearurementUnit、NavManagementFunction）。逻辑数据模型 1 包含 BodyFrameAttitude-MeasurementDegrees 逻辑测量、InertialMearurementUnit 逻辑实体、IMU_Data 逻辑视图。平台

数据模型 1 包含 WGS84Position 细节测量、InertialMeasurementUnit 平台实体、IMU_Data 平台视图。可移植数据模型 1 包含 NavigationManager 可移植单元及其 IMU_Data_MessagePort 消息端口、IMU_Data 视图引用。

图 9-18 中显示了 POSIX 分区 2 中包含两个队列端口、5 个可移植单元的引用及 3 个 I/O 配置文件，共 10 个元素。该分区通过 QueuingPort1 向分区外传输信息，通过 QueuingPort2 从分区外接收消息。6 个可移植单元的引用分别表示飞机作战辅助系统中的雷达组件、战术显示组件、导航管理组件、导航组件、定位组件及惯性测量组件。

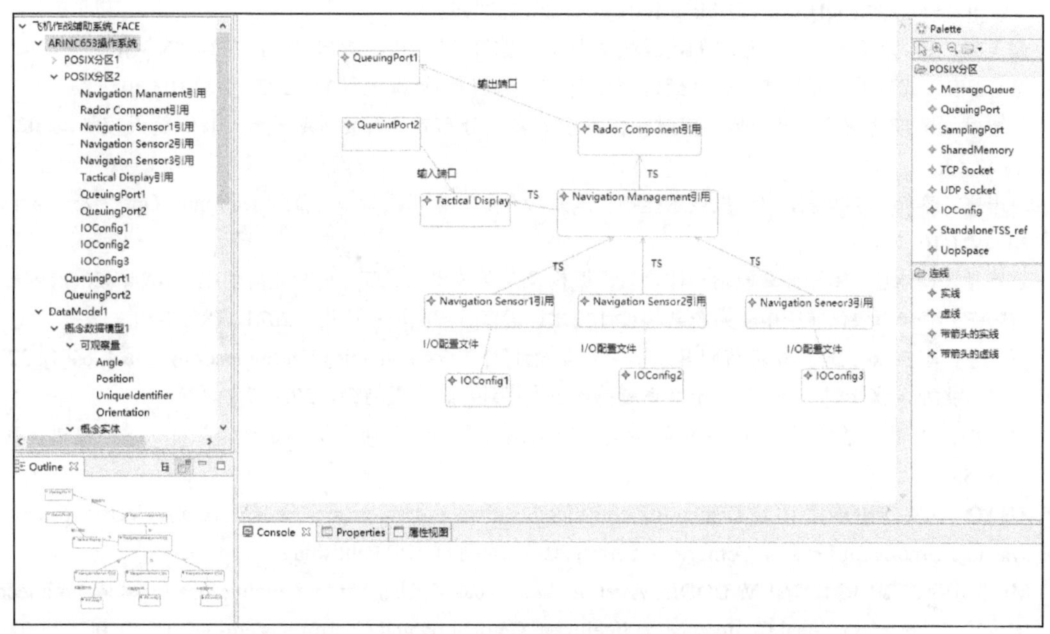

图 9-18　POSIX 分区 2

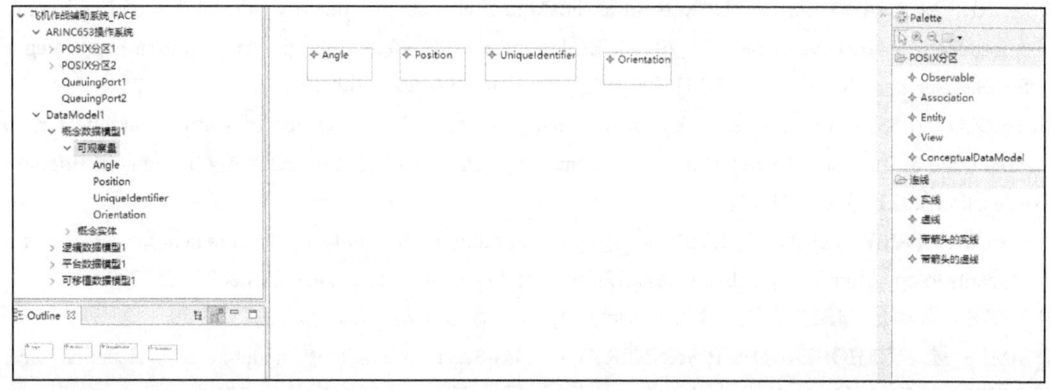

图 9-19　可观察量

图 9-19 中显示了概念数据模型 1 中包含的 4 个可观察量，分别是 Angle、Position、UniqueIdentifier 及 Orientation。

参 考 文 献

[1] 王鹏，曹先泽，张伟，等. 未来机载能力环境（FACE）技术发展综述[J]. 电讯技术，2023, 63(8):1268-1276.

[2] 孙蒴，张伟，冯温迪，等. 基于源码分析的自动化外部函数接口生成方法[J]. 计算机应用，2024, 44(7):2151-2159.DOI:10.11772/j.issn.1001-9081.2023070968.

[3] 余天赐，高尚. 融合多结构信息的代码注释生成模型[J]. 计算机工程与科学，2024, 46(04):667.

[4] 温奎. 嵌入式软件开发模式与软件架构研究[J]. 电子通信与计算机科学，2023, 5(5):103-105.

[5] 孙雪娇，刘学士，束韶光. 基于实时操作系统的多核分布式飞行软件架构设计[J]. 航天控制，2023, 41(1):47-52.

[6] 赵志彬，李伟，郭文利，等. 机载悬挂物管理系统开放式架构模型设计[J]. Electronics Optics & Control，2024, 31(10):71-75.

[7] 赵艳领，胡永康. 感知计算控制一体化软件架构及关键技术研究[J]. 制造业自动化，2024, 46(9):194-198.

[8] 雪婷王. 综合模块化航空电子系统架构设计技术研究[J]. 智能城市应用，2023, 6(8):57-59.

[9] 王钧慧，李婷. 航天地面站低代码开发平台方案设计[J]. Telecommunication Engineering，2024, 64(4): 32-34.

[10] 张涛，张龙，张国群，等. 软件定义系统技术研究综述[J]. 空天防御，2024, 7(2):1-7.

[11] 段卓琳，王腾，董星言，等. 一种同步伺服控制系统控制软件通用架构设计方法[J]. 微特电机，2024, 52(5):58.

[12] ZHAO X S, ZHONG R M.Design of embedded software architecture for spacecraft electric propulsion system[J].Journal of Physics: Conference Series, 2023, 2497(1). IOP Publishing.

[13] MUDHIVARTHI R, SAINI V, DODIA A, et al. Model based design in automotive open system architecture [C]//2023 7th International Conference on Intelligent Computing and Control Systems (ICICCS). 0[2025-02-17]. DOI: 10. 1109/ICICCS56967. 2023. 10142603.

[14] MARUF M A, AZIM A, AULUCK N, et al. FeaMod: Enhancing modularity, adaptability and code reuse in embedded software development[C]//2024 IEEE International Conference on Information Reuse and Integration for Data Science (IRI). 0[2025-02-17]. DOI: 10. 1109/IRI62200. 2024. 00058.

[15] RAZZAQ A, SHAHBAZ A K. A systematic mapping study: The new age of software architecture from monolithic to microservice architecture—awareness and challenges[J]. Computer Applications in Engineering Education, 2023, 31(2): 421-451.

[16] RIBEIRO J, SILVA J G, AGUIAR A.Weaving agility in safety-critical software development for aerospace: from concerns to opportunities[J]. IEEE Access, 12[2025-02-17]. DOI:10.1109/ACCESS.2024.3387730.

[17] 姬晓慧，陈国定. MBSE 方法论实施方法研究[J]. 中国新技术新产品，2022,1(2):33-38.

[18] SIMI S M, MULHOLLAND S P, TANNER W G. TES-SAVi AWESUM™ model-based systems engineering (MBSE) for FACETM applications [C]. Proceedings of the Aerospace Conference, 2014.

[19] GROUP T O. The open group releases future airborne capability environment (FACE™) technical standard [J]. Open Group, 2016, 3(3): 300.

[20] BRABSON S, ANDERSON T. Evolution of the US Navy's collision avoidance systems (CAS) to future airborne capability environment (FACE) [J]. IEEE Aerospace & Electronic Systems Magazine, 2015, 30(6): 16-23.

[21] VANDERLEEST S. Designing a Future airborne capability environment (FACE) hypervisor for safety and

Security [C]. Proceedings of the Digital Avionics Systems Conference (DASC), 2017.

[22] 蒋祺明，张正犁，杜胜龙. 面向未来机载能力环境的可移植软件架构研究[C]//上海市计算机学会第十届学术年会.上海市计算机学会, 2014.

[23] DU X, DU C, CHEN J, et al. A FACE-based simulation and verification approach for avionics systems [C]. proceedings of the 2019 IEEE 3rd Advanced Information Management, Communicates, Electronic and Automation Control Conference (IMCEC), 2019.

[24] SIMI S M, UIDENICH J, MULHOLLAND S P, et al. Model-based tools designed for the FACE Technical Standard, Editions 3.0 & 2.1 [C]. Proceedings of the IEEE Aerospace Conference 2020.

[25] 电子科技大学. 嵌入式实时操作系统及应用开发 [M]. 北京：北京航空航天大学出版社，2003.

[26] 孙海英，刘静，陈小红，等. 基于形式化测试的实时系统变更后安全性验证[J]. 中国科学：信息科学，2014, 1(1):70-90.

[27] 李书铭，杨志斌，谢健，等. 安全关键系统多范式建模及安全性分析方法 [J]. 小型微型计算机系统，2022, 43(9):12.

[28] 宗喆，杨志斌，袁胜浩，等. 安全关键异构软件混合建模及代码生成方法 [J]. 软件学报，2021,32(4):30.

[29] ZHU Y, CAO Z, WANG F, et al. AADL and Modelica model combination and model conversion based on CPS [C]. Proceedings of the EITCE 2020: 2020 4th International Conference on Electronic Information Technology and Computer Engineering, 2020.

[30] 种婧宜，周昊澄，袁文强，等. 基于 SysML 的通信卫星故障分析方法研究 [J]. 计算机仿真，2022, 39(3):57-61.

[31] VILLAR E, POSADAS H, HENIA R, et al. Mega-Modeling of complex, distributed, heterogeneous CPS systems [J]. Microprocessors and Microsystems, 2020, 10(32): 44.

[32] ZHAO Z, ZHANG J, SUN Y, et al. Modeling of avionic display system for civil aircraft based on AADL [C]. Proceedings of the 2018 Chinese Control And Decision Conference (CCDC), 2018.

[33] LIU Z, ZHEN Z. Architecture design of avionics simulation configuration control system based on AADL [C]. proceedings of the 2017 3rd IEEE International Conference on Computer and Communications (ICCC), 2017.

[34] LIU Z, ZHAO Z. Modeling and schedulability verfication of IMA partitioning based on AADL [C]. Proceedings of the International Symposium on Computational Intelligence & Design, 2017.

[35] STEWART D, LIU J J, COFER D, et al. AADL-Based safety analysis using formal methods applied to aircraft digital systems [J]. Reliability Engineering and System Safety, 2021, 213(3): 1-14.

[36] 陆寅，秦树东，郭鹏，等. 软硬件综合 AADL 可靠性建模及分析方法 [J]. 软件学报，2022,003(008):2995-3014.

[37] 刘玮. 基于 MDE 的模型转换研究：从 AADL 模型到 Fiacre 模型 [J]. 电子技术与软件工程，2015, 0(021):96.

[38] GABSI W, ZALILA B, JMAIEL M. Development of a parser for the AADL error model annex [C]. Proceedings of the 2017 IEEE/ACIS 16th International Conference on Computer and Information Science (ICIS), 2017.

[39] MIAN Z, BOTTACI L, PAPADOPOULOS Y, et al. Model transformation for analyzing dependability of AADL model by using HiP-HOPS [J]. Journal of Systems & Software, 2019, 151(1): 258-282.

[40] 邱宝，杨志斌，周勇，等. 面向 IMA 的 AADL 多范式建模及代码自动生成方法 [J]. 小型微型计算机系统，2021, 42(10):11.

[41] SAQUI-SANNES P D, HUGUES J. Combining SysML and AADL for the design, validation and implementation of critical systems [J]. 2012, 24(2): 15.

[42] XIAO Z, HU X, XIAO J, et al. Transformation from system model to FACE data model based on metadata mapping[C]//2021 IEEE 16th Conference on Industrial Electronics and Applications (ICIEA), Chengdu, China,

2021,1495-1500, DOI: 10.1109/ICIEA51954.2021.9516433.

[43] 张友生，钱盛友. 异构软件体系结构的设计[J]. 计算机工程与应用，2003,39(22):3.

[44] 王小辉，张涛，吕殿君，等. 面向软件定义的飞行器综合电子系统软件架构技术[J]. 航天控制，2019, 37(4):6.

[45] 孟令军，张彦，万宏. 某无人机通用地面站测控数据处理软件设计[J]. 航空电子技术，2017,48(3):6.

[46] 开发工具，机载性能环境. 风河宣布对于未来机载性能环境（FACE）联合体的承诺[J].[2025-02-17].

[47] AZANI C. A multi-criteria decision model for migrating legacy system architectures into open system and system-of-systems architectures [J]. 2009, 16(3): 4.

[48] 邓岚. 基于 LRM 结构的雷达信号模拟器设计与可靠性分析[D]. 成都：电子科技大学，2012.

[49] NEWSWIRE P R. Elbit systems of America to showcase proven, affordable global solutions for "America's Army" at AUSA 2013 [J]. Elbit Systems of America, 2013, 33(52): 2.

[50] 洪沛，蔡潇，王羽. 基于 FACE 思想的软件通用运行环境设计[J]. 航空电子技术，2016, 47(4): 6.

[51] GARCÍA-VALLS M, DOMÍNGUEZ-POBLETE J, TOUAHRIA I E, et al. Integration of data distribution service and distributed partitioned systems [J]. Journal of Systems Architecture, 2017, 83(1): 23-31.

[52] 邓小龙，刘湘德，温卓漫. 基于 FACE 的可重构装备软件架构[J]. 电子信息对抗技术，2020, 35(1):5.

[53] 李明娟，吕民强，邸海涛. 一种符合 FACE 技术标准的机载 IO 软件实现方法[J]. 航空计算技术，2021, 051(006):051.

[54] 肖瑾，刘相君，胡晓光. 基于 FACE 技术标准的航电软件可移植组件单元封装实验设计[J]. 实验技术与管理，2021,038(004):171-178.

[55] 王博甲，任文明. 未来机载能力环境（FACE）标准跟踪研究 [J]. 电子技术与软件工程，2021, 000(001): 97-99.

[56] BEZIVIN J，李宣东. 基于 MDE 的异构模型转换：从 MARTE 模型到 FIACRE 模型 [J]. 软件学报，2009,020(002):20.

[57] 何啸，麻志毅，王瑞超，等. 语义可配置的模型转换[J]. 软件学报，2013,24(7):19.

[58] GUO J, WANG G, LU J, et al. General modeling language supporting model transformations of MBSE (Part 2) [J]. INCOSE International Symposium, 2020, 30(1): 1.

[59] WANG B, KE W, ZHANG J, et al. A method of software system security verification and evaluation based on extension of AADL model [C]. Proceedings of the 2018 Eighth International Conference on Instrumentation & Measurement, Computer, Communication and Control (IMCCC), 2018.

[60] ZHE W, HUGUES J, CHAUDEMAR J C, et al. An integrated approach to model based engineering with SysML, AADL and FACE [C]. Proceedings of the Aerospace Systems and Technology Conference, 2018.

[61] GERKING C, BUDDE I. Heuristic inference of model transformation definitions from type mappings [C]. Proceedings of the 2019 ACM/IEEE 22nd International Conference on Model Driven Engineering Languages and Systems Companion (MODELS-C), 2019.

[62] MAGALHAES A F, ANDRADE A S, MACIEL R P. Model driven transformation development (MDTD): An approach for developing model to model transformation [J]. Information and Software Technology, 2019, 114(OCT.): 55-76.

[63] WADA N, NOYORI Y, WASHIZAKI H, et al. The Proposal of model transformation support method based on model editing operation history [C]. Proceedings of the 2019 IEEE 8th Global Conference on Consumer Electronics (GCCE), 2019.

[64] 王瑞，陈静，王坤龙，等. 基于元模型的 Simulink 静态分析技术[J]. 计算机应用研究，2022,39(1):8.

[65] FALLERI J-R, HUCHARD M, LAFOURCADE M, et al. Metamodel matching for automatic model transformation generation [J]. Lecture Notes in Computer Science, 2008, 5301(5301): 326-340.

[66] LU Z, DIANFU M A, YING W, et al. A mapping approach of code generation for ARINC 653-based avionics software [J]. World Academy of Science Engineering & Technology, 2012, 1(1): 1-3.

[67] ZENG Y, LIN X U, HUANG X Y, et al. Method of higher-order model transformation combined with MDA [J]. Application Research of Computers, 2012, 29(12): 4584-4588.

[68] ROUHI A, KOLAHDOUZRAHIMI S, LANO K. Formalizing model transformation patterns [J]. Journal of Software: Evolution and Process, 2022, 34(2): 1-26.

[69] 周颖，郑国梁，李宣东. 基于 MDA 的 UML 模型转换：从功能模型到实现模型[J]. 计算机应用与软件，2005,22(11):5.

[70] ARNOLDUS B J, VAN D, SEREBRENIK A, et al. Code generation with templates / B.J. Arnoldus, M.G.J. van den Brand, A. Serebrenik ... [et al.] [J]. 2012, 55(8): 1.

[71] WANG Y, HU X. Research on template-based parameterized structure design for drawing dies [C]. Proceedings of the Second International Conference on Digital Manufacturing and Automation, ICDMA 2011, Zhangjiajie, Hunan, China, August 5-7, 2011, 2011.

[72] KAI H U, DUAN N, WANG N, et al. Template-based AADL automatic code generation [J]. 中国计算机科学前沿：英文版，2019,13(4):17.

[73] 舒新峰. 一种基于模型和模板融合的自动代码生成方法[J]. 现代电子技术，2019, 42(22):6.